核桃害虫及其防治

WALNUT PESTS AND THEIR CONTROL

王有年　张铁强　刘永杰　师光禄 ◎ 编著

中国林业出版社

内容简介

本书总结了直翅目、同翅目、半翅目、鞘翅目、鳞翅目、蜱螨目等6个目中36科共118种核桃害虫。

作者在多年教学、科研及生产实践的调查研究中，积累了丰富的资料，同时搜集整理了国内外有关的文献资料及新近的研究成果编著成书。该书重点介绍了核桃害虫的分布与危害、形态特征、生物学特性、测报方法及综合治理措施，并对本书所介绍的大多数害虫的成虫、卵、幼虫、蛹附有全图及特征图。总之，本书既注重了基础理论的介绍，更注重了实用技术与科研成果的推广，内容详尽，图文并茂，通俗易懂，实用性强，对广大农业院校、科研单位、技术管理和生产部门的专业教学、研究人员及广大植保技术人员，具有较高的学术参考价值。

图书在版编目(CIP)数据

核桃害虫及其防治 / 王有年等编著. -- 北京：中国林业出版社，2017.8
ISBN 978-7-5038-9237-0

Ⅰ.①核… Ⅱ.①王… Ⅲ.①核桃－病虫害防治Ⅳ.①S436.64

中国版本图书馆CIP数据核字(2017)第194432号

出版发行　中国林业出版社
　　　　　（100009 北京西城区德内大街刘海胡同 7 号）
网　　址　www.lycb.forestry.gov.cn
电　　话　（010）83143517
印　　刷　固安县京平诚乾印刷有限公司
版　　次　2018 年 1 月第 1 版
印　　次　2018 年 1 月第 1 次
开　　本　787mm×1092mm　1/16
印　　张　17.5
字　　数　405 千字
定　　价　58.00 元

序

　　核桃是我国重要的经济树种，在山区农民脱贫致富上起着重要作用。同时，核桃又是高大乔木，树大根深，枝繁叶茂，寿命长，在我国分布范围很广，具有良好的生态效益。核桃营养丰富，有"长寿果""养生之宝"的美誉。核桃果实中86%以上是不饱和脂肪酸，还含有铜、镁、钾、维生素B6、叶酸、维生素B1等营养物质，除了在预防心脑血管病上具有很重要的价值外，还具有多种药用价值。另外，核桃的木材材质也很好，是制作高档家具的上等木材。因此，在我国目前生态文明建设和脱贫攻坚战的热潮中，发展核桃种植和核桃产业，既具有良好的生态效益，又具有显著的经济效益，值得大力推广。

　　但核桃在生长过程中，病虫害较多，严重影响和制约着产量和质量的提高。例如核桃举肢蛾，有时能造成60%左右的落果；核桃云斑天牛可造成百年大树和盛果期的核桃树致死等。北京农学院王有年教授等，根据多年教学、科研和生产实践以及调查成果，编著了《核桃害虫及其防治》一书，系统总结了危害核桃的害虫种类，包括昆虫纲

5 个目和蛛形纲蜱螨目等 6 个目 36 科共 118 种害虫，重点介绍了这些有害生物的分布与危害、识别特征、生活史、生态学特点以及测报方法和综合防治技术。并配有害虫的卵、幼虫、蛹和成虫形态特征图。本书内容丰富，图文并茂，实用性强，可作为广大林农指导生产防治的工具书，又可作为农林院校师生、科研单位科技人员和生产管理人员参考图书。

　　总之，本书在促进我国核桃种植、栽培和产业发展上将起到重要的推动作用，是为序！

中国林业科学研究院研究员　杨志政

2017 年 11 月

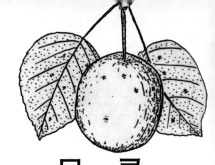

目 录
C O N T E N T S

序

昆虫纲（INSECTA）

蛛形纲（ARACHNIDA）

昆虫纲
INSECTA

核桃害虫及其防治
WALNUT PESTS AND THEIR CONTROL

直翅目
ORTHOPTERA

　　隶属昆虫纲有翅亚纲。中至大型，圆柱状或扁平、纵扁形。头为下口式，体躯分为头、胸、腹三个部分。复眼发达，1 对。单眼通常 3 个，间或有 2 个者，明显或不明显。触角细长，1 对，多节，形状有丝状、剑状、棒状，超过体躯或不超过体躯的端部。口器为标准的咀嚼式，由一片上唇、一对上颚、一对下颚、一片下唇及舌等部分组成。上颚特别发达，粗壮而坚硬，内缘常呈锯齿状，左右不对称。胸部由前胸、中胸和后胸三部分组成，每个胸节由背板、腹板、侧板三部分构成。前胸背板通常发达，呈马鞍状。中胸与后胸连在一起为前胸背板所覆盖。足由基节、转节、腿节、胫节、跗节等几部分组成，跗节通常为 3～4 节，爪间具有柔软或革质的中垫。有些种类的前足腿节与胫节明显缩短，并且增粗，胫节的末端呈掌形，其顶端有数枚刀状突起，利于掘土，如蝼蛄类。通常前足为普通的步行足，大多种类后足较发达，善于跳跃。翅通常具有前翅与后翅。前翅狭长或前缘向下方倾斜，稍硬化。后翅膜质，较软，臀区阔，静止时，后翅纵叠于前翅下。间或种类的前、后翅退化或无翅。雄成虫一般有发音器。发音器大致分为两类，一类为两翅互相摩擦发音，如蟋蟀与螽蟖，一类为后腿与翅相互摩擦发音，如蝗科。发音的种类多具有听器，蝗科类位于第一腹节的两侧，相当发达，蟋蟀与螽蟖则位于前足胫节的基部。

　　腹部由 11 节组成，前 10 节明显，每节由背板、侧片、腹板构成。第 11 节与尾节联合，形成肛上板。蝼蛄类只见 8～9 节，肛上板两侧为肛侧板，肛侧板的外面是尾须，尾须的形状大多为圆锥状，间或种类呈侧扁平状或顶端分裂成锯齿。雄性腹部第 9 节、雌性第 8 节腹板的底侧是下生殖板。产卵器发达，有的产卵管长，呈剑状、镰刀状、圆柱状或尖状，间或种类短而不外显，如蝼蛄类。本目大多为杂食性，许多种类为农林上的重要虫害。全世界直翅目已知有 20 000 种以上。

蝼蛄科 （Gryllotalpidae）

　　中到大型种类，狭长。头小，圆锥形。复眼小，明显突出，单眼 2 个。前胸背板为椭圆形，背隆起如盾，两侧向下伸展，几乎把前足的胫节包围。前足特化为粗短结构，前足胫节特别短宽，呈三角形，端刺特别强，特化为利于掘土的爪子，内侧有一裂缝为听器；

腿节略弯，片状。跗节 2～3 节。

蝼蛄科种类体为黑色或褐色，被有短而细的毛。触角线状，比体短，但在 30 节以上。前翅短，后翅宽，纵卷成尾状伸过腹末。无产卵器，尾须很长，但不分节。雄虫能鸣，但发音器不完善，仅以分脉和斜脉为界，形成长三角形室；端网区小。

蝼蛄科种类 2～3 年完成 1 代，一生营地下生活。食性很杂，可危害各种林木、果树的种子、幼苗根茎以及杂粮旱作、瓜类、蔬菜的幼苗，造成苗圃缺苗断垄。

此类害虫的成虫具有明显的趋光性。夏季、秋季，当气温在 18～22℃，风速小于 1.5m/s 时，可诱到大量的蝼蛄。成虫和若虫均喜欢游泳，雌虫具有保护卵及其刚孵化的若虫的习性，直至 4 龄时才让若虫独立生活。蝼蛄发生的轻重与环境有着密切的关系，平川低盐碱的地区或地块及沿河、沿海、沿湖等低湿地带，尤其是砂壤土、质地疏松而软、多腐殖质的田块，一般发生较重。此科全世界有 50 余种，我国已记载 6 种，分布广泛，危害也严重。

非洲蝼蛄

学名：*Gryllotalpa africana* Palisot de Beauvois
别名：小蝼蛄

分布与危害

国内分布于黑龙江、吉林、辽宁、山西、山东、江苏、浙江、安徽、江西、福建、台湾、河南、广东、广西、湖北、湖南、四川、陕西、甘肃、宁夏、青海等地；国外分布于日本、印度、斯里兰卡、菲律宾、马来西亚、印度尼西亚、美国、澳大利亚、新西兰、非洲。主要危害核桃、苹果等林木的种子和幼苗的根、茎。成虫、若虫均可为害，特别喜食刚发芽的种子，严重发生时常造成缺苗断垄，取食根、茎时将其扒食成丝状或乱麻状，使幼苗生长不良，甚至死亡。此外，还喜欢在土壤的表层往来乱窜，隧道纵横，造成种子架空，幼苗吊根，致使种子不能发芽，幼苗因失水而死亡，因此老农常说："不怕蝼蛄咬，就怕蝼蛄跑"。

形态特征（图 1）

1. 成虫　体长 30～35mm，前胸宽 6～8mm，体黄褐色或浅茶褐色，密布细毛。头小，圆锥形，黑褐色；触角丝状，较体短；复眼小，椭圆形，赭色；单眼 2 个，位于复眼内侧。前胸背板大而坚硬，前缘稍向内弯曲，后缘钝圆，略呈卵圆形，掩盖了头的大部，中央有一个凹陷明显的暗红色长心脏形状的斑，长 4～5mm。前翅皮革质，平叠于腹背伸达腹部中央。后翅淡黄色，纵卷，覆于前翅下，且末端超越腹部的末端。足发达，前足特化为开掘足，腿节外侧下缘的缺刻不明显。后足胫节背面内侧有能活动的棘 3～4 个，呈等距离排列。腹部近纺锤形，背面黑褐色，腹面暗黄色，末端具尾须 1 对。雄成虫前翅可摩擦发音。

2. 卵　椭圆形，长 2.0～2.4mm，宽 1.4～1.6mm。初产卵为灰白色，有光泽，以后逐渐变为灰黄褐色，孵化前卵呈暗褐色或暗紫色。

3. 若虫　共6龄，刚孵化的若虫为乳白色，复眼淡红色。以后头部及胸部和足逐渐变为暗褐色，腹部呈淡黄色。2～3龄以后，体色与成虫近似。1龄若虫体长4mm左右。6龄若虫体长24～28mm。

生活史和习性

非洲蝼蛄在华北以南地区1年发生1代，东北地区则2年完成1代。各地均以成虫及有翅若虫于土中越冬。第二年的3月下旬至4月上旬，越冬成虫、若虫开始出蛰活动，上升至表土层中为害，5月间是非洲蝼蛄发生危害盛期，5月中旬至下旬越冬成虫开始产卵。越冬若虫于5月上中旬开始羽化，并进行交尾与产卵。6月间为产卵盛期，7月下旬为产卵末期。

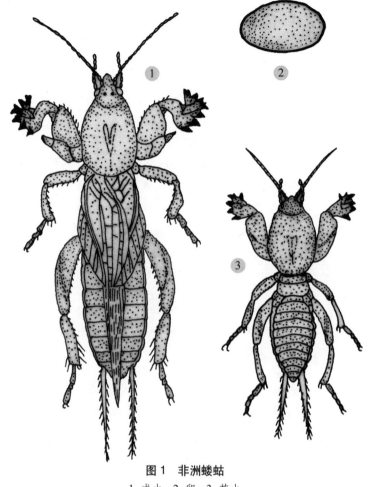

图1　非洲蝼蛄
1. 成虫；2. 卵；3. 若虫

产卵前先在25cm左右的土层中做扁圆形的卵室，然后产卵于其中，每卵室内产卵30～50粒，每头雌成虫可产卵60～80粒。卵期20天左右，5月下旬末至7月上旬为若虫孵化期，6月中旬为若虫孵化盛期。孵化后3天，若虫开始跳动，并逐渐分散活动与为害。

非洲蝼蛄的成虫和若虫白天潜伏于隧道中，夜间出来活动与为害，以夜间21：00～24：00为取食为害的高峰期。阴天和雨天仍可以取食为害，温度低时多潜伏在土中活动与为害，温度高时，当土壤较湿时，则迁至地表活动为害。土壤温度16～20℃、土壤含水量22%～27%时，是非洲蝼蛄成虫和若虫活动与为害的最适温湿度。温度过高或过低时，成虫和若虫均向深土层中转移，故非洲蝼蛄在春季和秋季发生为害严重。非洲蝼蛄有较强的趋光性，喜食有香、甜味的腐烂有机质，喜马粪及湿润的土壤，故有"蝼蛄跑湿不跑干"之说。土壤质地与虫口密度也有一定的关系，在盐碱地，虫口密度最大，壤土地次之，黏土地发生较少。

非洲蝼蛄一年中的活动情况和土壤的温度有密切的关系，据在山西忻州地区的观察研

究结果，可将其分为六个阶段：

（1）冬季休眠阶段。从10月下旬（即旬平均气温为6.6℃、20cm土温为10.5℃）开始到次年3月中旬（旬平均气温为－1.4℃、20cm的土温为0.3℃）为成虫或若虫的越冬阶段。此间一窝一头，头部向下，犹如僵死状态。越冬深度与冻土层的深度和地下水位有密切的关系。

（2）春季苏醒阶段。从3月下旬（旬平均气温为2.3℃、20cm土温为2.3℃）至4月上旬（旬平均气温为6.9℃、20cm土温为3.4℃），越冬蝼蛄随温度上升即开始恢复活动。清明节以后，非洲蝼蛄的头部扭转向上，开始上升至表土层中活动。此间可见到洞顶有一小堆新鲜的虚土或新鲜的而且较短的虚土隧道，这一特征可作为春季调查蝼蛄虫口密度及挖洞灭虫的重要标识与有利时机。

（3）出窝迁移阶段。从4月中旬（旬平均气温为11.5℃、20cm的土温为9.7℃）至4月下旬（旬平均气温为12.6℃、20cm土温为12.4℃），地面出现大量的虚土隧道，并在隧道上留有一个小孔，表明蝼蛄已出窝活动与为害。此间是结合春播拌药与撒毒饵保苗的关键期。

（4）猖獗为害阶段。从5月上旬（旬平均气温为16.5℃、20cm的土温为15.4℃）至6月中旬（旬平均气温为19.8℃、20cm的土温为19.6℃），此间的气温与土温均适宜于蝼蛄的活动与为害，也正值春播作物苗期及苗圃幼苗生长阶段，是一年中第一个为害的高峰期，也是第二次施药保苗的关键期。

（5）越夏与产卵阶段。从6月下旬（旬平均气温为22.6℃、20cm的土温为23℃）至8月下旬（旬平均气温为22.3℃、20cm的土温为24.1℃），此间为蝼蛄产卵盛期和末期，是人工挖窝灭卵、消灭若虫的关键期，当天气炎热、温度增高时，若虫便潜入30~40cm以下的土中越夏，危害明显减轻。

（6）秋季危害阶段。从9月上旬（旬平均气温为18℃、20cm的土温为19.9℃）至9月下旬（旬平均气温为12.5℃、20cm的土温为15.2℃），此间的气温和土温逐渐下降，经过越夏和当年新孵化的若虫急需取食，因而再次向表土迁移为害，此时正值秋播和幼苗发育阶段，出现一年中的第2次发生为害高峰期，但对林木苗圃，因苗木已木质化，一般造不成很大危害。

10月中旬以后，随着气温的逐渐下降，蝼蛄的成虫和若虫便陆续向下迁至深土层中越冬。

防治方法

1.农业防治

（1）结合农田基本建设，改变蝼蛄的危害条件。因为农田基本建设，不仅改变了农业生产条件，创造了不利于蝼蛄繁殖与发生的条件，同时也直接地消灭了地边、地堰、荒地、沟旁、田埂等处蝼蛄的成虫和若虫及其窝巢。

（2）翻耕整地，压低越冬虫量。在新植苗圃的地块进行此项工作，通过翻耕，蝼蛄除受到翻耙压的机械损伤外，翻于地表的此虫还可受到日晒、霜冻、天敌的啄食等，增加蝼蝼蛄越冬虫口的死亡率。

（3）合理施肥、适时浇水。秸秆还田或猪、牛、羊粪厩肥等农家有机肥料，需经过充分腐熟后方可施用，否则容易招引蝼蛄等地下害虫的取食与产卵。碳酸氢铵、氨水等化学肥料应深施土中，既能提高肥效，又能因腐蚀、熏蒸而起到一定的杀伤地下害虫的作用。另外，在春、夏两季幼苗生长期间，要适时灌水，增大表土层的湿度，使此虫不适于活动，迫使蝼蛄向下转移或死亡，可明显地减轻危害。

2. 物理防治

（1）于夏季蝼蛄越夏与产卵盛期，进行人工挖窝毁卵。此项工作可结合夏锄进行。

（2）因蝼蛄有趋光性，可在成虫活动期设置各种灯光（如黑光灯等）诱杀，防效很好。

（3）采用人工捕杀，用马粪或鲜草诱捕，在苗圃垄间，每隔10～20m挖一个小坑，然后将马粪或鲜草放入坑内，加上毒饵更好，次日清晨可到坑内集中捕杀。

3. 化学防治

国内外研究与实验结果均表明，在预防为主、综合防治的前提下，化学防治占有一定的主导地位。化学防治方法包括种子处理、土壤处理、毒饵诱杀等，同时辅之以其他防治办法，可收到明显的防治效果。

（1）种子处理。此法简便，用药量低，对环境、人畜均安全，是保护种子和幼苗不受地下害虫为害的最理想方法。

药剂以辛硫磷或毒死蜱为主，其次是辛硫磷与毒死蜱微胶囊剂。

用药量及处理方法：50%辛硫磷乳油、40%毒死蜱乳油各0.5kg，拌种子300～500kg，即用药量为种子量的0.1%～0.2%。处理方法是将药剂先用种子重量的10%的水稀释后，均匀喷拌于待处理的种子上，堆闷12～14小时，使药液充分渗入种子内即可播种。

（2）土壤处理。此种方法有多种：将药剂均匀撒施或喷雾于地面，然后翻耕于土中；施用农药肥料混合剂，即将农药与肥料混合施下，条施、沟施或穴施；施用各种颗粒剂农药。为减少污染、避免杀伤天敌和提高药的效果，现在提倡局部施药与施用颗粒剂农药。目前土壤处理主要采用辛硫磷、米乐尔。实践证明，使用3%米乐尔颗粒剂防治蝼蛄等各种地下害虫，均可收到良好的效果，药效期也较长。50%辛硫磷乳油每亩①200～300毫mL，结合灌溉施入土中；或加细土25～35kg拌成毒土，顺垄条施，并用土覆盖；也可加水1 000～1 500kg顺垄浇灌，施药后随即浅锄或浅耕。3%米乐尔颗粒剂每亩250克，拌细土25～30kg撒施，施后浅锄或浅耕。

（3）毒饵诱杀。此种方法是防治蝼蛄的理想方法之一。利用10%吡虫啉乳油、90%晶体敌百虫、拟除虫菊酯类农药，用药量为饵料量的1%。先将药用适量水稀释，然后拌入炒香的谷子、谷糠、麦麸、豆饼、玉米碎粒等饵料中。每亩施用1.5～2.5kg，配用敌百虫毒饵时，应先用少量温水将敌百虫溶解，再加水至所需要的量。

注：① 1亩 =1/15hm^2。

华北蝼蛄

学名：*Gryllotalpa unispina* Sauss.

别名：大蝼蛄

分布与危害

国内分布于黑龙江、吉林、辽宁、宁夏、新疆、甘肃、河北、山西、山东、陕西、内蒙古、江苏、河南等地；国外分布于前苏联（西伯利亚）、土耳其。危害的寄主植物及被害症状同非洲蝼蛄。

形态特征（图2）

1. **成虫**　雄成虫体长 35～40mm，雌成虫体长 45～55mm。前胸宽 7.0～11.0mm。体椭圆形，密被细毛，黄褐色或灰色，腹面色淡。头狭长。触角丝状，着生于复眼的下方，单眼 2 个，着生于复眼内侧。前胸背板盾形，中央具有由无微毛细条形成的光滑而不正的纺锤形小区，前翅皮革质，黄褐色，甚短，覆盖腹部不达 1/2。后翅发达，纵卷成筒状于前翅下，翅的末端超出腹部的末端。没有像蟋蟀那样的发音镜，但雄成虫靠前翅摩擦可发出鸣声。足黄褐色，密生细毛。前足扁宽，适于掘土作巢，腿节外侧下缘近端部为深褐色，呈缺刻。后足胫节的背侧内缘有 1～2 个可活动的棘刺，间或种类无棘刺。腹部近圆筒形，末端具有尾须 1 对。

2. **卵**　长 2.0～2.8mm，宽 1.1～1.5mm，椭圆形，卵初产为乳白色，以后逐渐变为黄白色、黄褐色至灰色。孵化前变为深灰色。

3. **若虫**　老龄若虫体长 35～40mm。刚孵化的若虫为乳白色，复眼淡红色。2 龄后的若虫，体为黄褐色，且体的各部似成虫。5～6 龄的体色似成虫。

生活史及习性

华北蝼蛄完成 1 个世代需要 3 年左右，以成虫和 8 龄以上的各龄若虫于土中越冬。越冬时的入土深度一般在 60cm 左右，间或有 150cm 深处越冬者。次年 3～4 月间，当 10cm

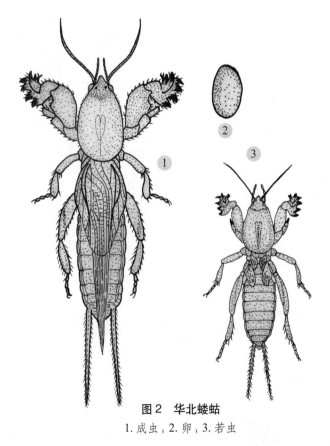

图2　华北蝼蛄

1. 成虫；2. 卵；3. 若虫

深的土温达8℃左右时，越冬的成虫或者若虫开始向上迁移，恢复活动，然后上升至表土层间为害，以4~5月间播种至苗期为害最烈。6~7月间成虫陆续交尾与产卵。6月上旬为产卵初期，6月下旬至7月上旬为产卵盛期，8月上旬为产卵末期。产卵期可持续15~30天。卵期20天左右。6月中下旬陆续孵化，并开始危害寄主的地下部组织，为害至8、9月间，若虫已发育至8龄以上，即开始向深土层中转移，准备过冬。次年越冬若虫继续为害至秋末后达12龄以上又转入深土层内越冬。第3年继续为害至8月间才开始羽化为成虫，秋末即以成虫越冬，但不产卵。至第4年6月上旬才开始产卵繁殖。

成虫具有明显的趋光性，但因体形大，飞翔力差，因此灯光诱杀的效果低于非洲蝼蛄。华北蝼蛄也具有趋厩肥及未腐熟的有机肥的习性。成虫与若虫均于白天潜伏于隧道中，于夜间活动取食为害，温度较低时多于地表层潜伏为害，温度高、湿度大时则可上升至地表活动为害。据河北观察，日平均气温15.4~27.0℃时，华北蝼蛄活动最盛；13~14℃时活动较少，12℃以下即停止活动。温度过高或过低均潜入深土层内。故春、秋两季为害严重。

蝼蛄对产卵的地点有严格的选择性，喜欢在轻盐碱地内、缺苗断垄、无植被覆盖的干燥向阳、地埂畦堰附近或路边、渠边和松软的油渍状土壤内产卵，而植被茂密、郁闭度高的地方产卵少。在山坡干旱地区，多集中于水沟两旁、过水道和雨后积水处产卵。一般产卵地土壤的pH约为7.5，略偏碱性。10~15mm的土壤湿度为18%左右时，华北蝼蛄尤为喜欢产卵。

产卵前成虫先筑卵窝，呈螺旋形向下，内分3室，上部为运动室或称要室，距地面11cm左右；中室为圆形卵室，距地面16cm左右；下层为隐蔽室，为雌虫产完卵后的栖息室，距地面约24cm。一头雌成虫通常挖一个卵室，间或有挖两个卵室的。每头雌成虫平均产卵量为300~400粒。华北蝼蛄全年的活动规律可分为6个阶段，各阶段的活动情况与非洲蝼蛄相近。

若虫孵化后先群集于寄主部位为害，到3龄以后才开始分散为害。据北京观察，各龄若虫历期分别为：1~2龄各为1~3天；3龄为5~10天；4龄为8~14天；5龄为10~15天；6龄为11~15天；7龄为15~20天；8龄为20~30天；9龄为20~30天；以后各龄若虫（除越冬若虫外）均各需25~30天；羽化前的最后一龄若虫历期为50~70天。

据河南郑州室内饲养观察，华北蝼蛄完成一个世代共需1131天，其中卵期为11~23天，平均为17天；若虫期692~817天，平均为736天；成虫期278~451天，平均为378天。

防治方法

参照非洲蝼蛄防治方法。

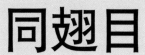

同翅目

HOMOPTERA

　　隶属昆虫纲有翅亚纲，其前后翅质地相同，故称同翅目。本目通常为小型至中型昆虫，大型种类很少，形态变化极大，圆形或长椭圆形不等。体壁光滑、无毛，多数种类有分泌蜡质或为介壳状覆被物的腺体。体色多样。口器刺吸式，通常隐于由下唇形成分3节的喙下，喙基部由头下后方或前足基节间伸出。有翅种类单眼2或3个，无翅种类缺单眼，触角多为刚毛状，间或丝状，3～10节，间或25节，如雄介壳虫。前后翅常呈膜质、均匀，但前翅略有加厚者，近似革质，但不呈半鞘翅，可区分于半翅目种类。适于陆生。休息时翅大都平置于背面或成屋脊状。间或种类翅退化或成平衡棒，如蚧虫类，常雌虫无翅，雄虫后翅特化为平衡棒。有些种类呈多型性，种内常出现有翅、无翅、短翅或长翅类型。本目昆虫足发达或退化，跗节1～3节，善于行走、跳跃或固着生活。雌虫腹部末端产卵器发达或退化。渐变态或过渐变态。繁殖方式多样，如有性生殖、孤雌生殖、有性生殖与孤雌生殖交替进行；卵胎生或卵生。

　　本目昆虫以植物汁液为食，被害部位常显褪色、变黄或出现营养不良，器官与组织萎缩或卷曲畸形、枯萎或整株死亡。此外，本目昆虫在吸食为害时向组织内分泌含有消化酶的唾液，使植物细胞壁受到破坏，继后出现白斑或变黄或变红，或刺激植物组织增生、畸形生长，出现虫瘿；同时在刺吸寄主的时候，还可向寄主植物传播各种病毒或类菌质体，传病造成的间接损失比直接危害的损失更大。此类昆虫所排泄的物质极易染烟煤病，直接影响光合作用，使植物由此衰弱。

　　目前，世界已知同翅目昆虫32 800余种，我国已知1 500种以上，其中绝大多数为农林、果树的重要害虫。

蜡蝉科 (Fulgoridae)

　　中至大型种类，体色通常美丽，额与颊间有隆堤，且达于唇基，额常向前延伸为象鼻。触角着生于眼下，3节，基部两节膨大为球形，鞭节刚毛状。前翅端区翅脉分叉，并多横脉，形成网状，后翅臀区脉也呈网状，后足胫节有齿。

斑衣蜡蝉

学名：*Lycorma delicatula* White
别名：斑蜡蝉、椿皮蜡蝉、樗鸡

分布与危害

分布于山西、山东、河南、河北、陕西、四川、江苏、浙江、湖北、安徽、广东、云南、台湾等地。寄主有核桃、苹果、山楂、海棠、葡萄、桃、杏、李、臭椿、香椿、洋槐、苦楝、楸、杨、榆、栎、青桐、悬铃木、女贞、合欢、珍珠梅、化香树、樱花、黄杨、大麻、大豆等多种果树、林木和农作物。

成虫、若虫均可刺吸寄主的茎、叶的汁液。取食时将口器刺入寄主组织深处，所刺的部位伤口处常流树汁。落于茎叶上的排泄物常招蜂、蝇与烟煤病菌的寄生，烟煤病使枝叶变黑，树皮破裂，影响植物的光合作用，使树势不断削弱，甚至出现干枯与死亡。

形态特征（图3）

1. **成虫** 雄成虫体长13~16mm，翅展40~44mm，雌成虫体长17~22mm，翅展50~52mm。全体暗褐色，常被有白色蜡粉。体隆起，头小，前方与额相接处呈锐角。触角鲜红色，位于复眼之下，刚毛状，鞭节极细小，长仅为梗节的1/2。前翅皮革质，长卵形，基部2/3淡褐色，上面布有变异黑色斑点20余个，端部1/3黑色，脉纹白色。后翅膜

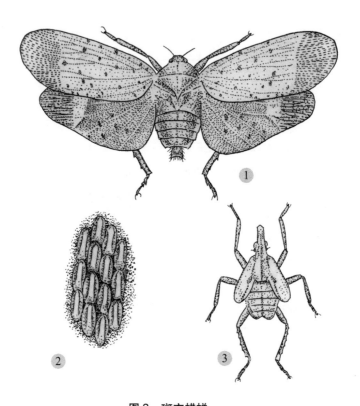

图3 斑衣蜡蝉
1. 成虫；2. 卵；3. 若虫

质，呈扇形，基半部红色，具有 6～7 个黑色斑，翅中有倒三角形的白色区。翅端与脉纹均为黑色。

2. **卵** 长椭圆形，长径为 2～4mm，短径为 1.0～1.5mm，状似麦粒，背面两侧具有凹入线，中部呈显纵脊起，脊起之前半部具有长卵形的卵盖。卵数粒形成块，卵块上覆盖有一层土灰色分泌物。

3. **若虫** 略似成虫，共 4 龄。1 龄若虫体长 3.5～4.5mm，2 龄若虫体长 6.5～7.5mm，3 龄若虫体长 9.5～10.5mm，4 龄若虫体长 12.5～13.5mm。体扁平，头部尖长，足长，静止时酷似鸡，刚孵出的若虫为白色，以后逐渐变为黑色。第 1 龄至第 3 龄若虫体为黑色，体上布有许多小白斑点。4 龄若虫体背面红色，布有黑色斑纹与白点，翅芽明显凸出于体的两侧，后足发达，善跳。

生活史及习性

斑衣蜡蝉在我国北方 1 年发生 1 代，以卵越冬。次年 4 月中旬后越冬卵陆续孵化，并群集于寄主的嫩茎和叶片背面为害，若虫为害持续 60 天左右，经过 4 次蜕皮后羽化为成虫。8 月中旬开始交尾与产卵。成虫交尾多在夜间进行，卵大部产于寄主树干的阴面，间或阳面，10 月下旬仍可见到成虫产卵。

若虫受惊扰后即跳跃逃避，成虫则猛跳起飞，迁移距离 2m 左右，成虫与若虫均有群集为害的习性，常数头乃至数十头至上百头栖息于枝干、枝叶与叶柄上。成虫常以跳助飞，成虫也有假死习性。成虫、若虫为害时间可持续 6 个月之久。产卵方式：常自右而左，一排产完覆盖蜡粉再产第二排，每产完一排需休息相当时间。产完一个卵块需 2～3 天。成虫于 10 月下旬逐渐死亡。温、湿度对产卵量及卵的孵化率有明显的影响，若 8～9 月的温度低、湿度高，常使成虫的产卵量及卵的孵化率下降。致使次年虫口基数下降。若秋季雨水少，温度高，次年发生危害就重。

防治方法

1. **农业防治** 结合冬季修剪及核桃园的管理，将卵块压死，彻底消灭越冬卵块，效果很好。

2. **化学防治** 于卵孵化初盛期或若虫为害期，可结合防治其他各种核桃害虫，于树上喷药，可收到明显的防治效果，常用农药如 10% 吡虫啉可湿性粉剂 1 000 倍液；40% 毒死蜱乳油 1 000 倍液；20% 灭扫利乳油 5 000 倍液；1% 印楝素 500 倍液。

3. **生物防治** 利用群集性，可用捕虫网捕捉成虫，核桃园附近不种臭椿、苦楝等斑衣蜡蝉成虫和若虫喜食的寄主植物，以减少虫源。

蝉科 （Cicadidae）

中型至大型，头部具 3 个单眼，互相邻近，于头的背面排列呈三角形。触角着生于复眼间前方，鬃状或刚毛状。前足腿节膨大，下缘具刺。前翅膜质，具很粗的翅脉。雄虫多数能发音，发音器位于第一腹节的两侧。

此科种类多生活于木本植物上，成虫以刺吸式口器吸取植物汁液。雌成虫常将卵产于1～2年生的嫩枝条内，产卵前先将拉条的表皮切断，然后产卵于内，产卵枝条常伤痕累累，最终导致枝条干枯或被风吹折断。若虫孵化后落于土中生存一至数年（因种而异），在土中以植物根部汁液为生。幼虫近羽化时钻出地面，上树为害寄主。本科世界已知约3 000种，我国有百余种。

蟪蛄 | 学名：*Platypleura kaempferi*（Fabricius）

分布与危害

国内分布于山西、山东、河南、河北、陕西、四川、安徽、浙江、江苏、江西、广东、湖南、福建、海南、台湾等地，国外分布于日本、朝鲜。寄主有核桃、柿、山楂、苹果、槟沙果、梨、李、柑橘、梅、桃、杨、柳、桐、桑等多种林木、果树植物。若虫生活于土中，刺吸寄主根部汁液，若虫老熟后爬出地面，上树继续刺吸为害；成虫刺吸寄主枝、叶汁液，导致树势衰弱，此外成虫多将卵产于1～2年生枝条内，产卵时将表皮与木质部刺破，因此造成的伤口常导致失水过量或影响养分与水分的输导，致使产卵部以上组织或整株树体干枯死亡。

形态特征（图4）

1. 成虫　体长20～24mm，翅展65～75mm。体小型，短阔。头部、前胸背板、中胸背板常暗绿色，间或带黄褐色，具黑色斑纹。复眼大，暗褐至褐色。单眼位于头顶，呈三角形排列，常淡红或暗红色。头的前端平截，略宽于中胸背板，但略窄于前胸。前胸两侧叶突出。额上具一横带，单眼区具大型楔形斑，眼内侧各具一个不完全的环纹。触角鬃状，细小。前胸背板中央具一条纵带，近前、后端扩大成菱形，斜沟内及附近常具点。中胸前面具两对倒圆锥形纹，外侧一对特别大，从"×"形隆起中央向前有一块楔形斑，隆

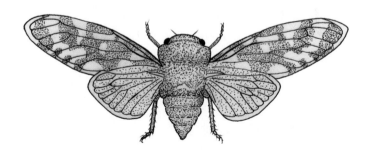

图4　蟪蛄成虫

起的前角各具一个小点。翅膜质，前翅前缘区突出，端室8个，翅满布浓淡不一的透明或半透明的斑。胸部腹面及足褐色，腿节只外侧近端部有1根刺。前足腿节中部有黄褐色环。背瓣半圆形，盖住发音器的大部分。腹瓣短阔，末端半圆形，左右相互接触，盖住发音器。腹部各节黑色，后缘暗绿色。

2.**卵** 梭形，初产卵为乳白色，后渐变淡黄至淡黄褐色。长1.2～1.6mm。

3.**若虫** 老熟若虫体长18～20mm，黄褐色，翅芽与腹背微绿，前足腿节、胫节发达，具齿，特化为开掘足，其余特征略似成虫。

生活史及习性

此虫缺乏详细的观察。约数年完成1代，以若虫于土中越冬。次年春季寄主萌动露绿时，越冬若虫开始于根际土中为害。若虫老熟后爬出地面，行至附近树干上或其他植株茎干上继续为害一段时间后才静止蜕皮羽化。成虫6～7月间羽化，雄虫善全天发出鸣声，活动多于白天进行，雌虫可依据鸣声方向寻求雄虫交尾。卵产于1～2年生枝梢内。产卵器刺破的表皮与木质部常呈斜形，一枝条常连续刺数处刺孔，每刺孔内有卵一至数粒不等，卵孔常呈纵向排列，单雌产卵百余粒，7～8月间为产卵盛期，当年卵即可孵化成若虫，并坠地入土，于寄主根部吸取汁液。秋后、冬初于根际附近或深层土中越冬。

防治方法

1.**农业防治** 彻底剪除产卵枝，并集中烧毁，灭卵效果很好，此项工作应在冬春结合整形修剪时进行。树盘覆麦草、麦糠，可减轻危害。可在雨后傍晚人工于树干附近捕捉老龄若虫。

2.**物理防治** 有条件的地方可于成虫发生处设置黑光灯、高压汞灯进行诱杀；或于夜晚点火堆，然后人工摇树，使成虫飞向火堆烧毁。

3.**化学防治** 老熟若虫出土上树前，结合防治其他害虫，可于树干喷洒高效、高浓度、持效期长的触杀剂，或于树干基部的地面喷撒乙基1605粉剂或毒土，毒杀出土上树的若虫。

叶蝉科 （Cicadellidae）

小型昆虫，体长3～12mm，体形一般为狭长楔形，间或圆筒形或扁平形。大多体表光滑，少数具刻点、凹窝、颗粒、皱纹等。触角刚毛状，梗节无感觉孔，单眼2个或无，单眼常位于头顶前缘与颜面交界线上，触角位于复眼前方或两复眼间。前胸背板常态，没有翅基片，前翅2臀脉于基部不合并；后足胫节有棱脊，棱脊上生有排列成行的刺或毛。成虫行动活泼，能跳善飞。行两性生殖，属不全变态。若虫期大多为5龄。卵多产于寄主植物组织内，在寄主上的产卵部位常具选择性，块产或散产。稍受惊扰，此虫便斜走或横行，惊扰过大，若虫便跳跃逃逸，成虫则起飞离去。若虫取食大多就地不动，迁移性不大，成虫则具飞翔习性，大多具趋光性。本科种类均为植食性害虫，叶部刺吸被害后，常显淡白色斑点，继后叶片苍白干枯或出现焦枯斑点或变色。被害寄主生理机能失调，植株生长矮小，品质降低。被害严重的枝条，尤其因产卵而致，使幼树或幼嫩枝抽条失水过量，造成死亡。此外，叶蝉为害同时可传播黄化类病毒病或类菌质体，因传病给寄主造成的损失，有时比本身吸食危害还大，必须引起高度重视。

大青叶蝉
学名：*Tettigella viridis*（Linné）

别名：青叶跳蝉、大绿浮尘子

分布与危害

国内分布于全国各地；国外分布于前苏联、日本、朝鲜、马来西亚、印度、加拿大、欧洲等国。主要寄主有苹果、核桃、山楂、梨、桃、李、沙枣、沙果、海棠、樱桃、柑橘、葡萄、杏、梅、枣、柿、楤椁、栗、杜果等多种果树，此外，还可加害各种林木及多种禾本科单、双子叶植物。此虫危害的寄主到目前已知近 40 科 176 种之多。

成虫、若虫均可刺吸寄主植物的枝、梢、茎、叶。尤以成虫产卵危害更加严重。成虫于秋末将卵产于幼树或幼龄枝干皮层内，产卵时将表皮刺破，严重时被害枝条遍体鳞伤，如遇冬春寒冷及干旱或大风，使寄主大量失水，导致被害枝干枯死或全株死亡。因此该虫为果林苗木及幼龄树的一大虫害，必须引起足够重视。

形态特征（图 5）

1. **成虫**　雄虫体长 7~8mm，雌虫体长 9~10mm。体黄绿色，头部颜面淡黄色，复眼三角形，绿或黑褐色；触角窝上方、两单眼之间具黑斑 1 对。前胸背板浅黄绿色，后半部深绿色，前翅绿色带有青蓝色泽，前缘淡白，端部透明，翅脉青绿色，具狭窄淡黑色边缘，后翅烟黑色透明。腹两侧、腹面及胸足均为橙黄色。跗爪及后足胫节内侧细条纹、刺列的每一刺基部均黑色。

2. **卵**　长约 1.6mm，宽约 0.4mm，长卵形，稍弯曲，初产卵为乳白色，表面光滑，继后渐变黄白色，近孵化时为黄白或黄色。

3. **若虫**　初孵灰白色稍带绿色，头大腹小，胸腹背面无显著条纹。并出现翅芽。老熟若虫体长 6~7mm，形似成虫，但翅芽尚未发育完全。

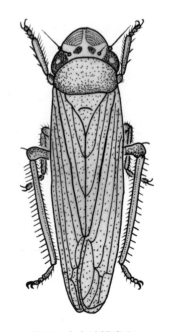

图 5　大青叶蝉成虫

生活史及习性

大青叶蝉在我国北方及江苏等地均 1 年发生 3 代，以卵于枝条内越冬。次年 4 月间孵化。若虫孵出约 3 天后开始由产卵寄主上移至禾本科作物上繁殖为害，5～6 月间出现第 1 代成虫，7～8 月间出现第 2 代成虫，9～11 月间出现第 3 代成虫。第 2 代与第 3 代的成虫、若虫主要危害麦类、豆类、高粱及各种秋季蔬菜，至 10 月开始陆续迁至核桃等果树上产卵，10 月下旬为产卵盛期，并以卵态于树干、枝条皮下越冬。

成虫、若虫喜栖息于潮湿窝风处，有较强的趋光性，常群集于嫩绿的寄主植物上为害。第 1 代与第 2 代成虫产卵于寄主植物茎秆、叶柄、主脉、枝条组织内，每头雌成虫平均产卵 30～70 粒，越冬代卵期 5 个月以上，第 1 代与第 2 代卵期分别平均为 12 天和 11.2 天。若虫 5 龄，第 1 代若虫期平均 43.9 天，第 2 代与第 3 代若虫期分别平均为 23 天和 24 天。若虫、成虫受惊后随即斜行、横行或飞向背阴处或与惊动所来方向相反处逃避。

防治方法

1. **农业防治**　核桃树附近或者有关苗圃附近应避免种植冬小麦或各种秋季蔬菜，以免诱集成虫前去产卵。　若条件许可，可在园内外适当位置种植若干小块秋季蔬菜（如白菜等）作为诱杀田块，及时喷药，防治诱集田内虫源，避免上树产卵。此法经济，效果也好。

2. **化学防治**　于秋季第 3 代成虫、若虫集中到秋季蔬菜地、冬小麦等秋播作物上为害时，可用 40% 毒死蜱乳油、10% 吡虫啉可湿性粉剂、50% 马拉松乳油、拟除虫菊酯类乳油均使用 1 000～1 500 倍液喷雾防治，或使用灭扫利、功夫、来福灵等菊酯类农药，以常规浓度喷施，可杀死成虫与若虫，避免转移至核桃等果林树及苗木上产卵为害。也可以抓住两个最佳防治时期，即 5 月上旬第一代卵孵化高峰期和第二代成虫 9 月下旬至 10 月上旬大量上树产卵。与大青叶蝉成虫秋季迁回树林产卵前，喷施菊酯类乳油 2 000～3 000 倍液对农林间作的作物，当秋季深翻后，成虫多集中在梗及周围杂草上，对其进行化学防治，既省工又省药，防治效果还好。

蚜科（Aphididae）

此科种类统称蚜虫，群众称之为油汗，多数种类发生于植物的芽、嫩茎或嫩叶上。体微小，柔软。头部额瘤明显或不明显。触角通常 5～6 节，间或 4 节，末节端部甚长，至少长于基部的一半，有时可达数倍以上，次生感觉圈圆形，间有椭圆形。眼多小眼面，有或无眼瘤。前翅中脉大部分为 3 支，间有 2 支者。前胸及腹部各节常具有缘瘤。无蜡腺，有时全身被蜡粉或蜡毛。腹管大部长，圆柱形，有时膨大，少数圆锥形，间有环形。尾片指形、剑形、长或短三角形、盔形或半圆形，尾板后缘大部圆形。

蚜虫为经常性的孤雌生殖，即在夏、秋二季均以孤雌胎生方式繁殖下代，秋末冬初才出现雄蚜，进行两性生殖，产卵，以卵越冬。次年春季越冬孵化。蚜虫为多寄生的。营同寄主全周期生活或异寄主全周期生活，有时为不全周期。寄主植物多数为高等双子叶植物或单子叶植物，包括木本与草本显花植物。单食性、寡食性或多食性，此科世界已发现110属左右，近2 280种之多。

山核桃蚜 | 学名：*Kurisakia sinocaryae* Zhang.

分布与危害

我国分布于安徽、浙江等地。是山核桃的一大害虫。严重发生危害时，雄花干枯坏死，雌花无法开出，树势衰弱，严重影响山核桃产量。

形态特征

1. **干母** 赭色，体长2.0~2.5mm，宽1.3~1.5mm，体背多皱纹，具肉瘤；口针细长，伸达腹末；触角短，4节；足短小，常缩于腹部下方；无翅；无腹管。初孵若蚜黄色，取食后变为暗绿色。

2. **干雌** 体扁，椭圆形；腹背有绿色斑带二条和不甚明显的瘤状腹管；触角5节；复眼红色，无翅。体长1.8~2.2mm。

3. **性母** 成虫为有翅蚜，前翅长度为体长的2倍，平覆于体背面，前翅前缘有一个黑色翅痣；触角5节；腹背有2条绿色斑带及瘤状腹管。体长2.0~2.2mm。若蚜与干雌相似，唯触角端节一侧有一个凹刻。

4. **性蚜** 无翅、无腹管，触角4节，端节一侧有1个凹刻。雌蚜体长0.6~0.7mm，黄绿色带黑，头前端中央微凹，尾端两侧各有一个圆形泌蜡腺体，分泌白蜡。雄蚜体长0.4~0.5mm，体色绿或黑绿色，头前端深凹，腹末无泌蜡腺体。

5. **卵** 椭圆形，长约0.6mm。初产卵为白色，继后逐渐变为黑色而发亮，表面具白色蜡毛。

生活史及习性

此虫1年发生4代，以卵在山核桃芽、叶痕以及枝条破损裂缝或剪锯口缝隙内越冬。次年2月上中旬越冬卵孵化为干母，然后爬至芽上吸食为害，2月下旬开始陆续转移到幼嫩枝上为害，为害至3月中下旬开始发育为成虫，以孤雌胎生方式进行繁殖。所产干雌，危害正在萌发的芽，到4月上中旬仍进行孤雌胎生，产下性母，聚集于嫩芽、叶上吸食为害。此间，各代蚜均可以看到，是发生危害盛期。到4月中下旬，性母产下非常微小的性蚜，聚集于叶背为害。直到5月上中旬开始在叶背越夏，到9月下旬，即寒露前后，逐渐恢复活动，并于叶片背面继续为害，10月下旬至11月上旬发育为无翅雌蚜和雄蚜，交配后的雌蚜将卵产于山核桃芽、叶痕以及枝干破损裂缝等处进行过冬。据观察研究，干母与干雌每头可繁殖若蚜20~30头，而性蚜繁殖力较小，每雌仅能产卵1~2粒。此虫全年寄生于山核桃树上，无转主寄生现象。

山核桃蚜在越夏期间，由于高温干旱的影响，可引起大量干瘪，乃至发黑死亡。此蚜喜欢湿润凉爽，阴坡虫多，阳坡虫少，山坞虫多，山岗虫少，即使遇到连续 2~3 天的阴雨天气，甚至大雨，也并不会使此蚜的虫口密度下降。

山核桃蚜的天敌有蚜茧蜂、食蚜蝇、异色瓢虫、草蛉等，尤以前三类天敌更为甚者，特别是蚜茧蜂，其寄生率可高达 50% 左右，并可寄生于第 1、2、3 代蚜虫，被寄生蚜虫明显呈黑色，近球形。

防治方法

1. **休眠期**　防治于早春寄主发芽前喷布 5°Be 石硫合剂或福美胂 500 倍液，或 5% 的柴油乳剂（柴油 500g、肥皂 40g、水 350g，先将肥皂于定量热水中溶化，再将加热的柴油倒入热肥皂水中，并充分搅拌均匀即成）10 倍液，此法可兼治寄主上的各种介壳虫及病害。

2. **生长期**　防治于 3 月下旬至 4 月间，此虫危害新芽时，可喷布 40% 毒死蜱乳油1 500 倍液，或喷布拟除虫菊酯类农药，20% 杀灭菊酯乳油或灭扫利乳油 2 500 倍液，或将有机磷农药与菊酯类农药混配使用，效果更佳。

3. **灌根、涂环、注茎法**　于树芽开始萌发时，用刀于树干下部刮两个上下错开、20cm 长的半圆环（环刮至青皮里面一点为止，切不可刮至木质部，以免损伤树体，影响生长发育），涂以 10% 吡虫啉乳油原液或 5 倍药液或 40% 毒死蜱乳油原液或 5 倍药液或其他各种内吸剂农药原液，效果均达 80% 以上。或使用吡虫啉乳油各 15 倍液灌根，均有明显的防治效果。

粉蚧科（Pseudococcidae）

雌成虫体椭圆或长形，间或体两侧几乎平行或少数呈圆或球形，或个别种类体形不对称。体背常微突，腹面平坦而柔软，虫体长一般为 3.0~5.0mm，亦有较小者（体长1.3~1.5mm）或较大者（体长可达 12.0mm），不同种类或同种类因不同寄主以及雌虫不同的发育阶段，其体长度、触角与足的大小都具有很大变化。

雌虫头胸部常愈合，二者的分界限不甚明显，头部在体腹面嵌入胸部，因之口喙几乎位于两前胸气门的水平线上，而前胸背板和头部的分界线通常是由前背裂之前通过。前胸与中胸的分界限明显。腹部全部背板均有明显区分，同时后胸占据第一腹节腹板，为之所见第一腹板实则第二腹节腹板。

触角丝状，较短且纤细，着生于头部顶端腹面两侧边缘，由 5~9 节构成，间或种类触角退化为瘤状。触角每节常疏生细毛，触角第 2 节上通常具一明显的圆盘状小孔，端节上常生有数根感觉刺毛，或感觉刺毛生于端节之前。眼较发达，着生于触角基部附近，眼常呈圆形或球形，间或种类具发达的眼座，眼座常为圆锥形且较高度硬化。间或种类无眼。

口器由基片、喙及口针三部分组成。喙圆锥形，通常为1～3节，其顶端生有细毛数根。

胸足发达，基节一节，在较硬化的基节节面上有小而圆的发亮"斑点"，这就是细管状腺的开口处或称透明孔，间或种类基节无透明孔。间有种类胸足较退化。胸气门2对，常为喇叭状，在气门附近常具圆盘状腺。

背裂有或无。每一背裂均是横裂孔，开口于体腔中，当虫体受惊扰或受天敌攻击时，这些背裂即可向外分泌出带有色泽并在空气中能迅速僵硬的液体，以便对虫体起保护作用。

腹裂位于体腹部腹面，常以局部角质化的狭窄的硬化框作为界限。

肛门位于腹部最后一节上，常在肛门的周围包着一个扁平的硬化环（肛环）。肛环上常生有数根肛环刺毛。肛环表面常具圆盘状孔，有时肛环无孔。在肛环两侧第9腹节多少向外突出，形成所谓的臀瓣，在臀瓣顶端或近于顶端的腹面常生有1根长刺毛，即称臀瓣刺，阴门位于第8、9节腹板之间。

泌蜡腺分布在体背、腹面，硬化角质的泌蜡腺数量多且式样复杂，但基本可分为两大类，即圆盘状腺与圆柱状腺。圆盘状腺中又分为三孔腺、五孔腺、多孔腺、圆盘孔腺等，圆柱状腺又可分为管状腺、蕈状腺、放射刺管腺、瓶状腺等。

体毛的长度与粗度变化很大，分布于体背、腹面或仅分布于体腹面。

此科中的许多种类均具有特殊的泌蜡构造，称之为刺孔群。刺孔群着生于体背面边缘，间或种类背面中部也有分布。刺孔群是由1个或2个或若干个圆锥状刺和聚集在刺附近的三孔腺或少数五孔腺，并伴有一些毛共同组成。刺孔群的数量因种而异，甚至同一种类而不同个体也常有差异，常沿体背部边缘对称地分布着18对。但多数种类少于或多于18对。

雌虫外被各种蜡质覆盖物，间或种类常有毛毡状卵袋，卵袋有时完全盖没虫体，还有少数卵袋呈绒状。很少种类体外完全没有蜡被物。

雄虫体纤细，头、胸、腹分明。触角3～10节，单眼4～6个，无复眼，具膜质翅1对，平衡棒具各种形式，足细长或具粗壮节，腹部倒数第2节有管状腺2个，交配器短。

此科目前世界已知1 000多种，分属于102个属。我国种类目前已记载有43个属，较为重要的经济种类100余种，有些种类几乎每年大量发生，常造成农林果树的很大损失。

康氏粉蚧
学名：*Pseudococcus comstocki*（Kuwana）
别名：桑粉蚧、李粉蚧、梨粉蚧

分布与危害

国内分布于山西、山东、四川、河北、河南、湖北、湖南、江苏、浙江、广西、广东、云南、福建、台湾、吉林、辽宁等地；国外分布于日本、朝鲜、印度、斯里兰卡、前苏联以及大洋洲、欧洲、美洲等地。此虫发源于东亚，原记录于日本桑树上，后在美洲普遍发现，其他各国常将此虫列为检疫对象。此虫为杂食性害虫，主要寄主有核桃、枣、苹果、梨、李、桃、杏、柿、樱桃、葡萄、山楂、石榴、梅、桑、杨、柳、榆、槐以及瓜类和蔬菜等多种植物。

以成虫、若虫刺吸寄主的幼芽、嫩枝、叶片、果实及根部汁液。嫩枝叶片被害后常肿胀，或形成虫瘿，树皮纵裂枯死，前期果实被害后出现畸形。除此之外，被害寄主可感染煤污病，影响寄主光合作用，由此引起的经济损失很大。

形态特征（图6）

1. **雌成虫** 体长 3.0～5.0mm，体扁椭圆形，粉红色，体外被白色蜡质分泌物，体缘具 17 对白色蜡刺，蜡刺细直，最末 1 对与体几乎等长或为体长的 2/3，其余蜡刺长度不达体宽的 1/4。体前端蜡刺更短。触角 7 或 8 节，眼位于触角基后的头缘处，足细长，后足基节具较多透明孔，但腿节与胫节上的透明孔较少，且数目变异较大。触角柄节也具几个透明孔。腹裂 1 个较大，位于第 3、4 腹节腹板间。背孔 2 对发达。肛环在背末，有内、外缘 2 列孔和 6 根长环毛。尾瓣突出，其腹面具硬化片，端毛略短于环毛。刺孔群 17 对。

2. **雄成虫** 体长约 1.0mm，翅展约 2.0mm，翅仅 1 对，膜质透明，后翅退化为平衡棒，具尾毛。

3. **卵** 椭圆形，淡橙黄色，长约 0.3mm，常数粒或数十粒成块，外被薄层白色蜡粉，

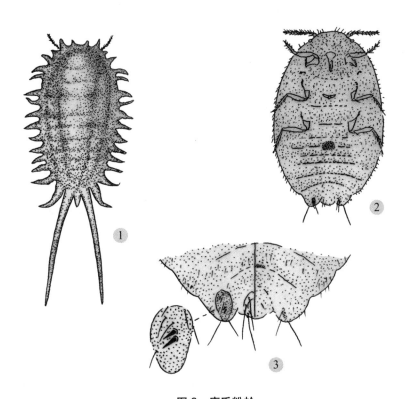

图 6　康氏粉蚧

1. 雄成虫；2. 雌成虫（去蜡腹面观）；3. 雌成虫臀板

形成白絮状卵囊。

4. **若虫**　形似雌成虫，初孵扁卵圆形，淡黄色，复眼近半球形，紫褐色。雌若虫3龄，雄若虫2龄，触角6~7节，粗大；口针伸达腹末。

5. **雄蛹**　体长约1.2mm，淡紫色。茧长2.0~2.5mm，白色棉絮状。

生活史及习性

此虫1年发生2~3代，以卵或受精雌成虫及若虫于被害树干、枝条粗皮缝隙、土石块缝隙中及其他隐蔽场所越冬。次年春季寄主萌动露绿后，越冬若虫开始出蛰为害。受精雌成虫稍取食后便到各种缝隙中分泌卵囊，将卵产于其中；以卵越冬者开始孵化，孵化后的初龄若虫爬至幼嫩组织上吸食为害。第1代若虫盛发期为5月中下旬，第1代成虫盛发期为7月中下旬，第2代成虫盛发期为8月中旬至9月上旬；第3代若虫盛发期在8月下旬，成虫盛发期在9月底。雌若虫期为35~50天，经过3次蜕皮后羽化为雌成虫；雄若虫期为25~37天，蜕2次皮后进入化蛹期，继后羽化出雄成虫。雌、雄成虫羽化后即可开始进行交尾。交尾后的雄成虫很快死亡。而受精雌成虫仍需经过短期取食后，爬至适当场所开始分泌卵囊，并将卵粒产于其中。第1、2代雌成虫产卵量为380粒左右，第3代雌成虫产卵量为120粒左右。非越冬卵常产于果实的梗洼处，越冬卵则产于树皮缝隙、剪、锯口等处、根际或附近土石缝隙内。

防治方法

1. **农业防治**　冬、春刮树皮或用硬毛刷、细铁丝刷或钢丝刷子刷除树皮缝隙中的卵囊及越冬成虫和若虫。晚秋雌成虫产卵或越冬前于树干束草，诱引雌成虫产卵或若虫及雄成虫越冬，于次春若虫或雌成虫出蛰或越冬卵孵化前，将束草解下集中烧掉，可消灭越冬虫源，减少越冬基数。

2. **化学防治**　于各代若虫孵化后、泌蜡前，均可喷布40%毒死蜱乳油1 000倍液、10%吡虫啉可湿性粉剂1 000倍液、20%灭扫利乳油2 000倍液，或有机磷与拟除虫菊酯类农药混配使用，均有良好的防治效果。

3. **植物检疫**　严格检疫措施，对各种苗木、接穗、砧木应用药剂处理，防止或杜绝人为的传播与蔓延。

长绵粉蚧

学名：*Phenacoccus pergandei* Cockerell

别名：柿长绵粉蚧、柿粉蚧、苹果大拟绵蚧、苹果绵粉蚧、柿树绵粉蚧

分布于山西、河南、河北、山东、江苏等地。寄主有核桃、柿、苹果、无花果、梨、枇杷、桑等多种林木、果树。

以成虫和若虫吸食寄主嫩枝、幼叶和果实，对树势和产量均有很大的影响。

形态特征（图7）

1. **成虫** 雌成虫体长2.5~3.5mm，椭圆形，扁平，黄绿色至浓褐色。3对足，触角9节，丝状，体表被有白色蜡粉，体缘具有圆锥形蜡突10对左右，间或个体超过15对。成熟时后端分泌出白色绵状长卵囊，形状似袋，长20~30mm。雄成虫体长1.5~2.5mm，翅展3.2~3.7mm。体淡黄色，酷似小蚊。触角念珠状，上生绒毛。足3对。前翅发达，白色且透明，有一条翅脉分为两叉。后翅特化成平衡棒。腹部末端两侧各有细长的白色蜡丝1对。

2. **卵** 淡黄色，卵圆形，接近孵化时，卵变为紫红色。

3. **若虫** 椭圆形，淡褐色，半透明，形态特征与雌成虫相近，足与触角均发达。

4. **雄蛹** 长1.5~2.5mm，淡黄色。

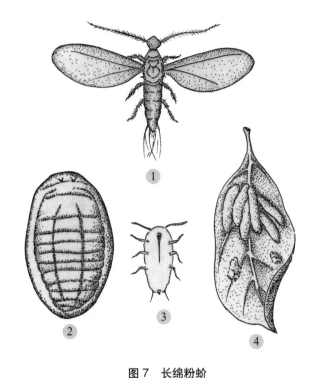

图7　长绵粉蚧

1.雄成虫；2.雌成虫；3.若虫；4.叶背面的卵囊

生活史及习性

长绵粉蚧在山西、山东、河南1年发生1代，以3龄若虫在枝条上结大米粒状的白茧越冬。次年春季寄主树液流动后，越冬若虫开始活动。转移到嫩枝、幼叶及果实上刺吸汁液。雄虫蜕皮成前蛹，再蜕一次皮变为蛹；雌虫继续取食发育，4月下旬至5月中旬陆续羽化为成虫。雄虫交配后随即死亡，雌虫则爬至嫩梢和叶片上继续为害，并分泌白色绵状物，形成白色带状卵囊，到6月雌成虫陆续发育成熟，并开始产卵。雌成虫将卵产于卵囊中，每头雌成虫可产卵为500~1 500粒，卵期为15~20天。6月中旬卵开始孵化，6月下旬至7月上旬为孵化盛期。若虫孵化后爬向嫩叶，并固定于叶背面主脉附近吸食寄主的汁液。为害至9月上旬蜕第一次皮，10月间蜕第2次皮后转移至枝干上，大多于枝干的下面或阴面群集结茧越冬。越冬若虫常相互重叠集成团。也有转移到枝干的老皮及缝隙处过冬者。5月下旬至6月上中旬为全年危害的高峰期。

防治方法

1. **物理防治** 若虫越冬期防治越冬期可结合防治其他核桃害虫，修剪与刮树皮，或用硬刷刷除越冬若虫。压低越冬虫源基数。

2. 化学防治　若虫出蛰活动后和卵孵化盛期防治此间可喷洒 20% 灭扫利乳油 2 000 倍液、10% 吡虫啉可湿性粉剂 1 000 倍液、40% 毒死蜱乳油 1 500 倍液，对刚孵化的若虫效果很好，如能混用含油量 1% 的柴油乳剂有明显的增效作用。落叶后或发芽前的防治可喷布 3～5°Be 石硫合剂或 45% 晶体石硫合剂 20～30 倍。

3. 生物防治　保护和利用天敌长绵粉剂的天敌有黑缘红瓢虫、大红瓢虫、二星瓢虫及寄生蜂等。

蚧科（Coccidae）

此科雌成虫通常为圆形、卵形、卵圆形、球形或两侧边近平行，间或虫体不对称。体壁常不同程度的硬化或上隆凸成半球形，产卵期体背则强烈硬化。间或种类体扁平且背面富有弹性。体腹面体壁薄而柔软，多数种类体缘具皱褶，间或种类具白色絮状卵囊。

头、胸、腹常愈合为一体，体节几乎完全消失。间或种类可见分节遗痕，或于腹面中央可见隐约的体节褶纹。触角通常 6～8 节，第一节较粗阔，以后各节渐细；间或种类触角退化。每个触角节均生有 1 根或数根细毛，触角端节还具感觉毛数根。眼小或缺如。喙通常 1 节。足的节数正常，但极小，间或种类足已退化。跗节 1 节。

前后胸气门发达，呈喇叭状，从气门至相对的体缘常由圆盘状腺，常由五格腺构成一小气门腺路。此腺路终端的体缘具 2～3 根气门刺，间或种类气门刺呈短圆锥状，数目很多，或有种类缺气门刺。

腹末臀裂内缘彼此相近或合拢为缝。肛环位于臀裂基部，并具 1 对肛板，肛板是该科的典型特征，肛板通常为三角形，上生数量不等的刺或细毛。肛环围以肛门，肛环上具 1～2 列圆形孔与 6～8 根肛环刺毛。肛环位于着生有缨毛的肛筒末端。

盘状腺通常可见三格腺、五格腺及多格腺，另外还可见到下缘瘤、单圆孔及复孔。大多种类具圆柱状腺，其形状与大小变化很大。

体缘生有成列的缘毛或缘刺。缘刺顶端有时膨大形成分枝。体腹面常生有细毛，其粗细、长短各不相同。体背面则具小而短的刺。

雌成虫体外蜡质覆盖物因种不同出现各种式样，如间或种类呈蜡粉状，间或种类被有坚硬白色的蜡质层，或被较透明的玻璃状分泌物所遮盖。

雌成虫在产卵期常分泌白色絮状卵囊，将卵产于其内或虫体藏于其中，间或白色卵囊单独位于体腹面之后。

雄虫触角发达，线状 10 节。具单眼，其数目为 4～12 个。翅膜质 1 对。足长而发达，节数正常。交配器短。腹部倒数第 2 节上具有 2 个腺孔，分泌出 2 根白色蜡丝。雄若虫常在蜡质介壳下完成其发育全过程。

此科昆虫体长为 3～15mm，其繁殖力很强，单雌产卵少则百余粒，多则上千粒，少数种类可达数千粒之多。

此科种类大多一年发生1代，间或可发生多代。行有性生殖或偶发性孤雌生殖，也有种类行无性生殖。在有性生殖中，雌体发育需经历卵期、第1龄若虫期、第2龄若虫期、第3龄若虫期及成虫期等5个阶段；雄体发育则需经过卵期、第1龄若虫期、第2龄若虫期、前蛹期、蛹期及成虫期等6个阶段。

此类昆虫为杂食性，可危害多种植物。如林木果树、农田作物、城市园林绿化植物、观赏花卉、各种灌木及单、双子叶杂草等等，可谓无不有其踪迹。主害寄主地上部位，间或也可寄害于根部。此虫主要以刺吸式口器吸食植物汁液，影响寄主发育与生长，严重时削弱树势或造成减产与毁灭。另外，它可分泌大量蜜露，招惹烟煤病菌发生，污染植株、影响光合作用，引起品质降低。同时，还可能传播各种病毒或类菌质体，导致植物病害。

此科种类遍布世界。目前，世界已知有1 000种之多，我国记录有百余种。

枣球蜡蚧

学名：*Eulecanium gigantea*（Shinji）
别名：瘤坚大球蚧、枣大球蚧

分布与危害

国内分布于河北、山东、河南、山西、宁夏、安徽、江苏、陕西、甘肃、辽宁、内蒙古等地；国外分布于日本。寄主有核桃、枣、刺槐、梨、苹果、海棠、玫瑰、酸枣、紫薇、柿、山荆子、杨、紫穗槐、复叶槭等多种林木、果树。

枣球蜡蚧以若虫、雌成虫固着枝干或于叶片上吸食汁液，同时排泄的蜜露可诱致烟煤病的发生，由此影响光合作用，轻者树势衰弱，重者出现枝梢干枯，甚至出现全株枯死。

形态特征（图8）

1. **雌成虫** 体长17.0～18.8mm，宽16.7～18.0mm，高约14.0mm。体背面常为红褐色，并具有由灰黑色斑所组成的花斑图案，形成中纵带1条，锯齿状边缘带2条，其间具8个斑点成列状分布。中心体多后倾，体背覆绵绒状蜡被。受精产卵后，体背常相当硬化，变为黑褐色、虫体呈半球形，灰褐色花斑及绒毛蜡被均已消失，除体背具个别凹点外，已呈光滑黑褐或棕褐色外壳状。

触角7节，第3节最长。喙1节，位于触角间。足发育正常，与虫体相比显得十分短小，胫节与跗节关节处无硬化斑片与突起，跗冠毛、爪冠毛均纤细而顶端尖。相比之下，气门比足显大。气门腺路由五格腺组成。每条气门腺路具20个左右的腺体，呈不规则分布。气门刺、气门腺均不明显存在。体缘毛呈小刺状。

臀裂约为体长的1/6，肛2块，呈不规则三角形，彼此靠近时略呈不规则正方形。肛管较短。肛环前后常断缺，环上具内、外缘2列孔与环刺8根，腹面体缘具较大的管状腺，背面具小管状腺。

多格腺位于腹面中部区，尤以腹部数量较多。体背面具小刺及盘状孔，腹面可见稀疏分布的小体毛。

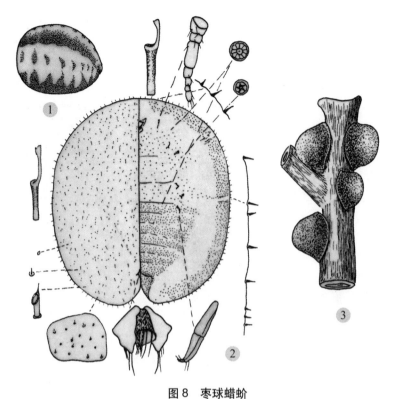

图 8　枣球蜡蚧
1. 雌成虫外观；2. 雌成虫形态特征；3. 危害状

2. **雄成虫**　体长 1.8~2.2mm，宽 0.4~0.6 mm，翅展 5.0mm 左右。头部褐色或黑褐色，前胸及腹部黄褐色，中、后胸红棕色。触角丝状，10 节，具长毛。翅 1 对，膜质透明。交配器锥状，1 根。尾毛白色，2 根。

3. **卵**　长 0.3mm 左右，宽 0.14mm 左右，长椭圆形或卵形，黄褐色，被有白色蜡粉。

4. **若虫**　初龄若虫长卵形，橘色，被薄层白色蜡质，白色尾毛外露。触角丝状，9 节。2 龄前期虫体淡黄色，体缘具 14 对蜡片，背部具前后 2 个环状壳点；后期虫体长 1.2~1.4mm，长卵形，黄褐色，背部具前、中、后 3 个环状壳点。

5. **雄蛹**　长卵形，蛹前期淡褐色，眼点红色；蛹后期深褐色，体被白色绵绒状蜡被。

生活史及习性

枣球蜡蚧 1 年发生 1 代，以 2 龄若虫于枝干皱缝、叶痕处群集越冬。次年春季树液流动后，越冬若虫开始出蛰活动为害，并陆续向幼嫩枝上转迁，4 月下旬越冬若虫老熟并开始羽化，5 月初交尾、产卵，卵产于母壳下。5 月下旬初孵若虫活动为害，若虫一直活动为害至秋末，寻找适当场所越冬。若虫期 11 个月左右。成虫羽化期多集中于早晨

7：00～9：00，羽化后即可交尾。单雌产卵量约为 2 500 粒。初孵若虫于寄主叶片或枝上爬行 1 天左右，即固定于叶背、嫩梢、枝干上为害。秋末陆续回枝越冬。

防治方法

1. **物理防治**　人工防治通过适度、适时修剪，剪除干枯枝与过密枝，及不适宜的有虫枝条，以减少病虫枝数量，同时结合刮树皮、刷虫枝等手段，可大大降低虫源基数。

2. **化学防治**　化学防治于冬季或早春喷布 3～5°Be 的石硫合剂，或喷布 4%～6% 的柴油乳剂（柴油 500g、肥皂 40g、水 350g，先将肥皂于定量热水中溶化，再将加热的柴油倒入肥皂水中，充分搅拌均匀即合成柴油乳剂）10 倍液，采用此法可兼治各种有害蜘蛛及虫害，消灭越冬 2 龄若虫。

5 月下旬，枣球蜡蚧若虫孵化初盛期为树上用药关键期，并要求在 2～3 日内用完一次药。农药可选用：20% 杀灭菊酯乳油 2 000 倍液，20% 灭扫利乳油 2 000 倍液，2.5% 功夫乳油 2 000 倍液，20% 敌杀死乳油 2 000 倍液，2.5% 联苯菊酯乳油 2 000 倍液，农药选择尽量本着高效、低毒和低残留的原则。

3. **生物防治**　保护和利用天敌蜡蚧科种类的天敌资源十分丰富，捕食率与寄生率均较高。因此，注意保护和利用天敌具有十分重要的意义。应用生物农药如苏云金杆菌、青虫菌等控制此虫，不仅能收到应有的效果，而且可减少环境污染，保持生态平衡。

桃球蜡蚧

学名：*Eulecanium kuwanai*（Kanda）
别名：皱大球蚧、皱球蚧

分布与危害

国内分布于山西、辽宁、河北、山东等地；国外分布于日本。寄主有核桃、苹果、桃、杨、柳、榆、槐、槭、紫穗槐等多种林木、果树。

以若虫和雌成虫固着于枝干与叶片上吸食为害，为害时所排泄的蜜露还可招致煤烟病发生，影响寄主的呼吸及光合作用，发生危害轻者可使树势衰弱，发生重者导致枝条或顶部嫩梢干枯，甚至全树死亡。

形态特征（图9）

1. **成虫**　雌成虫体长 5～6mm，宽 4.8～5.6mm，高 5.2～5.5mm。体呈半球形或馒头形，至受精产卵后雌成虫体逐渐变成皱缩硬化的球体，此时虫体常为灰黄色。具有虎皮状深褐色斑纹。产卵前体为黄色或黄白色，具有整齐的黑斑，常由 1 条黑色中央纵带连结黑色体缘而形成左右两块黄色斑，斑中又有不规则的黑色小斑点。臀裂分泌有白色蜡粉。卵孵化后介壳干缩。

雄成虫细小，长 1.2～1.6mm，赭色，复眼突出，腹端具 2 个长白色蜡丝，针状交配器浅黄色。雄蛹壳牡蛎形，灰白色，壳表面具有龟裂状分格，腹端臀裂明显。前翅 1 对，翅展为 5.2～5.5mm，触角 8 节。

2.**卵** 长圆形，长 0.2～0.4mm，粉红色或浅黄色，覆以蜡粉，数千粒堆集于母壳下。

3.**若虫** 刚孵化后的若虫卵圆形，粉红色，后渐呈灰棕色，体表面分泌有蜡质。单眼红色，尾部具两根肛环刺毛。老熟若虫青灰色，背部明显龟裂状，越冬若虫浅红褐色至暗褐色，扁平，背部略隆，中央有 1 条纵隆线，两侧具有细横的皱纹。

4.**雄蛹** 裸蛹体长为 1.5～2.1mm，体色为浅褐色或浅紫褐色。

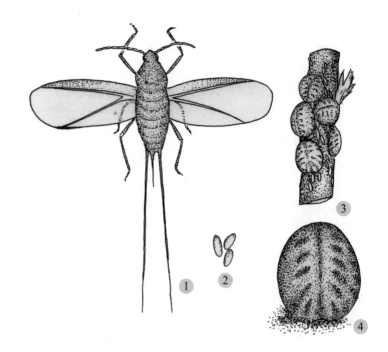

图 9　桃球蜡蚧
1.雄成虫；2.卵；3.危害状；4.雌成虫

生活史及习性

桃球蜡蚧 1 年发生 1 代，以 2 龄若虫于 1～2 年生的枝条上或芽的附近越冬。第二年寄主萌动后开始为害。4 月中旬雌、雄发生分化。4 月下旬至 5 月初，雌蚧虫体膨大成半球形，体皮软，并发生流胶。5 月初雌、雄成虫羽化，进行交尾。当虫口密度较低时，雄虫很少发生，此间雌虫进行孤雌生殖，当虫口密度大时，才可进行两性生殖。5 月中下旬，雌成虫开始产卵，每头雌成虫可平均产卵 3 587 粒，卵于 6 月初至 6 月中旬孵化，新孵化的若虫由母体介壳下爬出后，向周围附近的树叶上转移，并固定于叶脉处为害；为害时间长达 3 个月之久，到 10 月间若虫蜕皮变为 2 龄，并迁回至 1～2 年生的枝条上准备越冬。

防治方法

1.**物理防治** 初发生的核桃园，常是点片发生，可结合修剪，彻底剪除有病虫枝条，并集中烧毁，或人工刷抹有虫枝条，以铲除虫源。

2.**化学防治** 2 龄越冬出蛰活动为害时，可喷布 5°Be 石硫合剂或 45%晶体石硫合剂 300 倍液，含油量 4%～5%的矿物油乳剂，只要喷洒周到，效果极好，或使用蚧螨灵（机油乳剂）与福美胂混配使用，配方为机油乳剂：福美胂：水 =2：1：100，不仅可防治桃球蜡蚧，还可防治蚜虫、叶螨，同时也能兼治各种核桃病害。

3. 生物防治　注意保护和引放天敌桃球蜡蚧的天敌有瓢虫和蚧小蜂，应加以保护和利用。

4. 植物检疫　严格检疫措施调运苗木、接穗和砧木时要加强检疫，严格防止桃球蜡蚧的扩散蔓延。

日本球坚蜡蚧
学名：*Eulecanium kunoensis*（Kuwana）
别名：日本球坚蚧、桃球坚蚧

分布与危害

分布于山西、河北、山东、河南、江苏、陕西等地。寄主有核桃、苹果、梨、海棠、桃、李、梅、樱桃、杏、山楂、榆叶梅等多种林木、果树。

以若虫和雌成虫刺吸寄主的枝条、芽叶，轻者树势衰弱，重者枝条干枯死亡。

形态特征

1. **成虫**　雌成虫呈圆球形；下弯圆而略弯，背面与身体两侧有浅的凹刻。虫体直径4.5～5.5mm，高3.5～4.5mm。体背的表面密布一层蜡粉，刚羽化的雌成虫浅暗黄褐色，体壁柔软，有光泽；中后期呈棕褐色、黑褐色或暗红色，虫体表面体壁硬化，三角板上方背中央两侧有纵行较大型的凹下点刻，每行5～6个，排列较整齐。雄成虫体淡棕红色，体长1.5～2.0mm，翅展3.2～3.5mm。触角微紫色，触角10节，中胸盾片漆黑色。翅淡白色，前缘微红色；足微紫色。腹部末端着生淡紫色刺，其基部两侧各有1条白色细长的蜡毛，蜡毛外侧的后缘角突起不甚明显，较圆滑。雌成虫触角6～7节，其中第3节较长，足3对，发达，胫节与跗节约等长，爪有齿，冠毛端部明显膨大。

2. **卵**　椭圆形，长0.5mm左右，宽0.3mm左右。体色为淡橘红色，被有白色的蜡质粉，接近孵化时，卵上出现两个明显的红色眼点。

3. **若虫**　初孵若虫体长0.5～0.6mm，虫体椭圆极扁平，体色为橘红色或淡紫红色。体背面中央有一条暗灰色背线，腹部的末部有2条刚毛，具有活动能力。夏季叶片背面的若虫，初期为橘红色，取食后变为淡黄白色，体上下极扁平，眼黑色。体表面常覆盖一层蜡质。越冬期若虫分化为雌雄后，雄性若虫为黑褐色，体背面略隆起，表面有一层厚的灰白色蜡层。雌性若虫栗褐色，卵圆形，体背面明显向上方高度隆起，表面有一层薄的蜡层。越冬后的雄性若虫体背面的蜡壳即雄性介壳表面毛毡状蜡丝更多，呈灰黑色。

4. **蛹**　为雄性若虫蜕皮而来，长椭圆形，体面显著隆起，体色为淡黑褐色，翅芽、足、触角均呈肉芽状，以后逐渐变为裸蛹。长2.5mm左右。

生活史及习性

日本球坚蜡蚧1年发生1代，以2龄若虫于枝条上越冬。越冬时常成群在一起，固着于芽腋间及其附近或枝条表面等处。次年寄主树液流动后开始出蛰活动，于越冬固着的部位为害、发育，通常为3月的上中旬。3月下旬至4月上旬分化出雌、雄性，4月中旬出现雌成虫，其体背膨大成球形，并逐渐硬化，雄成虫亦于4月中旬羽化出现，并开始交尾，5月上旬雌成虫开始产卵。单雌产卵平均为2 500粒左右。

雌成虫将卵产于体下，卵期10天左右，5月中旬开始孵化出若虫，5月下旬为卵孵化盛期。刚孵化的若虫沿寄主枝条爬行，最后全部迁转到叶片的背面固着为害，同时分泌蜡质物将体背覆盖。为害至10月间蜕皮变为2龄，然后离开叶片背面，寻找适当场所准备过冬。雌、雄若虫均为3龄，蜕2次皮。

防治方法

1.化学防治　冬季或早春喷布3~5°Be石硫合剂或3%~5%柴油乳剂，消灭越冬若虫。在卵孵化盛期及雄虫羽化期喷药防治。药剂有：2.5%敌杀死乳油悬浮剂2 000倍液，20%速灭杀丁乳油2 000倍液。此外，冬季进行人工刮除、刷除，或剪掉有介壳虫的无用枝条，集中消灭。越冬虫为害前，喷5°Be石硫合剂或5%柴油乳剂。芽膨大时喷洒5°Be石硫合剂或45%晶体石硫合剂300倍液、含油量4%~5%的矿物油乳剂，只要喷洒周到效果极佳。此外还可用蚧螨灵（机油乳剂）与福美胂混用，配方为机油乳剂：福美胂：水=2：1：10除可铲除蚧、蚜虫、叶螨外，还可兼治腐烂病、干腐病、轮纹病等。3月中下旬越冬若虫期，用5°Be石硫合剂或45%石硫合剂结晶25~30倍液，均匀喷布全树，消灭活动若虫。3月底至4月初雌体膨大期，选用25%灭幼脲悬浮剂1 000倍液或40%杀扑磷乳油（速扑杀）1 000倍液等喷雾防治。根据若虫虫情在5月下旬至6月上旬进行补治。药剂可选用25%灭幼脲悬浮剂1 000倍液或1.8%阿维菌素乳油2 000倍液等。

2.生物防治　保护和利用天敌，少用或避免使用广谱性农药，用药时错开天敌盛发期。

褐盔蜡蚧

学名：*Parthenolecanium corni*（Bouché）
异名主要有：*Eulecanium aceris*（Savescu）；*Eulecanium apuliae*（Nuzzaci）；*Lecanium adenostonae*（Kuw.）；*Lecanium corni* Bouché；*Eulecanium corni* Fernald
别名：水木坚蚧、扁平球坚蚧、东方盔蚧

分布与危害

国内分布于黑龙江、吉林、辽宁、内蒙古、新疆、甘肃、青海、宁夏、陕西、山东、山西、河北、河南、江苏、浙江、安徽、四川、湖北、湖南等地；国外分布于加拿大、美国、前苏联、西欧、朝鲜、伊朗、北非等地。

此虫寄主广泛，包括各种木本、草本及单、双子叶植物，已经记录的寄主有胡桃科、胡颓子科、蔷薇科、葡萄科、石榴科、柿科、禾本科、木兰科、鼠李科、毛茛科、豆科、杨柳科、悬铃木科、虎耳草科、黄杨科、锦葵科、桃金娘科、木棉科、椴树科、七叶树科、漆树科、槭树科、忍冬科、楝木科、卫矛科、木犀科、川续断科、伞形科、山毛榉科、桦木科、茄科、夹竹桃科、唇形科、十字花科、马鞭草科、菊科、柽柳科、石竹科、

桑科、杜鹃花科、藜科、榆科、苋科、蓼科、石蒜科、天南星科、大麻科、荨麻科等近50科130多种。

以若虫和雌成虫刺吸寄主的枝干、叶片、果实汁液，为害同时排泄蜜露，可诱发烟煤病发生，影响光合产物的合成及其新陈代谢，导致树势衰弱，严重发生时，枝条出现干枯，甚至全株死亡现象。

形态特征（图10）

1. **雌成虫** 体长3.5～7.0mm，宽2.0～4.0mm。虫体长椭圆形，间或近圆形，全体黄褐色、褐色或暗棕色。体背微向上隆起，背中具一光滑而发亮的宽纵脊。体缘倾斜，具放射状隆线。触角通常7节，间或6～8节。若8节时，第4节分为2节，6节时则第3、4节合并，通常第3节较长。足细长，爪下表面具小齿，爪冠毛较粗，其顶端稍有膨大，跗冠毛细长，但其顶端也稍膨大。

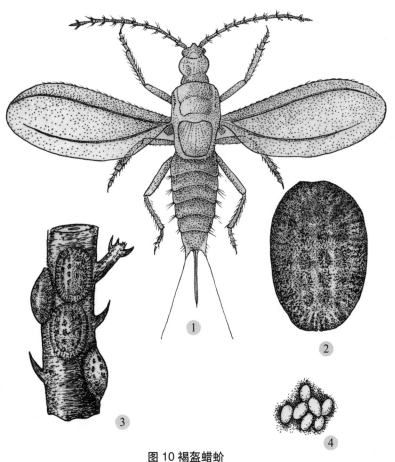

图10 褐盔蜡蚧

1.雄成虫；2.雌成虫；3.危害状；4.卵

气门小，气门路狭，由五格腺构成，气门刺3根，中央刺较大，长约为小气门刺长的1.7倍。体缘具小刺排列，其大小变化较大。

肛环具8根肛环刺毛与两列圆形孔。肛板具4根顶刺及2根亚缘刺。肛筒缘毛2对。肛周为狭硬化环，无网纹与射线。

多格腺具6～10个小室，分布于腹面的胸部与腹部，暗框孔腺在体前端腹面较多，大管状腺位子体腹面边缘较多，小管状腺则在体背面分布。体背垂柱腺3～8对集成亚缘列。其中3对在体前端，胸部有1或2对，腹部有4对。盘状孔位于肛板附近。体背面具长圆锥形的刺，较大者在背中线上成两纵列，较小者见于其他背面。触角间毛2～3对。阴前毛3对。

2. **雄成虫**　体长2mm左右。触角丝状，10节。眼3对，侧对较小。前翅膜质透明、发达，具不显的平衡棒。

3. **卵**　长卵圆形，长径为0.20～0.25mm，短径为0.10～0.15mm。初产卵为白色半透明，接近孵化时变为淡黄色乃至粉红色。

4. **若虫**　第1、2龄若虫体长0.4～1.0mm，体扁平，黄白色或黄褐色。背面稍隆，中央具一条灰白色纵线。触角6～7节。眼小，1对，喙1节，口针接近或伸达第3腹节。足粗。腹末具1对白色长尾毛。气门路具3～15个五格腺，气门刺3个，中刺稍长。肛环具数个圆孔及6根毛。第3龄雌若虫体长1.2～4.5mm，浅灰或灰黄色，体缘常出现皱褶，极似雌成虫。

5. **雄蛹**　体长为1.2～1.7mm，暗红色，腹末具明显的"叉"字形交尾器。

生活史及习性

此虫1年发生1～2代，以第2、3龄若虫于嫩枝、嫩皮、树皮裂缝、叶痕、枝杈皱褶等处越冬。次年春季，当日平均气温达9.1℃时，越冬若虫出蛰迁至嫩枝及嫩梢上固定取食危害，并排出长玻璃丝。4月中旬开始产卵，4月下旬为产卵盛期，5月上旬为末期，单雌产卵量为1 260粒，卵期20天左右，5月间始见若虫，6月间为孵化盛期。初孵若虫经2～3天由雌介壳臀裂处爬至枝叶或果实上为害。6月下旬由叶片或果实上迁至嫩枝上为害一直到秋末，然后原地不动越冬。

此虫行两性与孤雌生殖，不同季节与不同的寄主部位，常左右个体发育时间的长短与卵量的多少，温度与湿度则左右卵的发育进度。月平均气温18℃时只需20天左右。平均气温19.5～23.4℃，相对湿度41%～50%时卵的孵化率最高。超过25.4℃，相对湿度低于38%，卵孵化率能降低89.3%。初龄若虫经8天左右进入2龄，2龄若虫期约60余天，3龄若虫经短期活动后大多在嫩枝上固定，但少数固定在叶片、果实上的若虫常随叶落和果摘而亡。

防治方法

1. **农业防治**　结合整形修剪，剪除虫枝，以减少虫源。

2. **化学防治** 冬季或早春可喷布5%柴油乳剂和3～5°Be的石硫合剂，消灭越冬若虫。于卵孵化盛期喷布20%速灭杀丁乳油2 000倍液，可达到防治目的。每年春季当植物花芽膨大时，寄生蜂还未出现，若虫分泌蜡质介壳之前，向植物上喷洒药剂效果较好。为提高药效，药液里最好混入0.1%～0.2%的洗衣粉。可用药剂：2.5%敌杀死或功夫乳油或20%灭扫利乳油2 000倍液、20%速灭杀丁乳油2 000倍掖、10%氯氰菊酯乳油2 000倍液。

硕蚧科（Margarodidae）

雌成虫宽卵圆形或长卵圆形，间或种类近似长形或圆形。体背不同程度地向上隆起，腹面平坦或略向内凹入。体分节明显，胸部背面分节更为明显，腹部常由8个体节组成，体壁的背面常硬化。

单眼发达。口器发育正常，喙2～3节，间或种类口器退化或缺如。触角6～11节，间或可达15节，位于体腹面距头端边缘不远处或位于体边缘，有的种类触角退化。触角节呈圆柱形，有时短而粗大，端节或其他一些节上生有感觉作用的刺毛，触角第2节具1或数个孔。

足较发达，具有正常节数，有时有显著粗大或合并的节，间或种类足退化或缺如。跗节1节或2节，爪具小齿，爪冠毛顶端尖锐，爪冠毛稍短于爪或顶端膨大为球形。间或种类爪冠毛很多。

胸气门发达，在前胸气门窝内常具圆盘状孔，腹气门2～8对，间或种类腹气门缺，或腹气门位于体腹部边缘，因而极不易发现其存在。

腹裂通常1～6个，卵圆形或不规则圆形，在腹部腹面呈列状排列。肛门具发达的肛筒，肛筒基部有圆盘状硬化框，缺肛筒者，肛门则全部或局部被硬化环所包围，硬化环缺刺毛。

圆盘状腺具两种类型：一种为多格腺，通常中央具1～4个小室，周围具一列小室，或无中央小室或小室排列不规则；另一种为圆形或卵圆形单孔，无管状腺。

体刺毛多且分布致密，刺毛基部具硬化框，硬化框近圆柱形，大多突起，间或平坦。刺毛长度与粗细因种而异。

雌成虫体外常被白色或淡黄色蜡粉，产卵期常分泌各种形状的白色蜡质丝块包住虫体，或有的种类在腹下分泌白色絮状卵囊伸出体外极像带状物。

雄成虫具单眼及复眼，间或种类复眼缺如。触角7～13节，每节常轮生长度不等的细毛。翅膜质1对，平衡棒具各种形式，间或种类翅及平衡棒皆退化或消失。足细长，具正常节数，部分节合并。跗节1～2节。腹部倒数第2腹节大多具成群或成列的管状腺，活着的雄成虫由此腺分泌着一或数束白色蜡质尾丝。交尾器短小。

此科种类广布于全世界各大动物区，现在全世界已知种类近265种，寄生于各种乔木、灌木及草本植物，特别在根部为害甚重。

草履硕蚧

学名：*Drosicha corpulenta*（Kuwana）

异名：*Monophlebus corpuletus* Kuwana；*Warajicoccus carpuletus*（Kuwana）

别名 草履蚧

分布与危害

国内分布于河北、山东、河南、山西、内蒙古、西藏、陕西、江苏、辽宁、江西、四川、安徽、福建、云南等地；国外分布于前苏联、日本。寄主有核桃、枣、柿、栗、梨、苹果、桃、樱桃、柑橘、无花果、荔枝、柳、楝、槐树、悬铃木、泡桐等。

以若虫或雌成虫群集于枝干、根部吸食汁液，导致树势衰弱，严重时引起落叶或落果，甚至使整枝或全株干枯死亡。

形态特征（图 11）

1. **雌成虫** 体长 7.8~10.0mm，宽 4.0~5.5mm。体形长椭圆形，体褐色，体节分节明显。体缘淡黄色，背面常隆起，肥大，腹部具横皱褶凹陷。体被稀疏毛和薄层白色状蜡质分泌物。体节在腹部背面可见 8 节，间或个体尾端 2 节不甚明显，胸部背面常明显可分为 3 节。

触角多为 8 节，少数 9 节，第 1 节宽阔，第 2~7 节的各节从基部向端部逐渐变小，顶端节较长，各节均密生细毛。眼很小，位于触角外侧。足 3 对，粗壮而且有力，善于爬行。口器发达，喙 2 节，较长。口喙较硬化为环状，显著大于腹气门。胸气门 2 对，开口宽阔，腹气门 9 对，孔口圆形。多格腺中央 1 大孔，周围 6 小孔，其中央孔圆形或扁圆形。

体刺与体毛分布于体背及体腹面，沿体中线分布的长体毛之长度，在背面为 0.058~0.075mm，在腹面为 0.075~0.160mm，在体缘为 0.067~0.100mm。

2. **雄成虫** 体长 5.0~6.6mm，翅展 9.0~10.0mm。复眼较突出。翅膜质、透明、淡黑

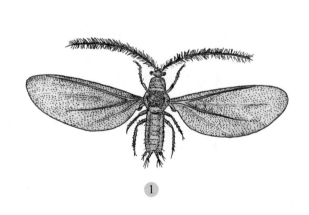
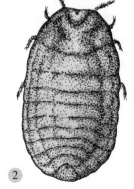

图 11 草履硕蚧

1. 雄成虫；2. 雌成虫

色。触角丝状，黑色，10节，除1～2节外，各节均环生3圈细长毛，腹末具枝刺17根。

3. **卵**　椭圆形，初黄白，后渐变为黄红色，卵产于卵囊内，卵囊为白色絮状物，其中含卵近百粒。

4. **若虫**　与雌成虫相比，除体形较小外，其余均相似，但色泽较深。

5. **雄蛹**　圆筒状，褐色，体长为4.5～5.5mm，外被白色絮状物。

生活史及习性

此虫我国北方1年发生1代，大多以卵在卵囊内于土中越冬。少数以1龄若虫越冬。越冬卵于次年2月上旬至3月上旬孵化。刚孵化后的若虫仍停留于卵囊内。随着寄主萌动、树液流动后，若虫开始出囊上树为害。据河南许昌报道，2月底为若虫上树盛期，3月中旬上树基本结束。而河北昌黎报道，该若虫上树盛期在3月中旬，3月下旬基本结束。若冬季气温偏高时，卵可提前20～30天孵化和上树为害。

若虫出土后沿树干上树。若虫上树多集中于10：00～14：00，并在枝干向阳面活动，顺枝干爬至嫩枝、幼芽等处取食。初龄若虫行动迟缓，喜群栖于树枝、树洞及树皮缝隙等处隐蔽。若虫于3月底4月初第一次蜕皮后，虫体增长，开始分泌蜡质物。4月中下旬蜕第2次皮，此时雄若虫停止取食，潜伏于树缝、皮下或土缝、杂草等处，分泌大量蜡丝缠绕化蛹，蛹期10天左右，4月底5月上旬羽化为成虫。此间雌若虫蜕第3次皮也进入雌成虫。

雄成虫羽化后不再取食，白天活动量小，傍晚大量活动，寻找雌成虫交配，阴天整日活动，寿命10天左右。5月中旬为交配盛期，雄虫交配后死去。雌成虫则于5月中下旬开始下树，钻入树干周围石块下、土缝内，分泌白色绵絮状卵囊，将卵产于其中。每头雌虫可产卵40～60粒，多者可达百余粒。以卵越夏或过冬。

防治方法

1. **农业防治**　干基涂胶根据早春若虫出土上树习性，将老树皮刮平，环宽35cm，每日早晨涂黏虫胶（废机油或蓖麻油0.5kg，加热处理后，加碎松香0.5kg溶化后备用）或直接使用加热熔化后的棉油泥。人工挖除树冠下土中的过冬虫卵囊，消灭越冬虫源。5月中下旬在树下挖坑（坑深20cm）堆草诱使雌成虫在草堆中产卵，6月中旬把树下的草堆连同虫卵一并烧毁。

2. **化学防治**　若虫出土期于树干周围喷布50%柴油乳剂1 000倍液，或40%毒死蜱乳油1 500倍液均有明显的防治效果。上树后可用2.5%敌杀死乳油或20%灭扫利乳油5 000倍液喷布，效果均好。若虫上树盛期，寄主发芽前喷布3～5°Be的石硫合剂或5%柴油乳剂。均可收到明显的防治效果。

3. **生物防治**　保护和利用天敌红缘瓢虫、大红瓢虫对此虫有明显的控制效果，此类天敌5月份数量更多，应注意保护和利用。

盾蚧科（Diaspididae）

雌成虫体外被有蜡质介壳，介壳形状与大小常因种而异，色泽也因之变化，介壳表面常具金属光泽，若虫蜕皮壳位于整个介壳上面。

雌成虫体形通常圆形或长形。虫体分前、后两部分。前部由头、前胸、中胸组成或由头部、胸部和第1或第1、2腹节共同构成，后部短小，分节明显，间或种类前、后部相溶。腹部末端稍尖且高度硬化，称之为臀板。臀板边缘生有均匀且形状多变的突起，称之为臀叶。臀叶或长或短，或宽或狭，叶顶端或尖或钝，叶的内、外边有直有曲，叶的边缘或端部呈锯齿状，形式多样。位于臀板中央边缘的1对臀叶称中臀叶，位于中臀叶两侧的1对称第2对臀叶，随后称第3、4对臀叶。

虫体上的腺体主要有阴门周腺，常4群或5群排列于阴门周围，前气门腺与后气门腺，管状腺及位于臀棘顶端的刺腺。管状腺又可分为缘腺与背腺，常成群、成列、成带或杂乱分布于臀板背面或体躯其他部位。

触角退化，多着生在口器前面，触角常呈形状各异又不分节的小瘤突，上生一或数根短毛。单眼缺如，间或种类可见眼点。口器较发达，喙1节。

足常退化为小而坚硬的瘤突，间或种类无。

雄成虫触角丝状，10节，单眼4~6个，翅大多存在，少数无翅。交配器狭长。腹部末无蜡质尾丝。雄若虫介壳常较小于雌若虫介壳，长形，两侧边近平行，蜕皮壳突出于前端，间有种类的介壳形状，色泽与雌介壳相似。本科介壳虫广泛分布于世界各大动物区，是各种果树、森林、经济作物、观赏植物的重要害虫。

梨枝圆盾蚧

学名：*Diaspidiotus perniciosus*（Cornstock）
异名主要有：*Aspidiotus perniciosus* Comstock；*Quadraspidiotus perniciosus*（Cornstock）；*Aonidia fusca* Maskell；*Hemiberlesiana perniciosa* Lindinger；*Aonidiella pernioiosa* Berlesee leonardi；*Comstockaspis perniciosus* MacGillivray
别名：梨笠圆盾蚧、梨圆蚧

分布与危害

分布于世界各地。危害寄主有核桃、柿、枣、苹果、山楂、葡萄、梨、李、樱桃、杏、桃、梅、山核桃、榅桲、桑、杨、榆、桦、银杏、松、柏、云杉、柳、榛等许多林木及观赏植物，共330余种，为国内外检疫对象。

以雌成虫和若虫寄生于枝干刺吸汁液，引起皮层木栓化以及使韧皮部、导管组织衰弱，皮层爆裂，抑制生长，引起落叶，严重时枝梢干枯或全株死亡。

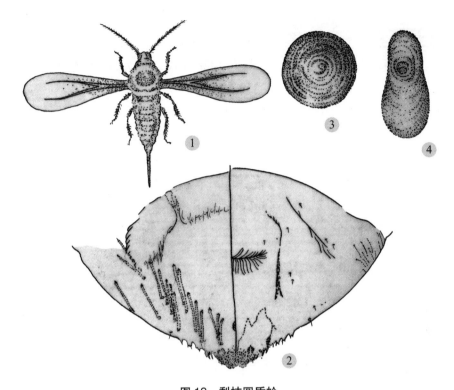

图 12　梨枝圆盾蚧

1. 雄成虫；2. 雌成虫臀板；3. 雌介壳；4. 雄介壳

形态特征（图12）

1. **雌成虫**　体短，卵圆形或梨形，腹部向腹板渐尖，产卵后虫体接近圆形。体长 0.93～1.65mm，宽 0.75～1.53mm。眼、足均退化。口器发达，位于腹面中央。臀板极小，近三角形，稍硬化。臀叶两对，第一对彼此较接近，其顶端钝圆，外侧边有凹刻，有时内侧边也有小凹刻；第二对臀叶较小，紧靠第一对，外侧边1～2凹刻，锯齿状有或无；第三对臀叶不明显。臀棘位于臀板第一切口与第二切口的有两个，第二对臀叶向前臀板边缘具 3 个翼状臀棘。具硬化棒，但无阴门周腺。介壳圆或近圆形，稍有隆起，灰白或灰褐色，具同心螺纹，介壳直径约 1.8mm，蜕皮壳黄色或黄褐色，位于介壳中央或稍偏。

2. **雄成虫**　体长 0.5～0.7mm，翅展 1.30～1.32mm。黄白色，眼暗紫红色，触角念珠状，11 节，口器退化。翅膜质，卵圆形，透明，交尾器剑状，介壳长形，蜕皮壳位于一端。

3. **卵**　长卵形，长 0.23mm 左右，初产卵为乳白色，后渐变为黄色至橘黄色，外形似雌成虫。

4. **若虫**　初龄卵圆形，橙黄色，长 0.2mm 左右，触角与喙发达，尾端具两根毛。2 龄若虫体长 0.70～0.83mm，触角、足及眼均消失，外形似成虫。体呈梨形或卵圆形。

5. **雄蛹**　体橘黄色，长 0.6mm 左右，眼点暗紫色，触角与足正常，腹末性刺芽明显，有毛两根。

生活史及习性

此虫南方1年发生4~5代；北方1年发生2~3代。均以2龄若虫或少数雌成虫于枝干上越冬。次春树液流动后开始继续为害，继后蜕皮分化出雄蛹，5月中下旬至6月上旬羽化为成虫。羽化后即行交尾。交尾后雄成虫死亡，雌成虫继续取食至6月中旬开始卵胎生产仔，至7月上中旬结束，每头雌成虫平均胎生若虫百余头。产仔期为20天左右，6月底前后为产仔盛期。

第1代成虫羽化期为7月下旬至8月中旬，产仔盛期在9月上中旬。产仔期约38天。3代区各代若虫出现期为：第1代为5~7月间；第2代为7月下旬至9月；第3代为8月底至9月间。由于越冬虫态各异，以雌虫越冬者5月中旬左右产仔，以若虫越冬者则6月中旬左右产仔，相差月余，加之产仔期均在30天左右，由此造成以后的世代明显重叠，从5月中旬至10月间均可在田间见到成虫、若虫的危害发生。至秋末以2龄若虫及受精雌成虫越冬。此虫行两性生殖。

据国外（Maskimova）报道，当每平方厘米的虫口密度为150头时，自然死亡率可达86.5%。高温、干旱季节，固定不久的初龄若虫常大量死亡。相同寄主危害部位不同、或寄生于不同寄主上，其被害程度有明显差异。据报道，梨枝圆盾蚧天敌有瓢虫与寄生蜂等近数十种。

防治方法

1.**物理防治**　防治结合修剪，剪除虫口密度大的枝条，对结果枝可用硬刷、钢丝刷、破麻袋片或破鞋除掉越冬虫源，并将有虫枝条集中处理。

2.**化学防治**

（1）于卵孵化盛期和若虫分散转移期喷布农药，为提高防治效果，在第一次喷药后的10天，应再补喷1次。喷药时应在药剂中加入0.2%左右的中性洗衣粉，以提高虫体对药剂的吸附能力。常用药剂有菊酯类农药如2.5%敌杀死乳油、2.5%功夫乳油、20%灭扫利乳油、20%来福灵乳油、20%杀灭菊酯乳油均使用2 000倍液；或10%氯氰菊酯乳油、10%联苯菊酯乳油使用2 000倍液；2.5%敌杀死或功夫乳油或20%灭扫利或来福灵乳油或杀灭菊酯乳油2 000倍液，可收到良好的防效。

（2）危害期结合防治蚜虫、粉虱、叶螨类等刺吸性害虫，采用涂茎或注药法防治。涂茎时先将涂药处的粗皮刮掉，用40%毒死蜱乳油30倍，涂环一周，宽度10~15cm，隔7天再补涂一次，涂完药后，将涂药处用塑料薄膜束好，以防降低药效；或用自行车发条于枝干上刺孔到木质部，向下倾斜45°，孔数以树龄大小、虫口密度而定，然后每孔注入上述稀释好的药液1~3mm。如效果不佳时，10天后再补注1次。

3.**生物防治**　保护和利用天敌在有条件的地方可人工引放天敌。治虫时应避开天敌发生期。

4.**植物检疫**　严格检疫措施加强对苗木、砧木、接穗调运的检疫，防止人为地扩展蔓延。

榆蛎盾蚧

学名：*Lepidosaphes ulmi* L.

异名主要有：*Coccus ulmi linnaeus*；*Mytilaspis ulmi* Cockerell；*Lepidosaphes ulmi* Fernald；
Lepidosaphes salicina Borché.；*Mytilaspis vitis* Goethe；*Aspidiotus juglandis* Fitch；
Lepidosaphes conchiformis Shimer

别名：榆牡蛎蚧、苹果牡蛎蚧

分布与寄主

国内分布于东北、山西、山东、河南、河北、江苏、江西、广西、广东、湖北、湖南、新疆、浙江、安徽、福建、四川、云南、台湾等地；国外分布于亚洲、欧洲、南北美洲、大洋洲等地。主要寄主有核桃、山核桃、苹果、梨、李、杏、山楂、桃、海棠、山荆子、梅、樱桃、醋栗、柑橘、茶、楤桲、杨、柳、椴、玫瑰等多种植物。

以雌成虫、若虫危害枝干与枝条。在向阳、挡雨、蔽风的部位，虫口密度更多，常群聚寄生于枝干表面，吸食危害寄主。危害严重时，影响果树的生长发育与树势。

形态特征（图13）

1. **雌成虫**　体长 1.30～1.45mm，宽 0.60～0.65mm。体纺锤形，头端狭，以腹部第 2 节最宽，腹末钝圆。体膜质，仅臀板硬化。头部光滑，无颗粒或刺状突，触角圆瘤状，各生有长毛 1～2 根，触角位于口器与头前缘的中间，相互远离。气门开口肾脏形，前气门腺 7～15 个，无后气门腺。腺锥存在于后胸，常为 3～5 个，第 1 腹节 24～36 个，第 2 腹节 14 个左右，第 3 腹节至多 3 个，间或无。第 1～4 腹节有节间刺分别为 2、1、1 个。亚缘背疤存在于第 1 及 4～6 腹节。

臀板阔大，后端浑圆，发达臀叶 2 对，中叶大且端圆而突，两侧近平行，侧角具凹刻。第 2 臀叶发达双分，分叶端圆，中叶与第 2 叶腹面无硬化棒。腺刺发达，在臀边缘有成双排列的 9 群。臀背缘管大而显，管口硬化，每侧 4 群，各群为 1、2、2、1 个。背腺细而数目多，存在于前胸体缘，中胸亚缘，第 1～2 腹节背腺于腺锥前成群，第 3～5 腹节形成横带，6～7 节排成 2 纵列。肛门小，近圆形。阴腺 5 群。

雌介壳狭长，前方尖狭，后方逐渐加阔，末端圆形；背面隆起，具明显的横纹，弯曲或直；暗灰色或紫色，蜕皮位于前端，橙色或红褐色。介壳长 2.8～3.5mm，阔 1.0～1.3mm。

2. **雄成虫**　体长 0.95～1.10mm，翅展 1.3～1.6mm，体长形，黄白色。头小，眼黑色，触角念珠状，淡黄色，长 0.50～0.55mm。胸部浅褐或黄褐色。中胸盾片五角形。足淡黄色，后足长 0.35mm 左右，被细毛。翅发达、膜质、白色透明，长为宽的 2 倍，翅长 0.7mm 左右。腹部狭，交配器针状较长，长约 0.3mm。

3. **卵**　椭圆形，白色，长 0.27～0.37mm。

4. **若虫**　扁平椭圆形，初龄体长 0.33～0.40mm，淡黄白色，头、尾色较深，触角与足发育正常，固定后体背分泌白色蜡质。蜕 1 次皮后足与触角均退化。体黄色，形状与颜色均似雌成虫介壳。

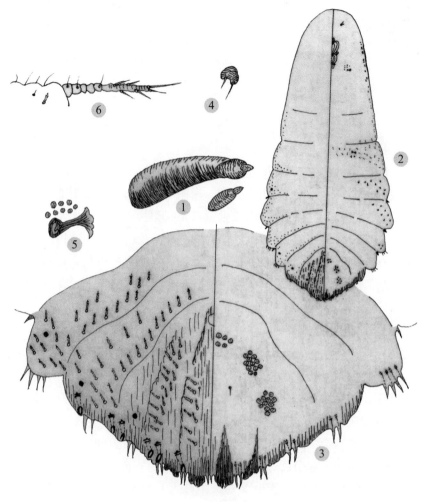

图 13　榆蛎盾蚧

1. 雌、雄成虫介壳；2. 雌虫特征；3. 雌虫臀板；4～5. 雌虫触角与气门；6. 若虫触角

生活史及习性

此虫 1 年发生 1 代，以卵于雌成虫介壳内越冬，次年 5 月下旬至 6 月中旬陆续孵化，并分散转移至枝干、叶片与果实上固着危害，以枝干为多，7 月下旬前后，若虫开始羽化为成虫，8 月中旬成虫开始产卵，以卵于雌成虫介壳下越冬。每雌产卵 40～150 粒，大多为 70～80 粒。若虫期 30～40 天，伪蛹期 8～10 天，卵期约 290 天。雄若虫蜕 2 次皮变为雄成虫；雌若虫蜕 3 次皮羽化为雌成虫。

防治方法

1. **植物检疫**　严格检疫措施，防止此虫扩散蔓延。
2. 其余参照梨枝圆盾蚧防治方法。

梨白片盾蚧

学名：*Lopholeucaspis japonica*（Cock.）

别名：日本长白蚧、杨白片盾蚧

分布与危害

分布于山西、山东、河北、河南、广西、广东、湖北、湖南、四川、安徽、浙江、福建等地。寄主主要有核桃、苹果、枣、樱桃、柿、柑橘、板栗、刺梅、山楂、梅、李、梨等多种林木、果树。

以雌成虫与若虫危害寄主的枝干与叶片、果实。轻者树势衰弱，重者干枯死亡。

形态特征（图14）

1. **雌成虫** 体长 1.0～1.2mm，纺锤形，淡紫色，体节明显，体两侧各具一列圆锥状小刺突。触角短，1 节，具 4 长毛。口器发达。前胸气门腺 6～7 个。臀板宽圆，臀叶 2 对。中臀叶发达，宽锥状；第 2 对臀叶似中臀叶，但小。臀刺细长，端呈刷状。阴门周腺 5 群，前群 6 个左右，前侧群 8 个左右，后侧群 11 个左右。雌介壳纺锤形，暗棕色，长 1.68～1.80mm，其上具厚层不透明白蜡，蜕皮壳 1 个，位于头端。

2. **雄成虫** 体长 0.9～1.1mm，紫褐色，触角丝状，淡紫色，环生细毛。翅膜质，白色透明。性刺黄色。雄介壳长形，白色，蜕皮壳在头端突出。

3. **卵** 椭圆形，淡紫色，长 0.23mm 左右。

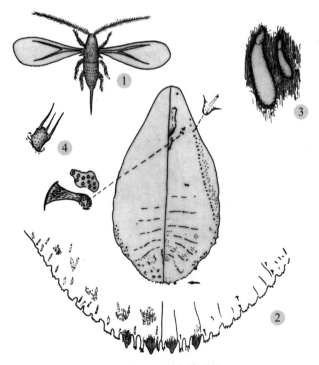

图14 梨白片盾蚧

1. 雄成虫；2. 雌成虫及其臀板；3. 雌（大）、雄（小）介壳；4. 雌成虫触角

4. **若虫** 初孵体细长，淡紫色，长 0.3mm 左右，触角、足及喙均发达，尾端具 2 根毛。蜕皮进入 2 龄后，触角、足、眼均退化，外形似雌虫。

5. **雄蛹** 裸蛹淡紫色，长 0.75mm 左右。触角与足均正常，性刺芽明显，腹末具毛 2 根。

生活史及习性

此虫南方 1 年发生 3 代，北方 2 代，均以若虫于寄主枝干上越冬。1 年发生 3 代区的各代若虫始发期分别为 5 月上旬、7 月上旬、8 月下旬。盛发期分别为 5 月下旬、7 月下旬至 8 月上旬、9 月中旬至 10 月上旬。2 代区的各代若虫始发期分别为 5 月下旬、8 月底。盛发期分别在 6 月上旬、9 月间。10 月末以若虫于介壳下越冬。单雌产卵第 1 代平均约 30 粒，第 2、3 代约 45 粒以上。

防治方法

1. **生物防治** 注意保护和利用天敌。
2. **植物检疫** 严格检疫措施，防止此虫扩散蔓延。
3. 其余参照梨枝圆盾蚧防治方法。

桑盾蚧 | 学名：*Pseudaulacaspis pentagona*（Targioni-Tozzetti）
别名：桑白蚧

分布与危害

分布于世界各地，主要寄主有核桃、苹果、桃、山楂、梨、柿、梅、李、杏、樱桃、茶、银杏、葡萄、醋栗、柑橘、枇杷、番木瓜、胡桃、酸橙等约 120 个属中的各种植物。

以若虫和雌成虫群集固着于枝干刺吸危害，严重时叶片与果实上均有分布危害，常密集重叠于枝上，形成凸凹不平。轻者树衰弱，叶片枯黄，重者枝干或整株死亡。

形态特征（图 15）

1. **雌成虫** 体长 0.8～1.3mm，宽 0.7～1.1mm。淡黄色至橘红色。臀板区红色或红褐色。扁平宽卵圆形，臀板尖削。臀叶 3 对，中臀叶较大，近三角形且显著骨化，外侧缘具锯齿状缺刻，内侧缘常具 1 缺刻；第 2、3 对臀叶均分为大、小两叶，且较小而不显。臀棘发达，刺状。管状腺具有硬化环。背腺较大，呈 4 列。阴门周腺 5 群，前群 15～23 个，前侧群 23～44 个，后侧群 21～53 个。前气门腺平均 13 个，后气门腺平均 4 个。介壳灰白或白色，长 2.0mm 左右，蜕皮壳橘黄色，位于介壳近中部，介壳常显螺纹。

2. **雄成虫** 体长 0.65mm 左右，橘黄至橘红色，眼黑色。触角念珠状，10 节。前翅膜质，卵形透明，被细毛，介壳红，长 1.3mm 左右，背面具纵脊 3 条。壳点黄褐色，位于前端。

3. **卵** 椭圆形，长径 0.25～0.30mm，初产浅红色，后渐变浅黄褐色，孵化前为橘

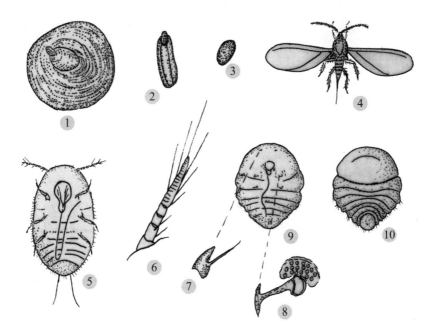

图 15　桑盾蚧

1. 雌介壳；2. 雄介壳；3. 卵；4. 雄成虫；5. 若虫；6. 若虫触角；7. 成虫触角；8. 气门；
9. 成虫腹面；10. 成虫背面

红色。

4.**若虫**　初孵若虫扁椭圆形，浅黄褐色，眼、足、触角均发育正常，蜕皮进入2龄后，眼、足、触角及腹部末端尾毛均退化。

5.**雄蛹**　裸蛹，橙黄色，长 0.65mm 左右。

生活史及习性

此虫在南方 1 年发生 3~5 代，在北方 1 年发生 2 代，各地均以受精雌成虫越冬。次年树液流动后开始为害。2 代区为害至 4 月下旬开始产卵，4 月底至 5 月初为产卵盛期，5 月上旬为产卵末期。单雌产卵量平均为 135 粒。卵期 10 天左右。5 月上旬卵开始孵化，5 月中旬为卵孵化盛期，5 月下旬为末期，若虫危害至 6 月中旬开始羽化，6 月下旬为羽化盛期。第 2 代卵盛期为 7 月下旬，7 月底为卵孵化盛期，8 月末为羽化盛期。雄成虫交尾后即死亡，受精雌成虫危害至秋末开始越冬。3 代区各代若虫发生期分别为：第 1 代 4~5 月间，第 2 代 6~7 月间，第 3 代 8~9 月间。第 1 代若虫期 45 天左右，第 2、3 代 35 天左右。据调查，越冬代雌成虫死亡率为 1.2%~15.7%，第 1 代为 25.7%。桑盾蚧的天敌种类很多，其中桑盾蚧褐黄蚜小蜂对桑盾蚧的自然寄生率可达 35%，应注意保护和利用。

防治方法

参照梨枝圆盾蚧防治方法。

半翅目
HEMIPTERA

　　隶属昆虫纲。小至大型种类，口器刺吸式，由头的前端伸出，远离前足基节，喙通常4节，间或有3节和1节的种类。触角3~5节，多为丝状，单眼2个或缺。前胸背板发达，常呈不规则的六边形。小盾片发达，多呈三角形。前翅基半部加厚为皮革质，端半部为膜质，成为半鞘翅，故名为半翅目。革质部又分为爪片与革片，间或种类还有楔片和缘片。膜质部分称为膜片，其上有不同的脉纹，可作为分科的依据。后翅膜质，静止时翅平覆于腹部之上，前翅之下。前翅膜质部分常相互重叠，有些种类的翅退化或无翅。外咽部发达，前胸大形，中胸有发达的小盾片，多数种类在后胸侧板靠近中足基节处常有一个臭腺孔。跗节3节，间或少于3节。不完全变态。无尾须，目前世界已知30 000多种，我国已知1 150余种。其中，蝽科、盲蝽科、土蝽科、圆蝽科、盾蝽科、缘蝽科、长蝽科、红蝽科等科中有不少是农林作物的重要害虫。

蝽科 （Pentatomidae）

　　体有小型、中型和大型，椭圆形或长椭圆形，体表具有不同的色泽和花纹。头小，多呈三角形。触角通常5节，间或有4节者，位于头部腹面的侧下方，第一节短，不超过或略超过头顶的前端。单眼通常2个。喙4节，长短不一，长的可达腹末，短的不达前足基节。前胸背板一般为六角形，但其前角、侧角、前侧缘的变化较大，是分属、分种的重要特征；其前部有胝2个，少数种类不显著或无。小盾片发达，多数呈三角形，亦有其他形状，大的可覆盖侧接缘与前翅的绝大多部分，仅露出前翅革片基部，小的不为前翅爪片所包围。前翅长于、等于或短于腹末，膜片的脉纹简单，常具纵脉；后翅膜质，脉纹变化较大。足的腿节常较粗壮，胫节较细，少数扩展扁平，跗节3节，间或有2个者，爪和爪垫发达。本科大多为植食性，其中很多种类为农、林、牧业上的重要害虫。全世界已知2 000余种，我国已知有400种左右。大多分布于平原、丘陵及低海拔的山区中。

麻皮蝽

学名：*Erthesina fullo*（Thunbery）
别名：黄斑蝽、麻蝽象、麻纹蝽

分布与危害

　　国内分布于北起内蒙古、辽宁，南迄广东、海南，东达沿海各地及台湾，西至陕西、四川、云南，但黄河以南密度较大；国外分布于日本、印度、缅甸、斯里兰卡、安达曼群岛。寄主有核桃、苹果、枣、沙果、李、山楂、海棠、梅、桃、杏、石榴、柿、板栗、龙眼、柑橘、杨、柳、榆、泡桐、白杨等几十种林木、果树。

　　以若虫和成虫刺吸枝干、茎、叶及果实的汁液，枝干被害后出现干枯枝条；茎、叶被害后则出现黄褐色斑点，严重时叶片提早脱落，使树势衰弱。

形态特征（图16）

　　1. 成虫　体长 20~25mm，宽 10~12mm。体黑褐色，密布黑色刻点及细碎不规则的黄斑。头部狭长，侧叶与中叶末端约等长，侧叶的末端狭长。触角 5 节，黑色，第一节短

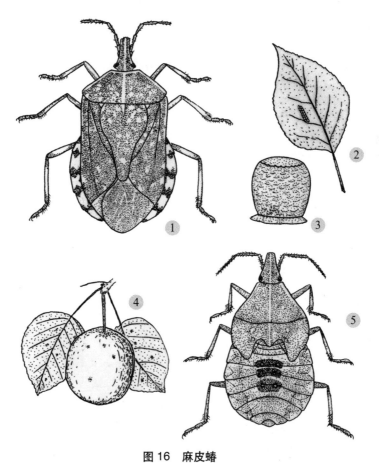

图16　麻皮蝽
1. 成虫；2. 产于叶背的卵块；3. 卵；4. 成虫危害状；5. 若虫

而粗大，第五节基部的 1/3 为浅黄色。喙浅黄色，4 节，末节黑色，达第 3 腹节的后缘。头部前端至小盾片有 1 条黄色的细中纵线。前胸背板前缘及前侧缘具有黄色狭边。胸部腹面黄白色，密布黑色刻点。各腿节基部的 2/3 为浅黄色，两侧及端部黑褐色，各胫节黑色，中段具有淡绿色环斑，腹部的侧接缘各节中间具小黄斑，腹面黄白色，节间黑色，两侧散生有黑色刻点，气门黑色，腹面中央具有一条纵沟，长达第 5 腹节。

2. 卵　略呈柱状，灰白色，块生，卵的顶端有卵盖，卵盖周缘具有刺毛。

3. 若虫　老龄若虫体长 18~20mm。各龄若虫均扁洋梨形，即前端尖削，后端浑圆，老龄若虫似成虫，从头端到小盾片具有一条黄红色细的中纵线。体侧缘具有淡黄色狭边。腹部第 3 节至第 6 节的节间中央各具有一块黑褐色的隆起斑，斑块周缘淡黄色，上面具有橙黄色或红色的臭腺孔各 1 对。腹部侧缘的各节有一块黑褐色的斑。喙黑褐色，伸达第 3 腹节的后缘。

生活史及习性

麻皮蝽在河北、山西 1 年发生 1 代，江西 1 年发生 2 代，各地均以成虫于枯枝落叶、草丛中、树皮裂缝中、梯田堰坝缝、土石缝隙、围墙缝等处越冬。次年春季寄主萌动露绿后，越冬成虫开始出蛰活动为害。山西太谷，越冬成虫于 5 月中旬到下旬开始交尾与产卵，6 月上旬为产卵盛期，此间可见到若虫。7~8 月间羽化为成虫。据江西南昌报道，越冬成虫于 3 月下旬开始出现，4 月下旬至 7 为中旬为产卵期。第 1 代若虫于 5 月上旬至 7 月中旬孵化，成虫于 6 月下旬至 8 月中旬初羽化。第 2 代卵于 7 月下旬初至 9 月上旬孵化，8 月底至 10 月中旬羽化。各地成虫均为害至秋末冬前越冬。

成虫飞翔力强，喜于树体上部栖息为害，成虫交尾多于上午进行，交尾时间长达 3 小时左右。成虫具有假死性，受惊扰后均分泌臭味的体液，早晚受惊扰后因气温低而常假死坠地，正午高温时受惊扰后则逃飞。有较弱的趋光性和群集性。初龄若虫常群集于叶背，到二龄以后才开始分散活动。卵大多成块产于叶片的背面，每卵块有卵 12 粒左右。

防治方法

1. **物理防治**　冬季或早春越冬成虫出蛰活动前，清理核桃园内的枯枝落叶、杂草，刮树皮、堵树洞，结合平田整地，集中烧毁枯枝落叶，消灭越冬成虫，结合其他管理，摘除卵块和初孵群集若虫。

成虫和若虫危害期，利用假死习性，在早晚进行人工振树捕杀，尤其在成虫产卵前振树捕杀，效果更好，此法还可防治其他具有假死习性的害虫，如金龟子类、象甲类、叶甲类等。危害严重的田块，在产卵或危害前可采用果实套袋法。

2. **化学防治**　成虫产卵高峰期或卵孵初盛期，结合核桃园内防治其他食叶性或刺吸性害虫进行喷药防治，防治效果很好。常用农药有：40% 毒死蜱乳油 1 500 倍液；2.5% 功夫乳油 2 000 倍液；5% 氯氰菊酯乳油或 2.5% 天王星乳油 2 000 倍液；20% 灭扫利乳油 2 000 倍。若虫期可用灭幼脲 1 500 倍液对成虫、若虫均有较好的杀灭效果，且保护天敌。

珀蝽

学名：*Plaufia fimbriata*（Fabricius）

别名：朱绿蝽、克蝽

分布与危害

国内分布于山西、河北、北京、江苏、浙江、安徽、福建、江西、山东、河南、广西、广东、西藏、湖北、四川、贵州、云南、陕西等地；国外分布于日本、缅甸、印度、马来西亚、菲律宾、斯里兰卡、印度尼西亚、东非与西非。寄主有核桃、梨、桃、柿、柑橘、李、泡桐、茶、苎麻、马尾松、杉、枫杨、盐肤木、玉米、菜豆、大豆、水稻等多种林木、果树及农作物。

以成虫和若虫危害寄主植物，被害特征同麻皮蝽。

形态特征

1. **成虫**　体长 8.0～11.5mm，体宽 5.0～6.5mm。长卵圆形，具有光泽，密被黑色或与体同色的细点刻。头鲜绿，触角第 2 节绿色，第 3 节、第 4 节、第 5 节为绿黄色，末端黑色；复眼棕黑色，单眼棕红色。前胸背板鲜绿色，两侧角圆而稍凸起，红褐色，后侧绿红色。小盾片鲜绿色，末端色淡。前翅革片暗红色，刻点粗黑，并常组成不规则的斑。腹部侧缘的后角黑色，腹面淡绿色，胸部及腹部腹面的中央淡黄色，中胸片上有小脊，足鲜绿色。

2. **卵**　圆筒形，长 0.94～0.98mm，宽 0.72～0.75mm，初产卵为灰黄色，以后逐渐变为暗灰黄色。假卵盖周缘具有精孔突 32 枚，卵壳光滑，网状。

3. **若虫**　共 5 龄，2 龄若虫体长 2.1～2.3mm，宽 1.3～1.4mm，卵圆形，黑色。头部中叶长于侧叶，淡黄色，头顶黑色；触角 4 节，其中第 4 节最长，黑色，其余各节均为黄色，节间紫红色。前胸与中胸背板侧缘扩展，上具有淡黄色透明的大斑，边缘黑色。第一腹节两侧及中央各有黄白色斑纹 1 个，其余为黑色；各节侧接缘上亦有一个淡黄色斑块；腹部背面第 3 节、第 4 节和第 5 节上各具有臭腺孔 1 对。足紫红色，跗节淡黄色，胫节外侧槽状。

生活史及习性

珀蝽在江西南昌 1 年发生 3 代，以成虫在枯草丛中、枯枝落叶、林木茂密处越冬。次年 4 月上中旬越冬成虫开始活动，4 月下旬至 6 月上旬产卵，5 月上旬至 6 月中旬产毕卵的成虫陆续死亡。第 1 代卵期为 7～9 天，5 月上旬至 6 月中旬第 1 代若虫发生危害，一龄若虫 7～8 天，2 龄若虫 9～11 天，6 月中旬羽化出第 1 代成虫；7 月上旬初开始产出第 2 代卵，卵期为 5～7 天，第 2 代若虫于 7 月上旬开始孵化，第 2 代若虫期共 31～37 天，其中 1 龄若虫 4～6 天，2 龄若虫 5～7 天，3 龄若虫 5～7 天，4 龄若虫 7～9 天，5 龄若虫 8～12 天，8 月上旬末羽化出第二代成虫，8 月下旬至 10 月中旬产出第 3 代卵，卵期为 3～9 天，9 月初至 10 月下旬初孵化出第 3 代若虫，第 3 代若虫期共 36～43 天，其中 1 龄若虫 4～7 天，2 龄若虫 5～7 天，3 龄若虫 6～8 天，4 龄若虫 8～11 天，5 龄若虫 9～15 天，10 月上旬羽化出第 3 代成虫，11 月下旬后如尚未羽化出，则被冻死。10 月下旬以第 3 代成虫陆续蛰伏越冬。越冬代成虫寿命 270 天左右，其余各代成虫寿命为 35～56 天。

成虫卵多产于寄主叶片的背面，聚产成块状，每卵块有卵 14 枚，呈双行或不规则紧凑排列。成虫具有较强的趋光性，晴天上午 10：00 前和下午 15：00 后较为活泼，中午常栖息于寄主的荫蔽处。

防治方法

1. **物理防治**　利用成虫具有趋光性，于成虫发生期在核桃园内设置黑光灯诱杀成虫，有一定效果。于冬季或早春成虫出蛰前，清理核桃园内的枯枝落叶及其他珀蟑越冬的场所，消灭越冬成虫。

2. **化学防治**　于卵孵化初盛期喷药防治，有明显的防治效果。常用农药参照麻皮蟑化学防治法。

鞘翅目

COLEOPTERA

隶属于昆虫纲有翅亚纲。体躯坚硬，前翅骨化，合拢或愈合后盖住胸、腹背面及折叠的后翅，头壳坚硬，有些种类头顶与额前伸。触角10或11节，形状有线状、锯状、锤状、肘状、栉齿或鳃片状。口器咀嚼式，复眼圆，椭圆形或肾形，没有单眼。

前胸发达，在其后面常露出三角形的中胸小盾片。前翅特化为鞘翅，其表面光滑，或被有毛、鳞片、刻点、线条或颗粒。后翅膜质，常发达并折叠于鞘翅下，也有后翅很短或无后翅种类。有后翅者后翅一般很大。

腹部由10节组成，一般可见5~8节，足具各种形式，一般为3~5节，间或3对足数目不一致，常作为分科依据。跗节数目因种而异。

幼虫具有头，3个胸节及10个腹节；一般有胸足3对，无腹足，尾须有或无。

本目昆虫俗称甲虫，世界目前已知33万种。我国目前已知7 000种以上，其中天牛科、吉丁虫科、鳃金龟科、象甲科、小蠹科等均包含有重要的林木、果树害虫。

吉丁虫科（Buprestidae）

体小至大型，成虫具各种美丽鲜艳的金属光泽，如蓝、绿、青、紫、古铜、红色等。成虫头小，常嵌入前胸。触角短，锯齿状，11节。前胸大，与中胸无关节，与体的腹面部分相接合，不能活动。前胸后面常露出三角形的中胸小盾片。腹板后端突起，嵌在中胸腹板上。鞘翅发达，盖住腹全部。腹部1~2节腹板愈合。前、中足基节球形；转节显著，后足基节横阔。跗节5节，前4节下具垫。

幼虫体扁，白色，细长，分节明显，前胸常膨大，扁平，口器发达，坚硬，腹部9节，圆或扁平。

成虫白天活动。以幼虫穿蛀树木为害，先于形成层部分蛀木生长，近老熟时蛀入木质部化蛹，孔道底部常被啮成云纹状细纹，羽化时常啮破树皮成扁圆孔。本科全世界已知10 000余种，大多种类为森林及果园的重要害虫。

核桃小吉丁

学名：*Agrilus lewisiellus* Kere

别名：核桃小吉丁虫

分布与危害

此虫分布于山西、山东、河北、河南、陕西、甘肃、内蒙古等地。主要危害核桃。

以幼虫蛀入枝干，于皮层下蛀食，虫道每隔一段具1个半圆形裂口，并由此流出树液。树液干后呈白色蜡质物附于裂口上。被害处树皮呈黑褐色，剖皮后可见螺旋形虫道。枝干由于此虫被害常使发育受阻、叶变枯黄或提早脱落，次春被害枝条大部枯死。受害轻的小树或幼龄枝条，虽不枯死，但被害处常膨大。

形态特征（图17）

1. **成虫**　体长4.0~7.0mm，体黑色，具金色光泽，头小、且中央具纵沟。复眼大，黑色。触角锯齿状，头、胸背面及鞘翅上密布刻点，排列为不规则条纹。前胸背板中间隆起，两边稍长。

2. **卵**　扁椭圆形，长1.4~1.5mm，初产卵为白色，以后逐渐变褐色至黑褐色。

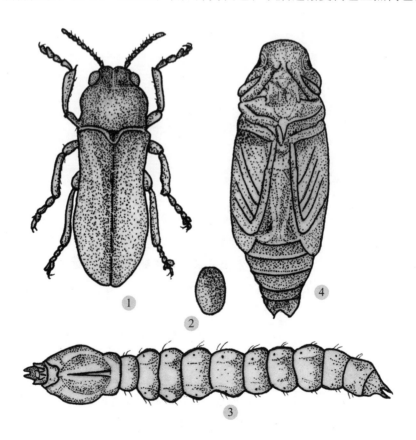

图17　核桃小吉丁

1.成虫；2.卵；3.幼虫；4.蛹

3. **幼虫** 老熟幼虫体长 17.0mm 左右，乳白扁平状，头黑褐色，明显缩入前胸内，前胸膨大，中、后胸较小。腹部 10 节，略似，腹端具 1 对褐色尾刺。

4. **蛹** 体长 4.5～5.5mm，黄褐色，近羽化时变为黑色。

生活史及习性

此虫 1 年发生 1 代，以老熟幼虫于受害枝条木质部的蛹室中越冬。次年 4 月中旬核桃展叶期开始化蛹。4 月底至 5 月初为化蛹盛期，6 月底为末期，蛹期 25 天左右。成虫发生期为 5 月上旬至 7 月上旬，盛发期为 5 月下旬至 6 月初。成虫羽化出室后，经 13 天左右的取食后开始产卵。卵的发生期一般为 6 月上旬至 7 月下旬。成虫寿命 40 天左右。卵期 10 天左右。6 月中旬至 8 月上旬为幼虫孵化期，幼虫持续 8 个月左右。成虫羽化后在蛹室内停留 15 天左右。

成虫喜欢白天活动，产卵需较高的温度与强光，卵散产于叶痕与叶痕附近处。间或产于大树粗枝的光皮与幼树干上。以膛外枝、叶痕处卵较多。7～8 月被害枝的叶片发黄脱落，次年不发芽而枯死。幼虫可危害 1～6 年生枝，但以 2～3 年生枝受害较重。受害活枝中很少有幼虫越冬，即使有也几乎于越冬后死亡。自 8 月下旬后，老熟幼虫多蛀入干枯枝中的木质部内做蛹室过冬。至 10 月底幼虫全部进入越冬。

防治方法

1. **农业防治** 加强抚育管理，增强树势，合理规划树种，保证林木的健壮生长。秋后或次春成虫羽化前，剪除被害枝以减少虫源。成虫发生早期，开始于早晨振树捕杀成虫。

2. **化学防治** 成虫发生期结合防治其他害虫喷洒 2.5% 功夫乳油 2 000 倍液、80% 敌敌畏乳油 800 倍液、50% 杀螟松乳油 1 500 倍液，均有良好的防治效果。另外，用 50% 杀螟松乳油 1 200 倍液、2.5% 溴氰菊酯乳油 2 000 倍液、25% 西维因 600 倍液防治效果明显。

3. **植物检疫** 严格履行苗木检疫，不准调运有虫苗木。以防止此虫的扩散与蔓延。

六星铜吉丁

学名：*Chrysobothris affinis* Fabr.
别名：六星吉丁虫

分布与危害

国内分布于黑龙江、吉林、辽宁、内蒙古、河北、山西、山东、新疆、甘肃、陕西等地；国外分布于前苏联、欧洲中南部、土耳其。寄主有核桃、樱桃、枣、桃、杏、梨、栎类、柑橘、杨、栗、苹果、梨、五枫树、糖槭等多种林木、果树。

以幼虫于韧皮部内蛀食或枝干皮层下、韧皮部与木质部间蛀害，虫道弯曲不规则，充满褐色虫粪或蛀屑，于木质部内蛀食作蛹室化蛹。被害枝干外表不易看出，但很快干枯死亡，此时，树皮常自行脱落，由此导致树势衰弱或死亡。

形态特征（图18）

1. **成虫** 体长10.0～13.0mm，体黑色，但具红铜色或紫铜色金属光泽，头部铜绿色，中央有细纵隆线。复眼突出，黑褐色。触角紫褐锯齿状。前胸具数条横纹。鞘翅上各有3个金黄色的星坑，星坑圆形，凹陷较深。每鞘翅上具略显的隆脊3条。体腹面青绿色，有紫红色闪光。足具紫褐色光泽。

2. **卵** 扁椭圆形，长2mm左右，初产卵为乳白色，以后逐渐变淡黄褐色。

3. **幼虫** 老熟幼虫体长15.0～20.0mm，扁平，乳白色至黄白色。头黑褐色至黑色，较小。前胸膨大明显，呈椭圆形，前胸盾近椭圆形。前胸与前胸盾均具细小淡黑褐色小点，后方具3条分歧的纵沟。前胸气门较大、淡褐色，中、后胸渐小，且横向很窄。第1～8腹节圆筒形，末2节渐细小，略呈锥状。

4. **蛹** 体长10.0～13.0mm，椭圆形，尾部尖而端圆。初蛹乳白色，羽化前紫褐色，复眼暗褐色。

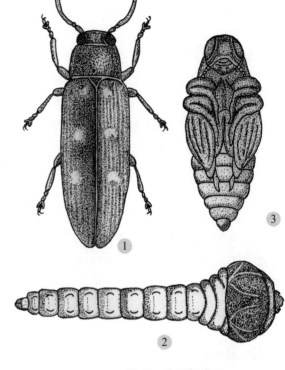

图18 六星铜吉丁
1. 成虫；2. 幼虫；3. 蛹

生活史及习性

此虫1年发生1代，以幼虫于被害枝干隧道内越冬。次年寄主树液流动后继续活动为害。到4月下旬越冬幼虫开始老熟，深入木质部内做蛹室化蛹。羽化后的成虫咬扁圆形的羽化孔，然后爬出蛹室，并取食嫩枝皮及叶片。成虫发生期为5～7月。

成虫有假死性，常白天活动，气温高时活动较盛，低温时假死性明显，有较强的飞翔力。成虫经数日取食后便开始交配与产卵。卵大多散产于树干下部、衰弱树或枝干的皮缝中。

幼虫经10天左右开始孵出。孵化后的幼虫随即可蛀入皮层下危害，继后蛀入皮层的韧皮部与木质部间危害，被害处出现弯曲不规则的隧道，被害的隧道充满蛀屑与虫粪，外表不易看出被害症状。幼虫为害至秋后于被害隧道端处越冬。

防治方法

1. **农业防治** 清除枯弱枝条，并集中处理，增强树势，防止或避免产生伤口，可减少危害。

2. **物理防治**　成虫发生期，利用假死性，于清晨或黄昏振树，捕杀成虫，每隔 3 天进行一次。

3. **化学防治**　成虫发生期结合防治其他害虫，可喷布 50％杀螟硫磷乳油、40％毒死蜱乳油、50％马拉硫磷乳油、80％敌敌畏乳油、20％灭扫利乳油、2.5％功夫乳油、2.5％敌杀死乳油，常规浓度对成虫及初孵幼虫均有良好的防治效果。

4. **植物检疫**　严格履行苗木检疫，不准调运有虫苗木。以防止此虫的扩散与蔓延。

鳃金龟科（Melolonthidae）

体中至大型，间或小型，长椭圆形或卵圆形。体色有褐、黑、绿、蓝、黑褐、棕等多种色泽。口器位于唇基之下，背面不可见。触角鳃叶状，由 8～10 节构成，棒状部由 3～8 节组成。前胸稍狭于或等于腹部之宽，中胸后侧片于背面不可见，小盾片显著。鞘翅常具纵肋 4～9 条，间或完全消失。臀板裸露。后翅多发达，能飞翔，亦有种类退化或仅留翅痕，不能飞翔。腹部末 1 对气门露出于鞘翅之外。足短壮或较细长，前足胫节外缘具 1～3 齿，内缘常具 1 距，中足、后足胫节各有端距 2 个，跗节末端具相似的爪 1 对，爪上具齿。

华北大黑鳃金龟 | 学名：*Holotrichia oblita*（Faldermann）
别名：朝鲜黑金龟

分布与危害

国内分布于辽宁、内蒙古、宁夏、甘肃、河北、河南、陕西、山西、山东、江苏、江西、安徽、浙江、四川等地；国外分布于日本、前苏联。寄主有核桃、蔷薇科果树、花椒以及各种林木、经济作物等 30 余种。

以成虫取食寄主的芽、叶和花，间或啃食果实。以幼虫食害寄主根部的幼嫩组织、苗木受害后损失严重。被害叶呈不规则缺刻或仅留叶脉；幼苗受损后，常出现断根、缺苗、断垄或树势被削弱。

形态特征（图 19）

1. **成虫**　体长 17.0～21.0mm，宽 8.4～11.0mm。长椭圆形，初羽化为红褐色，后渐变褐黑色，具光泽。胸部腹面被有黄色长毛。唇基横长，近似半圆形，前缘、侧缘上卷，前缘中间凹入。触角鳃片状，10 节，棒状部 3 节。前胸背板密布刻点，鞘翅表面微皱，肩凸显，密布刻点，上具 3 条纵隆线，两翅会合处纵隆线宽。前足胫节外缘具 3 齿，各足具爪一对，爪下具一齿，后足第 1 跗节短于第 2 节。各腹节中间界限消失。臀板相当隆起，末端较圆尖，两侧上方各具一圆形小坑。末前腹板中间具明显的三角形凹坑。雌成虫臀板较长，末端浑圆，末前腹节中间无三角形凹坑。

2. **卵** 椭圆形，初产卵为乳白色，表面光滑，近孵化时变为黄白色。

3. **幼虫** 老熟幼虫体长 35.0～45.0mm，3 龄幼虫头宽 5.4mm 左右，体乳白色，疏生刚毛。头部红褐色，具光泽；前顶刚毛每侧 3 根（即冠缝 2 根，额缝侧 1 根），臀节腹面无刺毛列，只具钩状刚毛。肛门孔三裂。

4. **蛹** 长 20.0～24.0mm，宽 11.0～12.0mm。椭圆形，腹末具 1 对角状突。初化蛹为乳白色，近羽化时渐变为淡黄色至红褐色。

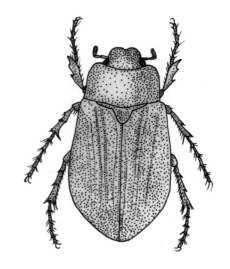

图 19 华北大黑鳃金龟成虫

生活史及习性

此虫 2 年发生 1 代，以成虫和幼虫越冬。次年 4 月下旬越冬成虫开始出土，5 月中下旬为出土盛期，7、8 月间为末期。成虫出土后寿命约 3～4 个月，产卵前期 7～10 天。6、7 月间为产卵盛期。卵散产于 5.0～10.0cm 的土中，单雌产卵量为 40 粒左右。卵期 15～20 天，7 月中下旬为卵孵化盛期，并于耕作层内为害，蜕皮进入 2、3 龄后，于秋末深入 25.0～60.0cm 的土层下造室越冬。次年 4 月上中旬越冬幼虫升至耕作层为害，5 月中旬至 6 月上旬为取食危害高峰期，食害至 7～9 月间，老熟幼虫陆续化蛹，8 月中旬前后为化蛹盛期。幼虫期 1 年左右，1 龄幼虫期 26 天左右，2 龄幼虫期 29 天左右，3 龄幼虫期 310 天左右。蛹期 20 天左右。8 月上旬始见羽化，羽化盛期在 8 月下旬至 9 月初。羽化后的成虫当年不出土，即于蛹室中过冬。

成虫白天潜伏于土中，黄昏开始出土活动、取食、交配、产卵，黎明前返回土内。成虫具趋光性和假死性，但雌成虫趋光性极差，成虫趋黑光灯高峰日比田间出土高峰日迟 10 天左右，因此不宜用黑光灯作预测成虫的防治适期，因为此时田间大批成虫已经分散产卵了。成虫活动与交配的适宜温度为 25℃ 左右。幼虫活动最适土温为 15℃ 左右，最适土壤含水量为 20% 左右，因此耕作层范围内过干或过湿对幼虫均不利。初孵幼虫先取食腐殖质，以后取食寄主地下部组织，3 龄食量最大，各龄的初期与末期食量较小，幼虫具假死性，上下活动力较强。

防治方法

1. **农业防治** 开荒垦地，破坏蛴螬生活环境；灌水轮作，消灭幼龄幼虫，捕杀浮出水面成虫；水旱轮作可防治幼虫为害；结合中耕除草，清除田边、地堰杂草；夏闲地块深耕深耙，尤当幼虫在地表土层中活动时，采用适期秋耕或春耕，深耕同时捡拾幼虫。不施用未腐熟的秸秆肥。

2. **物理防治** 利用成虫具趋光性与假死性，于成虫发生期，设置黑光灯诱杀或振树捕

杀。采用此法可兼治各种其他具趋光性与假死习性的害虫。

3. 化学防治

（1）成虫发生期的防治可结合防治其他害虫进行。喷布 2.5% 功夫乳油或溴氰菊酯乳油 5 000 倍液或敌杀死乳油 2 000 倍液，对各类鞘翅目害虫均有防治效果；或使用 50% 杀螟硫磷乳油、50% 马拉松乳油、40% 毒死蜱乳油 1 000 倍液、10% 联苯菊酯乳油 2 000 倍液等，以常规浓度使用，具有良好的防治效果。同时可兼治其他食叶、食花及刺吸类虫害。

（2）成虫出土前或潜土期防治可使用 5% 辛硫磷颗粒剂 2.5kg/ 亩，做成毒土均匀撒于地面后立即浅耕，以免遇光分解，并能提高防治效果。

（3）幼虫发生期的防治可结合防治金针虫、拟地甲、蝼蛄以及其他地下害虫进行。

①药剂拌种：此法简易有效，可保护苗圃幼苗免遭地下害虫为害。常规农药有 50% 辛硫磷乳油 0.5kg 加水 25kg，可拌种 400～500kg。

②药剂土壤处理可采用喷洒药液，用药液灌根、施毒土或颗粒剂农药于播种沟，或将农药与肥料混合使用均有效果。农药如 5% 辛硫磷颗粒剂 2.5kg/ 亩。

③采用辛硫磷毒谷，每亩 1kg，将 1kg 谷煮至半熟，拌入 50% 辛硫磷乳油 0.25kg，混播种穴，防效明显。如播后仍发现危害时，可在危害处补撒毒饵，撒后宜用锄浅耕，效果更好。

（4）48% 噻虫啉悬浮剂 3 000 倍液喷雾防治。

（5）成虫盛发危害时，可向树上喷洒 10% 吡虫啉可湿性粉剂 1 500 倍液、20% 灭扫利乳油 2 000 倍液。果实成熟 10 天前禁止用药。

东北大黑鳃金龟 | 学名：*Holotrichia diomphalia* Bates
别名：大黑鳃金龟

分布与危害

国内分布于黑龙江、吉林、辽宁、山西、内蒙古、河北、甘肃、江西等地；国外分布于日本、蒙古、前苏联（远东地区）。寄主有核桃、蔷薇科果树、草莓、桑、榆等多种植物。

以成虫取食危害核桃等寄主的叶片，幼虫则危害寄主植物的地下部组织，被害症状与华北大黑鳃金龟相同。

形态特征（图 20）

1. 成虫　体长 16.2～21.0mm，宽 8～11mm，体中等大小，较短阔扁圆，长椭圆形。黑褐色或栗褐色，最深为沥黑色，以黑褐色个体为较多，腹面色泽略淡，有油亮光泽。唇基密布刻点，前缘微中凹，头顶横形弧拱，刻点较稀。触角 10 节，棒状部由 3 节组成，雄虫棒状部长大，明显长于其前 6 节长之和；雌虫棒状部短小，前胸背板宽大，宽近长的 2 倍，前胸背板侧缘弧形扩阔，最宽处略前于中点，前端微外弯，有少数具毛缺刻，后端完整。小盾片略呈三角形或近圆形，基部散生少量刻点。鞘翅表面微皱，鞘翅上各有 4 条明显的纵肋，合缝肋显著；肩瘤突位于第 2 纵肋基部的外方。臀板半月形外露，雄较短，雌较长，臀板上散布有圆大刻点，在前臀节腹板中间，雄成虫具三角形凹坑，雌成虫无此凹坑。胸部下面密生绒毛。前足胫节外齿 3 个，内方距 1 根与第 2 齿相对；中、后足胫节的末端具有端距 2 根，各足的爪均为双爪式，爪的中部有垂直分裂的爪齿；后足胫节中段有一个完整的具刺横脊。

2. 卵　乳白色，椭圆形，光滑，长 2.3～2.5mm 左右，宽 1.2～1.5mm 左右。后期卵呈球形，直径 2.5～2.8mm 左右，孵化前卵为黄白色。

3. 幼虫　乳白色，疏生刚毛，体常弯曲

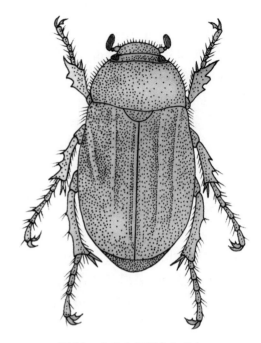

图 20　东北大黑鳃金龟成虫

呈马蹄形。3 龄老熟幼虫体长为 30～35mm，头宽为 4.5～4.8mm。头黄褐色至赤褐色，有光泽，头部前顶刚毛每侧 3 根成一纵列，其中 2 根彼此挨近，位于额顶水平线以上的冠缝两侧，另一根位于近额缝的中部。肛门孔三射形。肛腹片腹毛区中间无尖刺列，只有钩状刚毛群，由肛门孔向前延伸到肛腹片的 1/2～2/3 处。

4. 蛹　体长 18～22mm，宽为 7～9mm，椭圆形，初化蛹为黄白色，以后逐渐变为橙黄色。腹部末端有突起 1 对。

生活史及习性

东北大黑鳃金龟在我国的东北和华北 2 年完成 1 代，各地均以幼虫和成虫交替越冬。仅见有少数发育较晚的个体有世代重叠现象。据辽宁报道，越冬成虫于 4 月底至 5 月的上中旬开始出土活动。出土的临界温度为日平均气温 12℃，10cm 深的土温为 13℃。出土活动的最适气温为 12.4～18℃，10cm 深的土温为 13.8～22.5℃。5 月中下旬至 6 月初为成虫出土盛期，从出土始期到出土盛期约为 10～11 天。成虫出土末期可延续到 8 月下旬，成虫于每日的 17：00～18：00 开始出土活动，20：00～21：00 为日出土活动最盛期，到凌晨 2：00 开始相继入土潜伏，拂晓前全部迁回土中。成虫先觅偶交尾，尔后才开始取食，雌、雄成虫均可交尾 2 次以上。

成虫具有明显的趋光性，但雌成虫很少有扑灯的习性，刚羽化的成虫经过 15 天左右才开始扑灯。卵散产于 1.5～17.5cm 的土层内，一般深度均在 10～15cm。每头雌成虫平均产卵为 102 粒，卵期为 15～22 天，卵的孵化盛期在 7 月的中旬和下旬。幼虫取食

危害植物根茎地下部组织及播下的种子，严重造成缺苗与死苗。幼虫共3龄，当年秋末以2~3龄幼虫于土中越冬。一般当10cm深的土温降至12℃以下时，幼虫即开始下迁至50~140cm处作土室越冬。第二年4月的上旬越冬幼虫开始向上迁移，4月下旬当10cm深的平均土壤温度达到10.2℃以上时，幼虫全部向上迁移到耕作层进行取食为害，这批越冬的幼虫食量大，危害也相当严重，常造成5月和6月间春播作物及苗圃地幼苗的大批死苗现象，为害至6月下旬，3龄老熟幼虫开始向下迁移到20~38cm的深土层内营造土室于内化蛹。蛹室为长椭圆形，平均长为25.7mm，宽为15.0~15.9mm。蛹期平均为：雌蛹22天左右，雄蛹25天左右。化蛹盛期在7月下旬末至8月中旬，化蛹末期在9月下旬。成虫羽化后的当年不出土，仍潜伏于原化蛹的土室内越冬。如果蛹室被遭破坏，羽化后的成虫可另筑土室。

凡地块为平坦湿润、土层深厚、排水良好的农田，其虫口密度（或称虫口量）明显大于干燥瘠薄的山地或砂石土壤。田边、地埂的虫口密度明显大于田中的虫口密度，夏闲深耕深耙过的农田，其虫口密度明显小于没有翻耕过的地块。另外，大量施用未腐熟厩肥的田块，其虫口密度明显要大。

防治方法

1. **物理防治**　灯光诱杀于成虫出土期设置高压汞灯或黑光灯，诱杀成虫，同时可兼治其他虫害。振树捕杀东北大黑鳃金龟成虫具有假死性，可在下午6：00以后振树捕捉成虫。

2. **化学防治**　通过绿僵菌与低剂量的倍硫磷混用可有效防治东北大黑鳃金龟。

3. **其余防治办法**　参照华北大黑鳃金龟。

黑绒鳃金龟

学名：*Serica orientalis* Motschulsky
异名：*Maladera orientalis* Motschulsky
别名：黑绒金龟、东方金龟子、天鹅绒金龟

分布与危害

国内分布于黑龙江、吉林、辽宁、内蒙古、甘肃、河北、山西、山东、河南、宁夏、安徽、湖北、江苏、江西、台湾等地；国外分布于前苏联、日本、朝鲜。寄主有蔷薇科各种果树、核桃、柿、葡萄、桑、杨、柳、榆、各种农作物及十字花科植物近40多个科150多种植物。

以成虫取食寄主的芽、叶和花，间或也为害果实。叶片被害后呈不规则的缺刻，发生严重时可将叶片全部吃光，仅残留叶脉；幼虫主要为害地下部的幼嫩组织。

形态特征（图21）

1. **成虫**　体长7~8mm，宽4.5~5.0mm，卵圆形，身体黑色或黑褐色，具有天鹅绒的闪光。头黑色，唇基具油亮光泽。前缘上卷，微凹，漆黑色，具密刻点及皱纹。黄褐色触

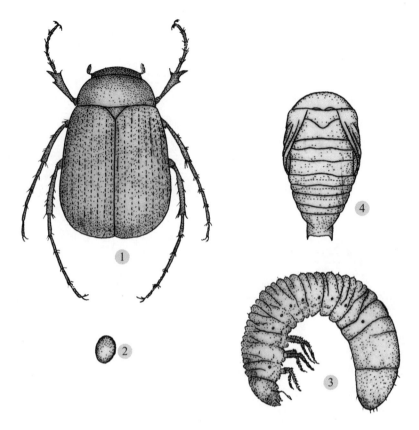

图 21　黑绒鳃金龟
1. 成虫；2. 卵；3. 幼虫；4. 蛹

角 9～10 节，棒状部为 3 节。前胸背板短阔，宽约为长的 2 倍，前侧角前伸，锐角形，侧缘外扩，后侧角近直角形，外缘有稀疏的刺毛。小盾片为盾形，密布细刻点及短毛。鞘翅比前胸背板宽，密布刻点及细短毛。每个鞘翅上有 9 条纵沟纹，外缘有稀疏的刺毛。前足胫节的外缘具有 2 个齿，后足胫节端部两侧各有一个端距，跗节端部有一对爪，爪上有齿，胸部腹面黑褐色，刻点粗大，有棕褐色长毛。腹部光亮，臀板三角形，腹部每腹板具毛 1 列。雌、雄成虫以触角区别最为显著，雄成虫触角的棒状部细长，柄节上有一个瘤状突起，雌成虫触角的棒状部短粗，柄状部无突起。

　　2. 卵　椭圆形或球形，长约为 3mm，初产卵为卵圆形，乳白色，有光泽。

　　3. 幼虫　老熟幼虫体长为 14～16mm。头部黄色至淡黄褐色，体乳白色，疏生刚毛，肥大，触角基部的上方有一个伪单眼，由色斑形成，无晶体存在。在腹部的肛腹片后部的腹毛区，满布着顶端尖而稍弯的刺状刚毛，刺状刚毛的前缘呈双峰状，峰尖朝向身体的前方，终于肛腹片后部的中间，腹毛区中间的裸区呈楔状，将腹毛区一分为二，刺毛列位于腹毛区的后缘，呈横弧状弯曲，由 14～26 根锥状的直刺所组成，中间明显中断。

4. **蛹** 体长 7~9mm，刚化的蛹为黄色，以后逐渐变为褐色至深褐色。

生活史及习性

黑绒鳃金龟 1 年发生 1 代，以成虫或幼虫于土中越冬。生活史极不整齐。以幼虫越冬者于次年的 4 月间陆续老熟化蛹、羽化出土。以成虫越冬者于次年的 3 月下旬开始陆续出土。直到 7 月间均可见到有成虫活动与为害。4 月中旬到 6 月中旬为出土活动与为害的盛期，5 月下旬为成虫交尾盛期，6 月上旬为成虫产卵盛期，6 月中下旬卵大部分孵化。幼虫为害 80 天左右后老熟、化蛹，9 月下旬羽化为成虫。羽化后的成虫当年不出土，在羽化的原蛹室内越冬。当年不化蛹的幼虫则直接以幼虫过冬，到次年 4 月间才羽化出土，为害至 6~7 月间再行交尾与产卵，卵孵化后在耕作层内为害至秋末后下迁，以幼虫过冬。

黑绒鳃金龟成虫有明显的趋光性和假死性。成虫出土活动的时间与温度有关，早春温度低时，成虫的活动能力弱，且多在白天尤其是正午前后活动取食早发芽的杂草或寄主植物，活动方式主要是爬行，很少飞翔，早晚均潜伏土中；天暖温度高时，成虫则白天潜伏于土中，下午 5：00 以后出土活动、取食为害，并可远距离迁飞分散为害。并且有群集危害幼树的嫩梢和顶芽的习性，间或也群集危害农作物及杂草。以傍晚发生危害最盛，据在山西晋中、忻州等地调查，一株幼树可有近百头黑绒鳃金龟成虫为害。晚上 10：00 以后又陆续潜入土中。

成虫卵多产在 10cm 左右深的土层中，堆产，尤其喜产于被害寄主附近或根部周围的土中，每堆卵为 8 粒左右，间或有 10 粒以上者。每头雌成虫可产卵约 40 粒左右，卵期为 10 天左右。幼虫孵化后先危害寄主植物根部的幼嫩组织，以后逐渐转移到地下部组织为害，但为害所造成的损失不大。幼虫为害至老熟后深入至约 35cm 左右的土层中做土室化蛹，蛹期 10~19 天左右。发生早的则羽化为成虫，以成虫越冬，发生晚的则以幼虫越冬。黑绒鳃金龟主要以成虫为害，尤其对刚定植的幼苗、幼树的威胁更大。

防治方法

1. **物理防治** 灯光诱杀于成虫发生期在核桃园内设置高压汞灯或黑光灯诱杀成虫。黄昏后，当成虫上树取食为害时，组织人工振树捕杀成虫。

2. **化学防治** 黑绒金龟成虫发生盛期用 90% 晶体敌百虫 800 倍液喷雾防治效果良好。但喷雾时应注意避开花期，以免对花产生药害。

90% 晶体敌百虫鲜菜毒饵诱杀。毒饵配法为：90% 晶体敌百虫 1kg 加少量水溶化后，拌 50kg 红根鲜菠菜(菠菜切成 5cm 长的小段)。在成虫发生期每株幼树用 0.25~0.5kg 毒饵，均匀撒在树基部 1m 直径范围内。敌百虫鲜菜毒饵诱杀效果优于树上喷药，且诱饵法属局部、土表施药，利于保护天敌，可在生产中推广使用。

将 40% 的辛硫磷 2000 倍液、4.5% 氯氰菊酯乳油 2 000 倍液、2.5% 敌杀死乳油 2 000 倍液喷雾在树叶上。苗圃或幼林地结合除草用 2.5% 敌百虫粉剂撒在林地，除草时与土混合能起到一定触杀作用。480g/L 毒死蜱乳油、2.5% 高效氯氟氰菊酯微乳油、20% 丁硫克百威乳油对黑绒鳃金龟的杀虫活性较高。

黑皱鳃金龟

学名：*Trematodes tenebrioides*（Pallas）

别名：无翅金龟子

分布与危害

国内分布于黑龙江、吉林、辽宁、山西、河北、山东、河南、青海、陕西、安徽、江西、湖北、台湾等地；国外分布于蒙古、前苏联。

以成虫危害核桃叶以及各种果树幼苗及经济林苗木的叶片，幼虫危害寄主的根部。

形态特征（图 22）

1. **成虫** 中型大小，体长 15～17mm，宽 6～9mm。体近卵圆形，污黑色，无光泽，全体具粗大而密的刻点，鞘翅纵肋不明显。唇基横宽，前侧缘呈弧状上卷，前缘中间稍凹入。触角 10 节，黑褐色，棒状部 3 节，短小。下颚须末节长纺锤形。头大，密布深大蜂窝状壳点。额唇基缝微陷，额头顶部刻点更大更密，后头刻点小。

前胸背板短阔，宽为长的一倍有余，最宽处位于两侧缘的中点之间，密布深大刻点，侧缘成锯齿状，并生有短毛，前缘较直，近两前角处逐渐向前呈弧状延伸，两前角略呈直角，后缘中段向后呈弧状延伸，两后角呈钝角，角尖变锐，少数个体中央具有中纵线。小盾片呈横三角形，顶端变钝，有少数刻点。

鞘翅十分粗皱。鞘翅基部明显狭于前胸背板，最宽处位于鞘翅的中部，除会合处具缝肋外，无明显的缝肋，由于鞘翅各自的后端向前方切入，因此两鞘翅会合缝的末端形成一个钝角。后翅退化或痕迹状，短小，近三角形，长达第二腹节的背板或略超过第二腹节的背板，不能飞翔。臀板宽大，密布浅大皱形刻点。胸部腹面密布具毛刻点，腹下刻点细小具有卧毛。

足粗壮，前足胫节外缘 3 齿，内缘有距 1 根，着生于第 2 齿对侧。前足、中足跗端之内外爪大小差异明显，中足与后足胫节近前端，具有一完整的具刺横脊。

雄虫的腹部中央深深凹陷，末腹板中段前部水平浮雕多数较狭尖；雌虫腹部饱满。雄性外生殖器阳基侧突较狭，中突突片粗壮，末端较复杂，可见有 3 脊，大致位于同一端面上。

2. **幼虫** 中等大小，其他特征与华北大黑鳃金龟幼虫相似。前顶刚毛多数各为 3 根，也有一部分每侧各另为 4 根，其中 3 根位于额顶水平以上的冠缝两侧，另 1 根位于近额缝的中部，也有前顶刚毛左面 4 根，而右面 3 根，呈不对称状。肛腹片被钩状刚毛占据着的复毛区与肛门孔之间，有一条比较明显而整齐的无毛裸区。刚毛三裂，纵裂短。

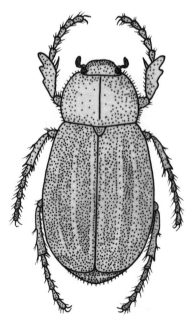

图 22　黑皱鳃金龟成虫

生活史及习性

此虫 2 年发生 1 代，以成虫及幼虫在 20～30cm 的土层中越冬。越冬成虫于次年 4 月上旬开始出土活动与为害，5～7 月上旬为活动、取食、交尾与产卵盛期，7 月下旬至 8 月上旬为末期，成虫寿命达 11～13 个月，发生危害约 3～4 个月。

黑绒鳃金龟成虫通常白天活动，有两次活动高峰期，一次是上午 8：00～10：00，另一次是 15：00～16：00，其余时间均潜伏于杂草或作物根旁 3～5cm 处栖息。成虫出土时正值小蓟、蒲公英、苦菜等各种杂草刚发芽，它们便爬到这些植物上取食。当寄主发芽时，即转移到这些寄主如核桃叶上危害；食量较大。成虫出土后开始交尾，但以 4 月下旬至 5 月间交配最多。产卵期从 5 月上旬开始，到 8 月下旬结束，前后达 4 个月之久。成虫产卵前期 5～12 天。每头雌成虫可产卵 23～39 粒，通常散产于 15～17cm 的疏松湿润土层的土室内。卵期通常为 7～14 天。幼虫为害至 10 月下旬后，下迁至 20～40cm 的土层中越冬，到次年春季再上升至表土层为害，幼虫历期为 12 个月左右，到 7～9 月间，幼虫陆续老熟，并于蛹室内化蛹和羽化。羽化后的当年通常不出土，在原处越冬。

防治方法

参照华北大黑鳃金龟防治方法。

暗黑鳃金龟

学名：*Holotrichia parallela* Motschulsky
异名：*Holotrichia morosa* Waterhouse
别名：大褐金龟子、褐黑金龟子

分布与危害

国内分布于黑龙江、吉林、辽宁、甘肃、青海、河南、山东、河北、山西、陕西、江苏、四川、湖北、湖南、浙江等地；国外分布于朝鲜、前苏联（远东地区）、日本。寄主有核桃、梨、苹果、桑、杨、柳、榆、花生、大豆等多种植物。

以成虫取食寄主芽、叶、花及果实。以幼虫食害寄主根部幼嫩组织。叶片被害后呈不规则缺刻或仅残留叶脉。幼苗常被环剥，严重时寄主根部出现断根或缺苗断垄。

形态特征（图 23）

1. **成虫** 体长 16.2～21.0mm，宽 8.2～11.1mm。长椭圆形，初羽化红棕色，渐变红褐至黑色，有灰蓝色闪光。头阔大，唇基前缘中央内弯上卷，刻点大。触角红褐色，10 节。前胸背侧中央呈锐角外突，刻点大而深，前缘被黄褐色毛。小盾片短阔半圆形。鞘翅刻点粗大，4 条纵肋显著，肩瘤突出，缝肋较宽且隆，前足胫节外缘具 3 齿，内侧生 1 棘刺，后足胫节细长，端侧具 2 个端距。臀板长，几乎不隆起，雄虫后端尖，雌虫则浑圆。

2. **卵** 长 2.6～3.2mm，宽 1.62～2.48mm，初乳白色，长卵形，后膨大，近球形。

3. **幼虫** 老熟幼虫体长 35~45mm，头宽 5.6~6.1mm。头前顶毛 1 根，位于冠缝侧，后顶毛各 1 根。臀节腹面无刺毛列，但具钩状刚毛，肛门孔 3 裂。

4. **蛹** 体长约 18mm，宽约 8.0mm，浅黄或杏黄色。腹末具 1 对角状突起。

生活史及习性

此虫 1 年发生 1 代，以老熟幼虫或个别当年羽化而尚未出土的成虫越冬。成虫于次年 4 月上旬出土活动，6 月上旬至 7 月上旬为活动盛期，9 月下旬绝迹。越冬幼虫则于次年 5 月中旬至 6 月中旬化蛹，蛹期约 20 余天。7 月中下旬至 8 月上旬为羽化出土高峰期，产卵前期约 8 天左右。产卵期为 7 月中旬至 8 月中旬，卵期 8~10 天，单雌平均卵量 57 粒左右。成虫寿命 70 天左右。幼虫共 3 龄，历经 315 天左右。7 月下旬卵孵幼虫开始为害，秋末，幼虫深入 15~40cm 的土中越冬。

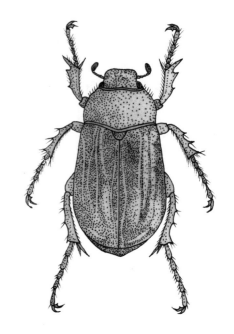

图 23 暗黑鳃金龟成虫

成虫活动适宜温度为 26.5℃左右，相对湿度在 80% 以上，具有群集取食习性。白天潜伏，黄昏活动、取食、交配、产卵。具有趋光性与假死性。有多次交尾习性。卵分批散产于 5~10cm 土中。

防治方法

1. **化学防治** 2.5% 敌杀死乳油或 50% 马拉松乳油按常规浓度于成虫发生期喷布，有显著效果。

2. **其他防治方法** 参照华北大黑鳃金龟。

小黄鳃金龟 | 学名：*Metabolus flavescens* Brenske

分布与危害

分布于山西、山东、河北、河南、陕西、江苏、浙江等地。主要寄主有核桃、苹果、梨、山楂、海棠等多种植物。

以成虫食害各种寄主叶片后，常呈不规则孔洞与缺刻，严重时仅残留主叶脉与叶柄，尤以核桃叶片受害更重。

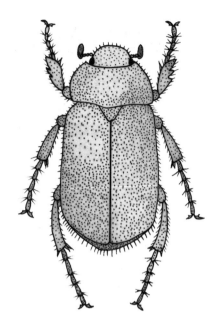

形态特征（图24）

1. 成虫 体长11.0～13.6mm，宽5.3～7.4mm。体狭长，黄褐色，被有均匀分布而密集的小短毛。头部黑褐色，唇基前缘平直上翻。复眼黑色。触角鳃片状，9节，棒状部3节较短。前胸背板具粗大刻点，侧缘钝角外扩，锯齿状，具长纤毛，后缘弧形外扩，近小盾片处特显，小盾片三角形。鞘翅侧缘平行，缝肋明显隆起。纵肋（或纵隆线）明显。肩瘤显著，密被均匀的圆形刻点，胸、腹及腿节具细毛。臀板圆三角形。前足胫节外缘两齿，跗节5节，爪一对，爪下具1棘刺。

2. 卵 长卵圆形，长1.6～1.7mm，初产晶体状，渐变白至灰白色。

3. 幼虫 老熟幼虫体长18～20mm，体乳白色，头部黄至淡黄褐色。头部前顶刚毛每侧2根，后顶刚毛每侧1根；肛腹片后部钩状刚毛群中间的刺毛列，2列呈长椭圆形整列。肛门孔二裂。

图24 小黄鳃金龟成虫

4. 蛹 长卵圆形，裸蛹，长13.5～14.3mm。淡黄至黄褐色，尾节近方形，末端凹弧状。

生活史及习性

此虫1年发生1代，以幼虫越冬。次春4月间升至耕作层活动为害。5月间老熟幼虫化蛹，6月上半月为化蛹盛期，蛹期20天左右，6月上旬末可见到成虫，6月下旬至7月上旬成虫大量出现。7月初可见到卵，卵期10天左右。7月中旬孵化出初龄幼虫，幼虫共3龄，幼虫期315天左右，秋末以3龄幼虫深入80cm左右的深土层中越冬。

成虫白天潜伏于5cm的土层内，于黄昏后出土上树取食为害，并进行交尾，交尾后继续为害至日出以前，陆续潜至寄主干基周围的土中。成虫具假死性和较弱的趋光性。雌虫交配后的10余天开始产卵于3cm以内的土层中，尤喜产于有机质含量高、寄主根际土壤疏松的地方。幼虫孵化后多集中分布于寄主干周150cm范围内食害各种植物幼根。次年老熟幼虫多于5cm左右的土层内做蛹室化蛹，羽化后的成虫稍作停息便出土活动为害，发生当年世代。

防治方法

1. 化学防治 成虫发生期使用菊酯类农药，依常规浓度有明显的防治效果。试验研究表明：25%辛硫磷胶囊剂800～1 000倍液，或50%辛硫磷乳油1 000倍液，2.5%敌杀死乳油2 000倍液，对成虫防效均达90%以上。

2. 其他防治方法 参照华北大黑鳃金龟。

小云鳃金龟

学名：*Polyphylla gracilicornis* Blanchard
别名：小云斑鳃金龟

分布与危害

分布于内蒙古、山西、宁夏、河北、陕西、甘肃、河南、四川、青海等地。寄主有核桃、蔷薇科果树及林木幼苗和农作物。

成虫取食寄主的芽、叶、花，间或食害果实，被害叶片呈不规则缺刻或仅留叶脉；幼虫危害寄主根部后出现断根、缺苗或断垄，削弱树势。

形态特征（图25）

1. **成虫**　体长26.0～28.5mm，宽13.4～14.2mm。长椭圆形，茶褐色或深褐色，具光泽。头小暗褐色，具刻点或皱纹，密被淡褐色毛。唇基阔，前缘中央微内凹，外缘上翻。额中段阔，额部刻点粗大皱褶，后头平滑，两侧具短白毛及长褐毛。触角鳃叶状10节，棒状部雄成虫7节，雌成虫6节。复眼球状茶褐色。

前胸背板短阔、黑色，表面具浅刻点及黄白色细毛，且高凸处常光滑无刻点。小盾片三角形，前缘内弯，两侧密被白毛。鞘翅褐色，密布不规则的呈云斑状的白或黄白色毛，肩瘤突。臀板三角形，先端钝，表面密布细刻点及绒毛，胸、腹被长黄毛。前足胫节外缘雄虫1～2齿，雌具3齿，末端均具2个显著棘刺。

2. **卵**　椭圆或卵圆形，乳白色，长3.58mm左右。

3. **幼虫**　老熟幼虫体长37～57mm，臀节腹面后部腹毛区钩状毛群中间的刺毛列，每列多由10～11根短锥状刺毛组成，且相互平行，也有前后两端有2根明显靠近的。刺毛列排列整齐，无副列。

4. **蛹**　体长约32mm，橙黄色。头小，向下弯。触角雄大雌小，翅芽显著。

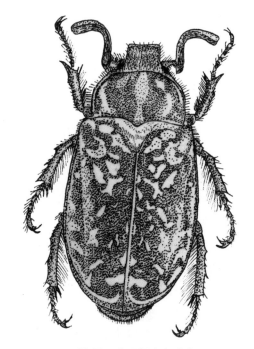

图25　小云鳃金龟成虫

生活史及习性

此虫4年1个世代，以幼虫于土层深处越冬。次年春季4月间，幼虫由深层向耕作层上迁，并开始危害寄主根部组织。该虫发生极不整齐，活动为害期间，土中各龄幼虫均可见到。为害至9月下旬，幼虫开始下迁，秋末进入越冬。

幼虫共3龄，幼虫期共1 400天，1、2龄幼虫各350天左右，3龄幼虫约700天。以

3 龄幼虫为害最重。老熟后（约 5 月下旬）于 8~15cm 深处作蛹室化蛹，蛹期 35 天左右。

成虫羽化后，白天潜伏土中，黄昏以后出土在田间活动、飞翔、为害及交尾。雌虫交尾后 4~5 天开始产卵，卵散产于 10~12cm 的土中，单雌卵量 15 粒左右，卵期约 23 天，成虫具趋光习性。

防治方法

1. **物理防治**　于成虫发生期，在田间设置黑光灯诱杀。
2. **化学防治**　使用各种有机磷、菊酯类农药，以常规浓度喷布，效果显著。
3. **其他防治方法**　参照华北大黑鳃金龟。

丽金龟科 （Rutelidae）

中型大小，与鳃金龟科相似，多为美丽色彩的种类，有古铜、翠绿、铜绿、墨绿、金、紫等强烈金属光泽。不少种类体色单调，呈蓝、绿、黄、褐、赤、棕、黑等色泽，或具深色条纹与斑点。体多卵圆形，背面、腹面弧形隆起。

触角鳃叶状，9~10 节，棒状部 3 节。小盾片显著。臀板大而外露，胸下被绒毛，腹气门 6 对，前 3 对位于侧膜处，后 3 对位于腹板上端，后足胫节端距 2 个，爪各具 1 对，但不对称。前、中足 2 爪较大，爪末端常裂为 2 支。

本科种类遍及世界各地，目前世界已知 2 500 余种，我国 300 余种。其中许多种类栖息于森林与平原，对各种林木、果树、绿化观赏树、行道树、灌木、树苗以及大田农作物常造成危害，其幼虫（即蛴螬）对多种苗木及大田农作物的根部危害极大，常导致缺苗、断根、断垄，甚至会造成毁灭性的损害。特别是阔叶树，危害尤甚，因而其经济意义甚为重要。

斑喙丽金龟 | 学名：*Adoretus tenuimaculatus* Waterhouse

分布与危害

国内分布于辽宁、河北、山西、山东、河南、陕西、江苏、江西、浙江、安徽、湖北、湖南、福建、台湾、广西、云南、四川等地；国外分布于日本、朝鲜、柬埔寨、越南、老挝、印度尼西亚、缅甸、夏威夷等。寄主有核桃、苹果、葡萄、梨、柿、枣、桃、杏、板栗、樱桃、杨、榆、槐、桐、栎、茶、大豆等多种植物。

以成虫取食寄主的叶、花及果实，叶片被害后呈不规则孔洞与缺刻，幼虫为害寄主根部幼嫩组织，严重时出现断根、缺苗和断垄。

形态特征（图 26）

1. **成虫**　体椭圆形，褐色或棕褐色。体长 10.0～10.5mm，宽 4.5～5.4mm。全体密被乳白至黄褐色的披针形鳞片或绒毛，光泽较暗淡，貌似茶色。眼大，头大，唇基近半圆形，前缘上卷，头顶隆拱，上唇"喙"部具中纵脊。触角鳃叶状，10节，棒状部雄长、雌短，均由 3 节组成。前胸背板短阔，前缘弧形内弯，侧缘弧形外扩，后侧角钝。小盾片三角形。鞘翅具纵肋 3 条，鞘翅上具较明显的白斑，端凸及其侧下有挨紧的鳞片组成的白斑大小各一。腹面栗褐色，密被鳞片状毛。前足胫节外缘具 3 齿，内侧具一内缘距，后足胫节外缘具 1 齿突。臀板短阔，三角形。

2. **卵**　体长，卵圆形，乳白色，长径 1.7～1.9mm。

3. **幼虫**　老熟幼虫体长 19～21mm，头部黄褐色，头部前顶刚毛每侧 4 根，成 1 列，额中每侧及额前缘各具 2 根刚毛。尾节腹面钩状毛稀少，散生不规则。

4. **蛹**　裸蛹，长卵圆形，体长 9.8～11.7mm，体前圆后尖，初化蛹乳白色，后渐变浅黄至黄褐色。

生活史及习性

此虫北方 1 年发生 1 代，南方 1 年发生 2 代，各地均以幼虫于土中越冬。次年春季上升至表土层中活动为害，1 代区老熟幼虫于 5 月中旬化蛹，6 月初开始发生大量成虫，并进行为害，同时交尾与产卵。7 月以后成虫逐渐减少。2 代区老熟幼虫于 4 月中旬至 6 月

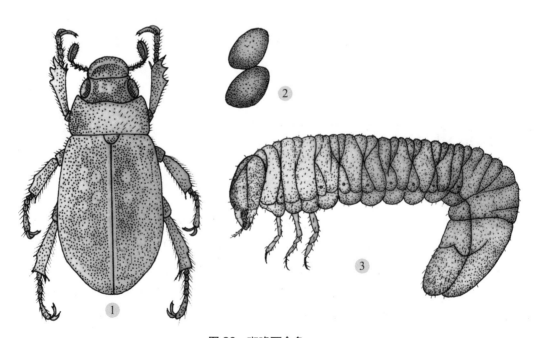

图 26　斑喙丽金龟

1. 成虫；2. 卵；3. 幼虫

上旬化蛹，5月间出现越冬代成虫，6月间为成虫发生盛期并陆续交尾与产卵。6月中旬至7月中旬为第1代幼虫期，7月下旬至8月初化蛹，8月为第1代成虫盛发期，8月中旬第2代卵开始出现，8月中下旬第2代幼虫陆续孵化出现。10月下旬开始进入越冬。

　　成虫白天潜伏于土中，黄昏爬出，并迁至寄主上取食为害，阴雨和多风天气对成虫的活动影响很大。天气晴朗、少风时不潜入土中，而栖息于寄主叶、枝的隐蔽处，阴天、雨天则可日夜取食，食量较大。有假死性和群集为害的习性。卵散产于寄主根际附近的土中，单雌平均卵量30余粒左右，产卵期约20天。成虫产卵后的3~5天死亡。幼虫孵化后取食嫩根或根冠部位及腐殖质，稍大后则可危害苗木根部组织。化蛹深度一般为10~15cm。

防治方法

　　1. 物理防治　成虫发生期利用黑光灯诱杀或利用假死性捕杀。

　　2. 化学防治　参照华北大黑鳃金龟。在成虫盛发初期于19：00后喷施90%巴丹可溶性粉剂1 000倍液防治。

中华弧丽金龟

学名：*Popillia quadrguttata* Fabricius
别名：四纹丽金龟

分布与危害

　　国内分布于黑龙江、吉林、辽宁、青海、内蒙古、宁夏、甘肃、山西、山东、河北、河南、陕西、安徽、江苏、浙江、广东、广西、贵州、福建、湖北、台湾、海南等地；国外分布于朝鲜、越南。寄主有核桃、枣、葡萄、柿、各种蔷薇科果树、杨、榆、各种农作物等19科30种以上的植物。

　　以成虫危害寄主植物的叶片，咬成不规则的缺刻与孔洞，危害严重时仅残存叶脉，有时可危害花及果实，幼虫危害植物的地下部组织。

形态特征（图27）

　　1. 成虫　体长7.5~12mm，宽4.6~6.5mm，有光泽，头部、前胸背板金绿色，小盾片、胸部、腹部、腹面、三对足均为青铜色，有闪光。鞘翅浅褐色、黄褐色或草绿色，沿合缝部分绿色；周缘呈深褐色或墨绿色。头较小，密布刻点。触角鳃叶状，9节，很短，鳃叶节3节。前胸背板中部略高，中间具窄而光滑的纵凹线，前部较窄，后缘呈扇形张开。小盾片正三角形。鞘翅基部宽，末端较狭圆，肩瘤突较明显，纵肋5条，第1、2条的末端汇合，鞘翅上有纵刻点列11条。足较短，前足胫节具有2个外齿，前翅大而钝，内方具1根距，位于第2外齿基部对面。足的端部具2爪，前足与中足大爪分为2叉，后足不分叉。雌成虫胫节刺扁平，第1跗节长于下3节长之和。雄胫节刺尖钝而明显，跗节基部4节等长。腹部各节两侧各具有一个白色毛斑，臀板近棱形，端部较圆，露于鞘翅之外，近后缘两侧各有一白色毛斑。

2. **卵**　椭圆形，乳白色，长
1.42～1.46mm，宽 0.85～0.95mm。

3. **幼虫**　老熟幼虫乳白色，体
长 12～18mm，头宽 2.9～3.1mm。
头前顶刚毛每侧 5～6 根，排成一纵
列，后顶刚毛每侧亦 5～6 根，其中
5 根排成一斜列。肛背片后部有由
细缝围成的中间稍凹陷的圆形臀板，
后边敞开较大而宽。肛腹片覆毛区
中间的尖刺列呈"八"字形岔开，
每列由 5～8 根、大多为 6～7 根锥
状刺组成。肛门孔呈横缝状。

4. **蛹**　黄褐色，体长 11.9～
12.6mm，宽 6.1～6.2mm，各腹节
侧缘均具锥状突起，尾节近三角形，
端部双突，上生褐色绒毛。初化蛹
为白色，以后渐变为黄褐色，接近
羽化时呈棕褐色，体表被有短毛。

生活史及习性

中华弧丽金龟发生比较整齐，1
年发生 1 代，各地均以 3 龄幼虫于
30～70cm 的深土层内越冬。次年春
季 4 月间当 20cm 深土层的旬均土温

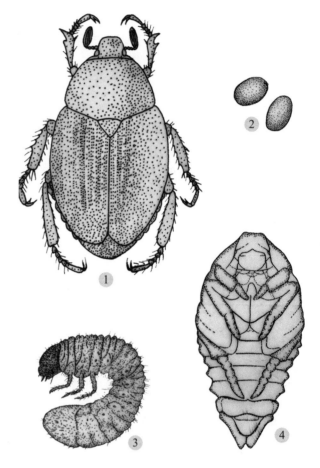

图27　中华弧丽金龟
1. 成虫；2. 卵；3. 幼虫；4. 蛹

达到 9.5℃时，越冬幼虫开始陆续上迁至表土耕作层间活动，到 4 月下旬，当 10cm 深土
层的旬平均土温达到 14.2℃左右时，越冬幼虫全部由深层迁至耕作层活动为害。为害至 6
月上中旬，大批幼虫老熟，并于 5～8cm 深的土中做蛹室化蛹，预蛹期为 9 天左右，蛹期
为 13 天左右，最长的亦可达到 21 天。幼虫化蛹始期为 6 月中旬，化蛹盛期在 6 月下旬末
至 7 月中旬；成虫于 6 月下旬开始羽化，羽化盛期为 7 月上旬，羽化末期为 7 月中旬，8
月中旬左右成虫逐渐消失。成虫寿命：雄虫为 15～29 天，雌虫为 24～31 天。

雌成虫出土后，活动 2～3 日才开始取食为害，经过一段时间的补充营养后方才交
尾，交尾时间多在上午进行，雌、雄成虫均可多次交尾，雌成虫分次分批产卵，卵散产于
2～5cm 深的土层内，每头雌成虫产卵量为 20～65 粒，大多数为 45 粒左右。雌成虫的产
卵盛期发生在雌成虫羽化盛期后的 15 天左右，卵期 13 天左右。刚孵化的幼虫大多以土中
的各种腐殖质及寄主的幼嫩根冠为食料，为害至 8 月中旬前后，大部分幼虫进入 3 龄，此

时的幼虫食量大增。当旬平均土温达到9.7℃时，3龄幼虫开始陆续向下迁移，当旬平均土温降至7.8℃时，几乎全部3龄幼虫向深土层中迁移，准备过冬。据调查研究，在东北地区，3龄幼虫越冬入土的深度为60～70cm，在陕西为30cm左右。

成虫白天活动、取食和为害，夜间则潜伏于土中，少数则静伏于叶片间。成虫活动的最适气温为20～25℃。成虫具有较强的飞翔能力，没有趋光性，但具有明显的假死习性。在成虫盛发期间常群集为害。成虫羽化后常在羽化的蛹室内静伏2～3日后，才逐渐向土外迁移，出土、活动与为害。当10cm深的平均土温达到20℃，平均气温为17.8℃，相对湿度在80%以上时，成虫开始出土。成虫羽化出土的日高峰期为9：00～15：00。

中华弧丽金龟在pH为6.54～7的地块、地势低湿但排水条件良好、腐殖质含量高、沟边、田边、杂草丛生的荒地、坡耕松疏、沙质地的条件下发生严重，反之发生轻。

防治方法

参照东北大黑鳃金龟及华北大黑鳃金龟的防治方法。

铜绿丽金龟 | 学名：*Anomala corpulenta* Motschulsky
别名：铜绿金龟子

分布与危害

国内分布于黑龙江、吉林、辽宁、内蒙古、宁夏、甘肃、河北、山西、河南、山东、陕西、江苏、江西、安徽、浙江、湖北、湖南、四川等地；国外分布于蒙古、朝鲜、日本。寄主有核桃、苹果、桃、梨、海棠、杜梨、沙果、红花、杏、樱桃、板栗、栎、柳、杨、槐、榆、柏、桐、茶、松、杉等多种林木、果树、观赏植物。

为害特征类似华北大黑鳃金龟。

形态特征（图28）

1. **成虫**　体长15～22mm，宽8.3～12.0mm。长椭圆或长卵圆形，背、腹面扁平，体背铜绿色，具金属光泽。头、前胸背板、小盾片色泽较深，鞘翅色泽较浅。唇基前缘、前胸背板两侧呈浅褐色条纹或条斑。前胸背板发达，前缘弧形内弯、侧缘弧形外弯，前角锐，后角钝。臀板三角形，黄褐色，常具1～3个形状多变的铜绿或古铜色斑纹。腹面乳白、乳黄或黄褐色。头、前胸、鞘翅密布刻点。小盾片半圆形。鞘翅背面具2条纵隆线，缝肋显。唇基短阔、梯形。前缘上卷。触角鳃叶状，9节，黄褐色。前足胫节外缘具2齿，内侧具内缘距。胸下密被绒毛。腹部每节腹板具一排毛。前足、中足的爪，一个分叉，一个不分叉，后足爪不分叉。

2. **卵**　初产卵为椭圆形，后渐近圆球形，乳白色，卵壳表面光滑。

3. **幼虫**　老熟幼虫体长30～33mm，头宽4.0～5.5mm。体乳白色。头近圆形，黄褐色，前顶刚毛每侧各为8根，成一纵列；后顶刚毛每侧4根，斜列。额中侧毛每侧4根。

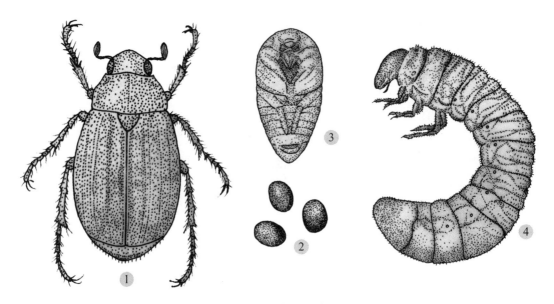

图 28　铜绿丽金龟
1. 成虫；2. 卵；3. 幼虫；4. 蛹

肛腹片后部的腹毛区的刺毛列，每列各由 13～19 根长形的针状刺所组成，刺毛列的刺尖常相遇。刺毛列前端不达腹毛区的前部边缘。

4. **蛹**　体长 19.5～20.5mm，宽 9.8～10.2mm，椭圆形，裸圆，土黄色。雄蛹末节腹面中央具 4 个乳头状突起，雌蛹则平滑，无此突起。

生活史及习性

此虫 1 年发生 1 代，以 3 龄幼虫于土中越冬。次年 4 月间迁至耕作层开始活动为害。5 月间越冬幼虫老熟化蛹，5 月下旬至 6 月中旬为化蛹盛期，预蛹期 12 天左右，蛹期 9 天左右。5 月底出现成虫，6、7 月间为成虫发生最盛期，也是全年危害最严重期，8 月下旬成虫逐渐减少，9 月上旬成虫绝迹。成虫盛发期为产卵初期，6 月中旬至 7 月上旬末为产卵盛期。成虫产卵前期约 10 天左右，卵期约 10 天左右。7 月间为卵孵化盛期。幼虫为害至秋末即下迁至 30～70cm 的土层中越冬、。

成虫羽化出土迟早与 5、6 月间温湿度的变化有密切关系，如果 5、6 月间雨量充沛，出土则早，盛发期提前。成虫白天潜伏，黄昏时出土活动、为害，交尾后仍继续取食，午夜之后逐渐潜返至土中。成虫活动的适宜温度为 25℃ 以上，相对湿度为 70%～80%。低温与降雨天气，成虫很少活动，闷热无雨的夜间活动最盛。成虫食性杂，食量大，具有假死性与趋光性，有一生行多次交尾的习性。卵散产于寄主根际附近 50～60mm 的土层内，单雌产卵量 40 粒左右，卵孵化的最适温度为 25℃，相对湿度为 75% 左右。成虫寿命为 30

余天。秋后100mm内土温降至10℃时，幼虫开始下迁，春季100mm内土温升至8℃以上时，向表层上迁。幼虫共3龄，1龄幼虫25天左右，2龄幼虫23天左右，以3龄幼虫于土内越冬。此虫以3龄幼虫食量最大，危害最烈，亦即春秋两季危害最严重，老熟后多在50～100mm的土层内做蛹室化蛹。

防治方法

1. 化学防治　成虫发生期树冠喷布50%杀螟硫磷乳液1500倍液，喷布石灰过量式波尔多液，对成虫有一定的驱避作用。也可表土层施药，在树盘内园边杂草内施50%辛硫磷乳油1000倍液，施后浅锄入土，可毒杀大量潜伏在土中的成虫。

2. 生物防治　利用天敌(各种益鸟、步行虫)捕食成虫和幼虫；利用性信息素诱捕成虫。利用趋化性诱杀成虫。利用成虫对糖醋液和酸菜汤有明显的趋性进行捕杀。

3. 参照华北大黑鳃金龟防治方法。

叩头虫科 (Elateridae)

小至大型，成虫体长型，背面略扁，体色多黄褐色至黑色，体被细毛或光亮无毛。头小，紧镶于前胸上。前胸背板后侧角突成锐角。前胸腹板中间具一尖锐刺，插入中胸腹板沟槽中；前胸大，且能活动，成虫仰卧时，能借前胸的弹动而跃起。触角锯齿状、栉齿状或丝状，其形状与节数因性别差别而异。跗节5节，简单或某节腹面分2叶，后足基节短，可盖住腿节。幼虫细长，筒形略扁，体壁坚硬而光滑，体呈黄色或红褐色，有铁丝虫、钢丝虫或金针虫之称。前口式，上唇退化，头壳前缘凹凸不平。3对胸足大小相似，腹部气门2孔式，生活于土中，取食已播的种子、作物的根、茎等，是重要的地下害虫。幼虫期很长，约2年以上完成1代。蛹期很短，约3周。

细胸叩头虫
学名：*Agriotes fuscicollis* Miwa

别名：细胸金针头、钢丝虫、叩头虫

分布与危害

分布于黑龙江、吉林、辽宁、内蒙古、宁夏、甘肃、陕西、山西、山东、河南、河北等地，尤以沿湖、沿江、沿河冲积地、过水地、低洼地、水浇地发生更重。寄主有各种林木、果树、蔬菜及其各种农作物等多种植物。

以幼虫危害寄主地下部组织及播下的种子，对寄主植物的种子刚发出的芽或刚出土幼苗的根与嫩茎进行为害，常造成缺苗、断根及断垄现象。

形态特征（图29）

1. 成虫　体长8～9mm，宽2.3～2.5mm，体形细长，背面扁平，栗褐色，被黄褐色细短毛，头胸部黑褐色，鞘翅、触角及足棕红色。头顶隆凸，密被较粗刻点。触角第1节较粗长，第2~3节球形，其余各节呈锯齿状，末节呈圆锥形。前胸背板略呈圆形，长大于宽，后缘角伸向后方，突出如刺，具较密刻点。小盾片略似心脏形，密被细毛，鞘翅长约为头胸部的2倍，每鞘翅具有9行深而细的刻点。

2. **卵**　乳白色，近圆形。

3. **幼虫**　老熟幼虫体长23~32mm，宽1.3~1.5mm，体细长，圆筒形，浅金黄色。头部扁平，口器深褐色，第1胸节较第2、3胸节之和短。第1~8腹节略等长，尾节圆锥形不分叉，背面具4条褐色纵纹，近前缘两侧各具褐色圆斑1个。

4. **蛹**　体长8~9mm，初化蛹为乳白色，以后逐渐变为乳黄至黄或黄褐色。

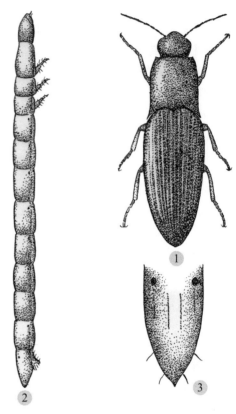

图29　细胸叩头虫
1.成虫；2~3.幼虫及幼虫尾部

生活史及习性

　　此虫在我国东北3年完成1个世代，多以幼虫于土中越冬。内蒙古河套平原6月间发现有蛹，蛹多在7~10cm的深土层中。6月中旬至下旬出现成虫，成虫极为活泼，常栖息于植株或麦穗上取食为害，对禾本科草类刚腐熟发酵时发出的气味有趋性。成虫交尾后产卵，常将卵产于3~9cm的土层内，散产，6月下旬至7月中旬为产卵盛期。在黑龙江克山地区，卵历期为8~21天，卵的孵化率为70%左右。幼虫活动的最适土温为7~11℃（沟叩头虫为15~17℃），故早春活动较沟叩头虫早，而秋末越冬较沟叩头虫迟。在河北4月平均气温为0℃时，即开始上升至土表层中活动为害，一般10cm深的土温为7~12℃时危害严重，土温上升至17℃时即开始逐渐停止为害。夏季高温与冬季低温均向深层转移越冬与越夏。与沟叩头虫相比，细胸叩头虫要求较高的温度。因而，沿江、沿湖地块、低洼、下湿地、水地、保水能力强的黏土地均发生比较严重。

防治方法

　　1. **农业防治**　加强苗圃地的管理，避免施用未腐熟的草及秸秆粪等，以抑制此虫的繁殖。苗圃地要精耕细作，可通过机械损伤或将虫体翻于土面被鸟类捕食。

　　2. **化学防治**　药剂处理土壤：每亩用5%辛硫磷粉剂2.5kg左右，播种时撒于种子

下面，可兼治其他各种地下害虫，对植物安全，对天敌杀伤轻微。或用 4% 地亚农粉剂或 5% 七氯粉剂，将其均匀地撒于地面，并立即耕翻，或随播时撒药于播种沟或穴内，但药量应酌情减少，并切勿与种子直接接触，以免药害。药剂拌种。可用 50% 辛硫磷乳油 0.5kg，拌种 100kg，需水 20kg，将药液喷于种子上，边喷边拌，然后堆闷 3～4 小时，翻动一次再闷 6～7 小时，摊晒 7～8 成干即可播种。此法不仅无药害，效果好，且能促使苗木生长健壮。

沟叩头虫

学名：*Pleonomus canaliculatus* Faodemann

别名：沟金针虫

分布与危害

分布于甘肃、内蒙古、辽宁、河北、青海、山西、山东、河南、陕西、湖北、安徽、江苏等地。

主要以幼虫危害经济林、观赏植物等的地下部组织，成虫尚无发现取食为害。

形态特征（图 30）

1. **成虫** 雄虫体长 14～18mm，宽 3.8～4.2mm，雌成虫体长 16～17mm，宽 4.8～5.2mm。雌、雄成虫体形差异较大，雄虫明显瘦、狭、背面扁平，雌虫显较阔壮，背面拱隆。体色为深栗褐色或棕红色。触角、前胸背板两侧、鞘翅侧缘和足为棕红色，而鞘

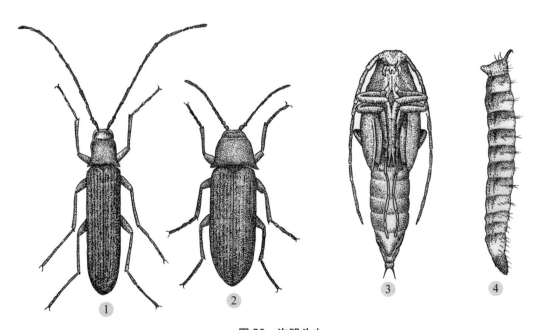

图 30 沟叩头虫

1. 雄成虫；2. 雌成虫；3. 蛹；4. 幼虫

翅盘区与前胸色泽较暗。全体密被金灰或金黄色细毛。头部扁平，头顶呈三角形凹陷，头部刻点相当密集深刻。触角锯齿状，雌虫触角短粗，11 节，约为前胸长度的 2 倍；雄虫触角细长，12 节，其长约与体相当。雌虫前胸较发达，背面呈半球状隆起，后缘角突出外方，鞘翅长约为前胸长的 4 倍，后翅退化；雄虫鞘翅长约为前胸长度的 5 倍。

2. 卵　近椭圆形，长径 0.65～0.8mm，短径 0.5～0.6mm，乳白色。

3. 幼虫　老熟幼虫体长 25～30mm，体扁平，金黄色，被有金黄色细毛。头部扁平，口器及前头部暗褐色，上唇前缘呈三齿状突起，由胸背至第 8 腹节背面正中有一明显的细纵沟，尾节黄褐色，其背面稍呈凹陷，且密布粗刻点，两侧隆起；侧缘各具 3 个锯齿状突起；尾端分叉，其内侧各具 1 个小齿。

4. 蛹　长纺锤形，乳白色，雌蛹体长 16.5～21.5mm，宽 4.5mm 左右，雄蛹长 15.5～18.5mm，宽 3.5mm 左右。雌蛹触角长达后胸后缘，雄蛹触角长达第 8 腹节。前胸背板隆起，前缘具 1 对剑状细刺，后缘角突出部的尖端各具 1 枚剑状刺，其两侧有小刺列；中胸较后胸稍短，背面中央呈半球状隆起，翅基左右不相接，由中胸两侧向腹面伸出。腿节与胫节几乎相并，与体躯成直角，跗节与体平行；后足除跗节外大部隐于翅下，腹末端纵裂，向两侧形成角状突起，向外略弯，尖端具黑褐色细齿。

生活史及习性

此虫 2～3 年完成 1 个世代，以幼虫或成虫于土中越冬。在河南南部，越冬成虫于 2 月下旬开始出蛰活动，3 月中旬至 4 月中旬为活动盛期。成虫白天多潜伏于表土层内，夜间开始交尾与产卵。雌成虫无飞翔能力，单雌产卵量 32～166 粒。雄虫具较好的飞翔能力，有趋光性。成虫于 4 月下旬开始死亡，卵于 5 月上旬开始孵化，卵历期为 39～59 天。初孵化的幼虫体长约 2mm，在食料充足的条件下，当年幼虫体长可发育至 15mm，到第 3 年 8 月下旬，老熟幼虫于 16～20cm 深的土层内作土室化蛹，蛹历期 12～20 天，9 月中旬开始羽化，当年羽化的成虫不出土，于原蛹室内越冬。

在北京地区，当 3 月中旬左右 10cm 深的土层平均温度为 6.7℃时，幼虫开始出蛰，3 月下旬土温达 9.2℃时开始为害，4 月上中旬土温 15.1～16.1℃时危害最烈。5 月上旬土温 19.1～23.3℃时，幼虫则渐趋 13～17mm 深土层中栖息；6 月间 10cm 左右的土温升到 28℃时，最高达 35℃以上时，此虫下迁至深土层中越夏。9 月下旬至 10 月上旬，土温降至 18℃左右时，幼虫又开始上升至表土层内活动与为害。10 月下旬土温持续下降时，幼虫开始逐渐向深土层中转移越冬，11 月下旬 10cm 深的土温平均为 1.5℃时，此虫多迁至 27～33cm 的土层内越冬。

防治方法

参照细胸叩头虫防治方法。

天牛科（Cemmbycidae）

　　成虫体躯粗大，长圆筒形，少数卵圆形，色泽多样、鲜明，体躯常被有各种绒毛、隆脊及刺瘤等，间或绒毛组成各种式样的花斑。复眼肾形，常分上、下两叶，间或种类的复眼完整为椭圆形或圆形，触角位于额的突起（称触角基瘤）上，使触角可以自由活动（或转动）、或向后平置于体躯背面。触角细长，通常为体长的2~5倍，间或有短于虫体的，只伸达前胸背板后端。触角通常11节，间或种类为12节。上颚一般粗壮。前胸背板两侧具边缘或不具边缘。鞘翅质地常坚硬。端缘圆形、平截或斜凹切，间或种类的鞘翅缩短。多数种类的中胸背板具发音器，各足胫节末端均具2个距，跗节为隐5节，显4节，爪呈单齿式，少数复齿式。

　　幼虫体粗肥，略扁，呈长圆形，间或种类体细长。头长卵圆形或横阔，常深深嵌入前胸背板下，触角可见2节或3节，但很小，在触角的第2节上有1尖而透明的突起，上颚有的种类粗短，有的种类细长，切口呈凿形或呈斜凹。前胸背板的中央和两侧均具条纹，背板的粗糙颗粒、刻纹与毛是分类上的重要特征。足发达、或退化、或全缺。腹部10节，前6~7节背面与腹面具卵形的步泡突，第9节背面发达，有时具1对尾突。肛门开口于末节的后端，1~3裂。

　　卵具各种形式，有圆柱形、椭圆形、扁圆形、卵形、梭形等形状。

　　蛹为裸蛹，体躯的形状、头的附器以及胸部各附器的大小比例与成虫相似。

　　天牛生活习性因种而异，1年完成1~2代或2~5年才完成1代。天牛为植食性的钻蛀害虫。下口式种类常将卵产于刻槽内及附近，前口式种类将卵产于粗皮缝隙处。

　　天牛种类繁多，广布于各地，全世界已知种类25 000种以上，我国已知种类达2 000种左右。

星天牛
学名：*Anoplophora chinensis*（Forster）
别名：柑橘星天牛、银星天牛

分布与危害

　　国内分布于北起吉林、辽宁，南迄广东，西至甘肃、陕西、四川、云南，东达沿海各地及海南与台湾；国外分布于日本、朝鲜、缅甸等地。寄主有核桃、苹果、梨、柑橘、无花果、樱桃、枇杷、花红、栎、桑树、杨、柳、榆、槐、红椿、楸、梧桐、相思树、悬铃木、母生等多种林木、果树及观赏植物。

　　以成虫啃食细枝嫩芽，幼虫蛀食树干韧皮部与木质部，形成不规则的扁平虫道，虫道内充满木屑与虫粪，虫道方向不定，有向着根部方向蛀食的习性，隧道外常蛀通气排粪孔。

形态特征（图31）

　　1. 成虫　体长19~39mm，宽6.0~13.5mm，体漆黑，略有金属光泽，鞘翅具小型白

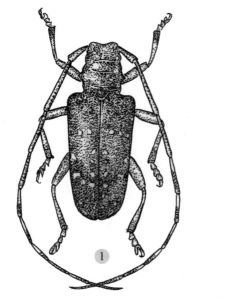

图31　星天牛

1.成虫；2.卵；3.蛹；4.幼虫

色毛斑。头部与身体腹面被银灰色与部分蓝灰色细毛，但无规则，形不成斑纹。触角丝状，11节，第1、2节黑色，其余各节基部1/3有淡蓝色毛环，其余部分黑色。雌虫超过身体1~2节，雄虫超过4~5节。中瘤明显，两侧具尖锐粗大的侧刺突。鞘翅基部具黑色小颗粒。小盾片及足的跗节被有淡青色细毛。

2. **卵**　长椭圆形，长5.5~6.0mm，宽2.2~2.4mm，初产卵为乳白色，以后逐渐变为浅黄白色，接近孵化时，卵变为黄褐色。

3. **幼虫**　老熟幼虫体长38~62mm。乳白色至淡黄色。头长形、褐色，中部前方较宽，后方缢入。额缝不明显，上颚较狭长。单眼1对，棕褐色，触角小，3节，第2节横宽，第3节近方形。前胸略扁，背板的骨化区呈"凸"字形，"凸"字形纹上方有2个飞鸟形纹，气孔9对，深褐色，主腹片两侧各具1块密布微刺突的卵圆形区域。

4. **蛹**　纺锤形，长30~38mm，初化蛹为淡黄色。裸蛹，老熟后呈黑褐色。

生活史及习性

此虫我国南方1年发生1代，北方2~3年完成1代，以幼虫于被害寄主木质部内越冬。越冬幼虫于次年3月以后开始活动，并钻蛀为长3.5~4.0cm、宽1.8~2.3cm的蛹室和直通表皮的圆形羽化孔，然后虫体逐渐缩小，不取食，伏于蛹室内，当温度稳定到15℃以上时开始化蛹，蛹期各地不同，10~40天，5月间开始羽化出成虫，5月底6月初为成虫羽化出孔高峰期，成虫羽化后先在蛹室内停留4~8天，待身体变硬后才脱出羽化孔。出孔后便开始啃食寄主幼嫩枝梢及树皮，以补充营养，取食10~15天后才开始交尾。成虫整天均可交尾，但以无风的上午8：00至下午17：00为多，雌、雄虫可多次交尾，交尾后

的 3～4 天开始产卵，6 月上旬至 8 月上旬为产卵期，7 月上旬为产卵高峰期，以树干基部
向上 10cm 以内为多，占 76%；10～100cm 内为 18%，并与树干胸径有关，以胸径 6～15cm
为多，而 7～9cm 占到 50%。产卵前先在树皮上咬深约 2mm、长约 8mm 的 "T" 形或 "八"
字形刻槽，再将产卵管插入刻槽一边的树皮夹缝中产卵 1 粒，然后分泌一种胶状物质封
口，单雌产卵量为 23～32 粒，最多可达 71 粒。成虫寿命一般为 45 天左右，卵期 9～15
天左右，幼虫于 6 月中旬孵化，7 月中下旬为孵化盛期，幼虫孵化后即由产卵处蛀入，并
向内部蛀入形成层间，30 多天后开始向木质部蛀入，蛀入木质部 2～3cm 深后，幼虫便开
始向上钻蛀，以后蛀道逐渐加宽，并蛀有通气孔，从此处排出木屑与粪便。10 月初，幼
虫大多转头向树干基部方向蛀食，为害至秋末于蛀道内越冬。幼虫共 6 龄。2 年发生 1 代区，
幼虫于第 3 年春季化蛹。

防治方法

1. **农业防治** 成虫盛发期可人工捕杀成虫。经常检查主干基部及其附近，发现有成虫
产卵刻痕后，可用一铁锤对准刻槽，锤击其中的卵与小幼虫。

2. **化学防治** 树干基部 1m 范围内涂白（石灰石 10：硫黄粉 1：水 40），可防治成
虫产卵。在有黄色泡沫状流胶的刻槽处涂 80% 敌敌畏乳油 10～30 倍液，可毒杀卵及初孵
幼虫。发现有新鲜通气排粪孔后，用钢丝或细铁丝插入其中，掏出木屑与粪便，然后塞入
80% 敌敌畏乳油 10～30 倍液的药棉球，或注入 80% 敌敌畏乳油 400 倍液，并将蛀孔用湿
泥封好，有较好的防治效果。

3. **生物防治** 利用蛀姬蜂、肿腿蜂、啮小蜂等天敌来防治星天牛，花荣坚甲对控制天
牛的危害也有较好作用，啄木鸟也可控制天牛危害。

粒肩天牛

学名：*Apriona getmari*（Hope）
别名：桑天牛、桑干黑天牛

分布与危害

国内分布于黑龙江、吉林、辽宁、河北、河南、山西、山东、江苏、江西、湖北、湖
南、四川、云南、贵州、广西、广东、福建、海南、台湾、甘肃、宁夏、青海等地；国外
分布于日本、老挝、越南、缅甸、印度、朝鲜。寄主有山核桃、桑、苹果、梨、海棠、樱
桃、枇杷、红花、柑橘、毛白杨、楮、柳、柞、榆、槐、朴、构、枫杨、沙果等多种林
木、果树、园艺观赏植物。

以成虫啃食嫩枝皮层及芽叶。幼虫蛀食枝干木质部，隧道内无粪便与木屑。寄主被害
后，生长不良，树势早衰，降低产量与品质。

形态特征（图 32）

1. **成虫** 体长 26～51mm，宽 8～16mm。体与鞘翅黑色，被有黄褐色绒毛，腹面棕黄

色，间或青棕色，实顶隆起，中央具一纵沟。前唇基棕红色。触角自第 3 节起各节基部约 1/3 被有灰白色绒毛，触角 11 节，比体稍长。鞘翅中缝、侧缘、端缘具一青灰色狭边。前胸近方形，背面具横皱纹，两侧各具刺状突 1 枚。鞘翅基部密生颗粒状小黑点。足黑色，密生灰白色短毛。雌虫腹末两节下弯。

2. **卵** 长椭圆形，长 6~7mm，前端较细，略弯曲，黄白色，孵化时黄色。

3. **幼虫** 老熟幼虫体长 45~60mm，圆筒形，乳白色。头小，隐入前胸内，上、下唇淡黄色，上颚黑褐色。前胸特大，前胸背板后半部密生赤褐色颗粒状小点，向前伸展成 3 对尖叶状纹。胴部 13 节，无足。后腹至第 7 腹节背面各具一扁圆形凸起，其上密生赤褐色粒点，前胸至第 7 腹节腹面也具凸起，中间具横沟分为 2 片。前胸和第 1~8 腹节侧方又各生 1 对椭圆形气孔。

4. **蛹** 长 30~50mm，纺锤形，初化蛹淡黄色，后渐变黄褐色，触角后披，末端卷曲。翅芽达第 3 腹节，腹部第 1~6 节背面两侧各具 1 对刚毛区，尾端较尖削，轮生刚毛。

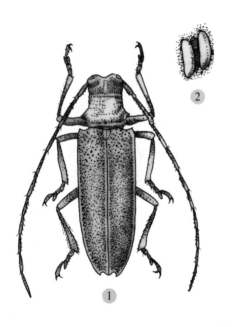

图 32 粒肩天牛

1. 成虫；2. 卵；3. 幼虫

生活史及习性

此虫广东 1 年发生 1 代，北方 2~3 年发生 1 代，以幼虫于被害枝干蛀道内越冬。2~3 年完成 1 代区，幼虫经 2~3 个冬天后，于下一年 4 月底至 5 月初开始化蛹，5 月中旬为化蛹盛期，6 月底结束，个别于 7 月间结束。成虫于 6 月初出现，6 月中下旬至 7 月中旬大量发生，8 月中旬逐渐消失，成虫于 6 月中旬至 8 月上旬产卵，卵期为 8~15 天，6 月

下旬至 8 月中旬卵孵化。蛹期 26～29 天，成虫羽化后于蛹室内静伏 5～7 天，然后自羽化孔钻出。成虫寿命长达 40 天左右，产卵期延续 20 天左右。产卵前成虫昼夜取食，啃食嫩梢树皮，被害处呈不规则条块状，伤疤四周残留绒毛状纤维物。

成虫具有假死习性。取食 10～15 天后开始交尾与产卵。2～4 年生的枝条落卵量较多，或 5～35mm 粗的枝条上产卵量为多，但以 10～15mm 的枝条上卵的密度最大，约占 80%。成虫产卵前，先用上颚咬破皮层与木质部，咬成"U"字形刻槽后，将卵产于刻槽中，每一刻槽产 1 粒卵，产后用黏液封闭槽口，槽深达木质部，长 12～20mm。成虫产卵多在夜间进行，白天取食，单雌每晚产 3～4 粒卵，一生卵量为 120 粒左右。产卵刻槽高度依寄主大小而异，一般主干与侧支均有。

初孵幼虫先向上蛀食 1cm 左右，而后回头沿树干木质部的一边向下蛀食，并逐渐深入髓部。如植株矮小，下蛀可达根际。幼虫在蛀道内每隔一定距离向外咬一圆形排泄孔，排泄孔直径随幼虫增长而扩大，孔间距则由上向下逐渐增长。小幼虫的粪便红褐色，细绳状，大幼虫粪便为锯屑状，幼虫一生蛀道全长为 92～214mm，排泄孔数为 15～19 个。幼虫取食期间，多在下部排泄孔处。越冬期间由于蛀道底部常有积水，常向上移至由下往上数的第 3 个孔的上方，并在头上方常有木屑。幼虫老熟后沿蛀道上移，超过 1～3 个排泄孔，先咬羽化孔向外达树皮边缘，使树皮出现臃肿或断裂，常见树液外流。此后幼虫返至距蛀道底约 9.5cm 的位置作化蛹室，化蛹于其中，蛹室长 4～5cm、宽 2～3cm，蛹室距羽化孔为 7～12cm，羽化孔为圆形，直径为 1.4cm。

防治方法

1. **农业防治**　结合修剪与整形，将有虫枝条剪掉，并将剪下的枝条集中烧毁或深埋。

2. **化学防治**　注药防治先将有虫枝干最下排泄孔的粪便清理干净，将 40% 毒死蜱乳油稀释至 5 倍液注入排泄孔，或用脱脂棉团蘸透药液，塞入最后 1 个排粪孔，对 1～2 年生的幼虫均具有较强的毒杀作用。成虫产卵前喷布 50% 辛硫酸乳油 1 500 倍液，不仅可以杀死成虫，还可兼治卵。

云斑天牛 | *学名：Batocera horsfieldi*（Hope）

分布与危害

国内几乎分布于全国各地；国外分布于日本、越南、印度。寄主有核桃、苹果、梨、板栗、枇杷、无花果、杨、栎、桑、柳、泡桐、榆、油橄榄、女贞、悬铃木、山毛榉、桤木等多种果树、林木。

以成虫取食嫩枝皮层与叶片。幼虫蛀食树干，由皮层逐渐深入木质部，蛀成斜向或纵向的隧道，蛀道内充满木屑与粪便，轻者树势衰弱，重者整株干枯死亡。由此还会导致木蠹蛾及木腐菌的寄生危害。

形态特征（图33）

1. **成虫**　体长34～61mm，宽9～15mm，黑褐色至黑色，密被灰白色或灰褐色绒毛。唇基与上唇琥珀色，上唇中部生有横列的4丛向下方略弯的褐色长毛。雄虫触角超过体长约1/3，雌虫触角略比体长，各节下方生有稀疏的细刺；第1～3节黑色具光泽，并具刻点与瘤突，其余各节黑褐色，第3节长约为第1节长的2倍。前胸背板中央有1对白色或浅黄色肾形斑纹；侧刺突大而尖削。小盾片近半圆形。鞘翅上具白色或浅黄色绒毛组成的云片状斑纹，列成2～3纵列，鞘翅基部1/4处分布有大小不等的瘤状颗粒，肩刺大而尖端略斜向后方，翅末端的内端角短刺状。

2. **卵**　长径6～10mm，短径3～4mm，长椭圆形，稍弯，一端略细，初产乳白后变黄白色。

3. **幼虫**　老熟幼虫体长70～80mm，淡黄白色，粗肥多皱。头部除上颚、中缝及额的一部分为黑色外，其余均为淡棕色。上唇、下唇着生许多

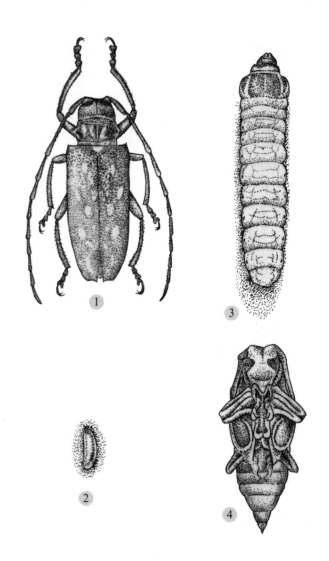

图33　云斑天牛
1.成虫；2.卵；3.幼虫；4.蛹

棕色毛。触角小，前胸背板方形橙黄色，其上具黑色刻点，前方近中线处有2个黄白色小点。小点上各生1根刚毛。后胸与第1～7腹节背腹面具呈"口"字形的步泡突。气门9对，生于前胸和第1～8腹节。

4. **蛹**　体长40～70mm，淡黄白色，头部与胸部背面生有稀疏的棕色刚毛，腹部1～6节的背中央两侧密生棕色刚毛，末端锥状，尖端斜向后上方。

生活史及习性

此虫我国北方 2~3 年发生 1 代，以幼虫或成虫于被害的隧道内越冬。5 月间越冬成虫咬一圆形羽化孔外出，尤其在连续晴天、气温较高时外出更多。成虫爬出羽化孔后，在孔口或其附近停息片刻，然后爬向树冠。成虫昼夜均可取食，早晚活动最盛，有趋光性。成虫从羽化出孔到死亡前均可交尾。卵多产在距地面 2m 以内的树干上，产卵前，雌虫选择适当部位，咬一指头大小的圆形或椭圆形的中央有小孔的刻槽，将 1 粒卵产于刻槽上方，然后分泌黏液，将刻槽周围的木屑黏合在孔口处，使之不易发现。每头雌成虫产卵为 40 粒左右，卵粒分批成熟，分批产下，每批可产卵 10 粒左右。卵多产于胸径 10~20cm 的树干上。刻槽与产卵多在气温较高时进行，每刻一槽与产 1 粒卵历经 8~9 分钟。卵期 10~15 天，初孵幼虫于韧皮部蛀食，受害处变黑，树皮膨胀破裂，流出树液，排出木屑虫粪。两年发生 1 个世代区，第一年以幼虫越冬，次年越冬后的幼虫继续出蛰为害，幼虫期约 13 个月，第 2 年 8 月中旬幼虫老熟于虫道顶端，作椭圆形蛹室化蛹，蛹期 1 个月左右。9 月中下旬成虫羽化，并继续停留在蛹室内越冬。幼虫发育晚者，于第三年春才老熟化蛹和羽化。

防治方法

1. **物理防治**　于成虫发生期捕捉成虫，或用小刀刮除刻槽中的卵或刚孵化的幼虫。

2. **化学防治**

（1）防治成虫。成虫羽化期结合防治其他虫害，喷布 50% 马拉松乳油、2.5% 功夫乳油等药剂，以常规浓度喷施，对成虫防效均好。成虫产卵期于 2m 以内的树干上涂白，用石灰 5kg，硫黄粉 0.5kg，加水 20kg 即配成，涂白后可有效地阻止成虫前去咬刻槽与产卵。成虫发生期，喷施有吡虫啉、杀螟硫磷、辛硫磷、菊酯等药剂。对成虫期天牛可在树干喷药，"绿色威雷"触破式微胶囊剂，在天牛踩触时立即破裂，可有效杀死成虫，是防治天牛成虫较为理想的农药。对已侵入树干的天牛幼虫主要是磷化铝片剂、磷化锌毒签堵孔，毒签插入或药液注入后用潮湿的泥土封堵蛀空，从而将蛀道中的幼虫、蛹、成虫熏蒸致死。48% 噻虫啉悬浮剂、10% 高效氯氟氰微囊悬浮剂和 8% 氯氰菊酯微囊剂对刚羽化的云斑天牛都有较好的防治效果。

（2）防治虫卵。在枝条产卵刻槽处，用煤油 10 份，配以 80% 敌敌畏乳油 1 份，配成药液后涂抹于产卵部位，有很好的防效。

（3）防治幼虫。捕杀幼虫于早晚在有新鲜粪屑的蛀道处，用钢丝或铁丝钩出粪屑及其中的幼虫，或用粗铁丝直接刺入蛀道，以刺杀蛀道内的幼虫。毒杀幼虫结合防治其他害虫，于幼虫孵化初期，喷洒 2.5% 敌杀死乳油 5000 倍液，可毒杀初孵幼虫。

橙斑白条天牛 | 学名：*Batocera davidis* Deyrolle

分布与危害

国内分布于陕西、河南、云南、四川、湖南、江西、浙江、广东、福建、台湾等地；国外分布于老挝、越南。主要危害核桃、油桐、栎、板栗等寄主植物。

形态特征（图 34）

1. **成虫** 体长 55～70mm，宽 17～23mm，是天牛科中体型较大的一种。体黑色或黑褐色，间或鞘翅肩后棕褐色。体密被棕灰色的细绒毛，体腹面被灰褐色绒毛。上颚强大。触角细长，触角自第 3 节的以下各节为棕红色，基部 4 节光滑，其余各节被有灰色绒毛或有许多细齿。

前胸背板中央有 1 对橙红色或乳黄色的肾形斑纹，侧刺突强大，小盾片密生白毛。鞘翅肩角具发达的刺突，鞘翅基部 1/4 区域有瘤状突起，每个鞘翅上有几个大小不同的近圆形的橙黄色斑纹 7～11 个。其中有 5～6 个明显斑纹，第 2 个斑最接近中缝处。身体腹面两侧各有一条起自眼后、终止尾部的白色条纹。

雄虫触角超出体长的 1/3。雌虫触角较身体略长；雄虫前足腿节、胫节下沿粗糙，具齿突，胫节弯曲，腹部末节较横宽，端缘呈凹弧。雌虫腹部末节较狭窄，端缘中部微凹。

2. **卵** 长 6.8mm 左右，宽 2.5mm 左右，肾形，乳白色或淡黄色。

3. **幼虫** 老熟幼虫体长 70～110mm，乳白色，密被黄色短毛。头部棕黑色，上颚黑色；前胸背板棕色，后半部有颗粒状突起，中央从前向后有一纵向的细线。气门纵椭圆形，黑褐色，以前胸的为最大。

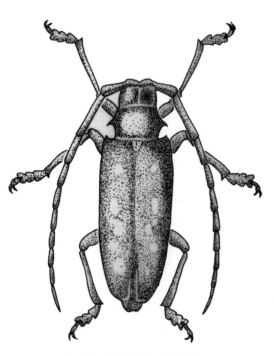

图 34　橙斑白条天牛成虫

4. **蛹** 体长 60～70mm，初化蛹为乳白色，以后逐渐变为灰褐色至灰黑色。

生活史及习性

此虫在我国湖南 3 年发生 1 代，历期可达 865 天左右，以成虫越冬。成虫历期达 390

天左右。越冬成虫于 5～6 月间咬一直径为 20mm 的圆形羽化孔外出，咬食 1～2 年生的枝条皮层，以此作为补充营养，被害枝条经常干枯死亡。经 15 天左右的营养补充后开始产卵。产卵部位多位于根颈部，雌虫先将寄主用口咬一扁圆形刻槽，然后将卵产于其中，并用尾部在树皮上刮灰覆盖刻槽，每头雌虫可产 50～70 粒卵。

卵历经 6～14 天后，便开始孵化，刚孵化的初龄幼虫食害韧皮部与边材，被害处流出树液与排出粪便与木屑，之后先咬扁圆形侵入孔，然后蛀入木质部中，向上或向下蛀食隧道，虫道不规则，虫道长达 19cm 左右。前期的幼虫排出的虫粪较细，后期幼虫排出的粪屑呈粗条状。老熟幼虫在边材处筑蛹室化蛹，幼虫历期 450 天左右。

据河南观察，此虫 3～4 年完成 1 个世代，以幼虫和成虫越冬。成虫于秋季羽化。卵多见于老树的树干基部的粗皮缝隙内，初孵幼虫先自下向上为害，后再由上向下于韧皮部与木质部间为害。

防治方法

参照云斑天牛防治方法。

中华薄翅天牛
学名：*Megopis sinica*（White）
别名：薄翅锯天牛、薄翅天牛

分布与危害

国内分布于黑龙江、吉林、辽宁、陕西、河北、河南、山西、山东、江西、四川、安徽、福建、云南、贵州、广西、浙江、江苏、台湾等地；国外分布于朝鲜、日本、越南、缅甸。寄主有核桃、苹果、梨、桃、杏、柿、板栗、杨、杉、桑、白蜡、栎、苦楝、油桐、柳、榆、松等多种林木、果树及观赏植物。

以幼虫于枝干的皮层、木质部内蛀食为害，隧道较宽不规则，其中充满木屑与虫粪，被害寄主轻者树势衰弱，重者出现枯枝或全株死亡。

形态特征（图 35）

1. **成虫** 体长 30～52mm，宽 8.5～14.5mm。全体暗褐色至红褐色。头部具有细密的颗粒状刻点，上具棕黄色长毛。上颚黑色，前额中央凹陷。后头较长，从前向后在中央有一条纵沟。雄虫触角几乎等于体长或更长。触角第 1～5 节相当粗糙，下沿具有齿状突起；雌虫触角短，仅伸达鞘翅的 2/3 处，前胸背板前窄后宽呈梯形，表面密被颗粒状刻点与灰黄色短毛。鞘翅宽于前胸，向后逐渐收缩，鞘翅密布小刻点，各鞘翅具明显的纵隆线 1 对，于鞘翅基部会合。小盾片接近圆形，雌虫腹部末端伸出很长的伪产卵管。

2. **卵** 长约 4mm，长椭圆形，乳白色。

3. **幼虫** 老熟幼虫体长 60～70mm，乳白色或淡黄色，较粗短。头黄褐色，大部分缩入前胸内，上颚与口器周围黑色。前胸背板淡黄色，中央有 1 条平滑纵线，两边有凹陷斜

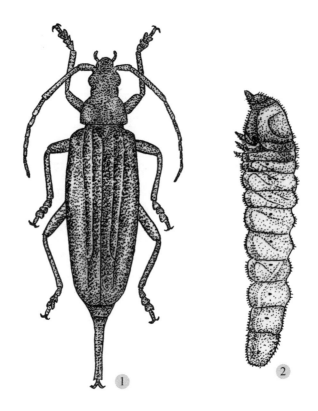

图 35　中华薄翅天牛

1. 成虫；2. 幼虫

纹 1 对。第 1~7 腹节背面及胸部第 3 节至腹部第 7 节腹面各节具有椭圆形步泡突，上生小颗粒状突起。

4. **蛹**　体长 30~54mm，初化蛹为乳白色，以后逐渐变为黄褐色。

生活史及习性

中华薄翅天牛 2~3 年完成 1 代，以幼虫于隧道内越冬。次年树液流动后幼虫出蛰为害。成虫于 6~8 月间出现，羽化出孔的成虫啃食树皮作为补充营养。成虫喜将卵产于衰弱、枯老、距地面 2m 高处的树皮伤口以及被病虫危害的部位，或将卵产于枯朽的树干上，卵均散产于伤口处或隙缝内。单雌产卵量 200 粒左右。幼虫孵化后蛀入树皮及木质部内为害，以后逐渐向上或向下蛀食。幼虫老熟后蛀向靠近树皮处做蛹室化蛹。蛹室椭圆形。幼虫危害后的隧道无规则，常纵横交错，隧道内常充满木屑与虫粪，幼虫一生钻蛀隧道长达 80cm 左右，但从外表不易发现树体是否被害。成虫羽化后咬破树皮成椭圆形的羽化孔外出。

防治方法

1. **农业防治**　及时清除枯枝、病虫枝、衰弱枝，或用药剂封闭伤口枝，集中处理，消灭其中的卵或幼虫。同时可减少适宜成虫产卵的环境与场所。加强水肥管理，增强树势，减少树体伤口，发现伤口及时堵塞，可减轻危害。于成虫发生期，进行人工捕捉，可收到

良好的防治效果。于产卵盛期前后进行刮树皮及老翘皮，消灭其中的卵及初龄幼虫。

2.化学防治　成虫羽化盛期结合防治其他虫害，喷施菊酯类农药或有机磷农药，以常规浓度喷布，可毒杀成虫、卵及初孵化的幼虫，防效甚好。

四点象天牛

学名：*Mesosa myops*（Dalman）
别名：黄斑眼纹天牛

分布与危害

国内分布于黑龙江、吉林、辽宁、内蒙古、山西、河北、安徽、四川、台湾、广东、河南、新疆、陕西、宁夏等地；国外分布于前苏联、日本、朝鲜、蒙古及北欧各国。寄主有核桃、苹果、山楂、核桃楸、栎、杨、柳、家榆、糖槭、榔榆、黄波罗、漆树、橡、马鞍树、白蜡、稠李、椴、胡颓子、鹅耳枥等15属30余种植物。

以成虫取食枝条嫩皮；幼虫于枝干皮层、木质部与韧皮部间、木质部内蛀食，尤以木质部与韧皮部间受害更重，若四周形成层均受害后，则枝干极易干枯死亡。

形态特征（图36）

1.成虫　体长8～15mm，体宽6～7mm，体形短阔、黑色，全身被有灰色短绒毛，并杂有许多金黄色或灰黄色毛斑。前胸背板中区有4个黑斑，前2个斑呈长方形，较大，后2个斑近椭圆形，较小，前后斑之间的距离大于后斑的长度。黑斑由黑色绒毛组成，每斑两侧镶有淡黄色的毛斑。鞘翅上的斑点为黄色与黑色，无规则地分布于鞘翅上。小盾片下方及两侧缘中段各具一片淡色区，与翅缝大致平行处有一光亮的黑色纵隆线，上端始于翅基，向下弯至翅缝，并于端部前消失。小盾片中央灰黄色，两侧较深。触角栗色，柄节背面杂有黄色毛被，从第3节起每节基部近1/2为灰白色，各节下沿密生灰白色与深棕色缨毛。体腹面及足也具有灰白色长毛。

头短阔，额极宽，近正方形，具有刻点与颗粒，中央具窄纵沟，向上延伸至头顶，复眼小，眼面细，内缘凹隔深宽，仅一线相连，下叶较大，但长度为颊长的一半。雄虫触角第8节，雌虫第10节达翅端，柄节粗壮，短于第3节，

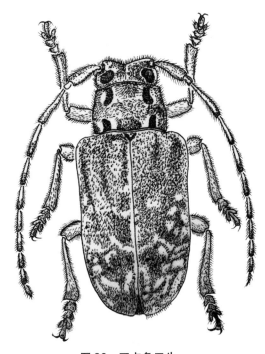

图36　四点象天牛

第3节稍弯曲。前胸背板宽大于长，胸面拱凸，表面不平，具刻点与小颗粒，上端窄于下端，侧缘弧形，中部具弱瘤突。小盾片半圆形。鞘翅短而宽，两侧平行，端缘圆形，端角浑圆。翅面稍拱。基半部颗粒较多，端半部较少。足短，后足腿节不达腹端部，后足第一跗节短于以后两节之和。

2. **卵** 长椭圆形，长径 2.0～2.5mm，短径 0.6～0.8mm，乳白色，表面光滑。

3. **幼虫** 老熟幼虫体长 23～26mm，长圆筒形，稍扁，无足，体乳白色至淡黄白色，头部及前胸背板黄褐色。头部大部缩入前胸，头部前端与口器黑褐色，腹部第 1～7 节背面及腹面均具粗糙的步泡突。

4. **蛹** 体长 10～14mm。乳黄色。头部弯向前胸下方，触角向体背伸展至中胸，然后弯向腹面并卷曲成发条状，端部达前足。胸、腹背面有小刺突，腹部 9 节，第 7 节最长，第 9 节末端具发达的臀棘。

生活史及习性

此虫在我国东北 2 年完成 1 代，以幼虫或成虫越冬。越冬成虫 4 月间开始活动，多在晴天中午上树取食一段时间后，便陆续进行交尾与产卵。一般于 4 月底开始产卵，5 月中下旬为产卵盛期，6 月中旬左右为产卵末期。成虫常在白天活动，飞翔力不强，行动较迟缓，喜欢取食嫩枝干与嫩皮。卵多散产或数粒产于枝干的粗皮裂缝中，枝节、死节、伤疤、剪锯口等裂缝中也常见此虫产卵，尤其以腐朽变软的或腐烂的树皮或木质处产卵更多。或产卵前先将树皮咬成刻槽，将卵产于刻槽内，然后分泌胶质物覆盖此刻槽，每雌产卵 30 粒左右。卵期 15 天左右。5 月上中旬卵开始孵化，幼虫孵化后即可蛀入皮层下食害，以后逐渐蛀至皮下。幼虫喜欢在树皮下的韧皮部与边材之间钻蛀隧道为害，隧道不规则，粪便与木屑排于道内，为害至秋末，以幼虫于隧道内越冬。越冬幼虫于次年春季树液流动后出蛰为害。为害至 6 月间幼虫陆续老熟。于隧道内做蛹室化蛹。蛹期约 10 天左右。

成虫羽化后咬圆形羽化孔出树，经过一段时间的取食补充营养后，便开始交尾与产卵。幼虫孵化后为害至秋后于隧道内越冬。羽化迟的成虫，钻出羽化孔后经一段时间的取食，便于树干基部各种缝隙内或落叶中潜伏越冬，第 3 年春季继续经一段时间取食后方可交尾与产卵。成虫寿命：非越冬代成虫为 2～3 个月，越冬代成虫达 8～9 个月。因此，四点象天牛几乎全年均可见到。

防治方法

1. **农业防治** 于产卵盛期刮除翘皮，可消灭卵与初孵幼虫。刮皮后应涂消毒保护剂。随时除掉衰弱、枯死枝、集中处理或深埋，以减少虫源和成虫适宜产卵场所。冬季清理园内枯枝、落叶、杂草、集中处理，可消灭其中越冬成虫。加强综合管理，增强树势，减少树体伤口，可减轻危害。

2. **化学防治** 成虫盛发期、卵盛发期和卵孵化高峰期喷洒 50% 杀螟松乳油、50% 辛硫磷乳油 1 500 倍液，对卵、幼虫与成虫均有良好的防治效果，尤其对卵有特效。

叶甲科（Chrysomelidae）

小至中型，体形有圆形、圆柱形或椭圆形，成虫体色艳丽，具金属光泽。跗节5节，但第4节极小，隐藏于第3节的两叶内。头为亚前口式，唇基不与额愈合，前部明显分出前唇基，前缘平直。前足基节椎形或横形，基节窝开式或闭式。触角9～11节，丝状或近似念珠状。成虫具翅2对，鞘翅盖及腹端，膜翅发达，有一定的飞翔能力。雄虫腹部末节端缘多呈三叶状，或中央具圆形、三角形凹窝，前、中足第1跗节较膨阔。雌虫腹部末端圆形拱凸，跗节正常。本科与天牛科相似，主要区别于本科触角通常短于体长的一半，不着生于额的突起上；复眼圆形，不环绕触角；体不呈圆筒形。

幼虫蛞型，口器咀嚼式，触角3节，胸足3对，体表常具有毛丛和瘤突。

此科种类丰富，适应性强，广布于各自然环境中。成虫与幼虫均为植食性，取食植物的根、茎、叶、花等各部位。多数种类为林木、果树、农作物的重要害虫，迄今我国已记录本科1 200余种。

核桃扁叶甲
学名：*Gastrolina depressa* Baly
别名：核桃叶甲

分布与危害

国内分布于黑龙江、吉林、辽宁、河北、甘肃、河南、陕西、山西、江苏、浙江、湖北、湖南、广西、广东、福建等地；国外分布于日本、朝鲜、前苏联。主要危害核桃、核桃楸、枫杨等植物。

以幼虫取食寄主叶片，被害叶片呈网状，残留叶脉，而后枯黄，削弱树势。

形态特征（图37）

1. **成虫** 体长5～8mm，体宽3.3～3.6mm，体呈长方形，体背扁平，体色艳丽，常具紫黑色、青蓝色、黑蓝色、金绿带蓝等色泽，有闪光。头鞘翅蓝黑色；前胸背板棕黄色；触角、足为黑色；腹面除中、后胸腹板外杂有黑色。头小，深嵌入前胸。头顶平，额中央低凹，刻点密集。触角短，向后稍过鞘翅肩瘤，第2节球形，第3节细长，约为前者的2倍，第4节短于第3节而长于第5节，其余各节向端部加粗。前胸背板宽约为中央的2.5倍，基部狭于鞘翅，前缘凹进颇深，盘区两侧刻点粗密，中央细弱，小盾片光亮，刻点细微。鞘翅刻点粗深杂乱，每鞘翅的翅面上各具3条纵肋纹，彼此等距。肩外边缘显著隆起，各足跗节端末两侧呈齿状突出。

2. **卵** 短柱状，黄绿色，顶端略细。

3. **幼虫** 老熟幼虫体长8～10mm，初龄黑色，老熟后淡灰色。头部暗褐色，前胸盾发达，淡红色，各体节具褐色斑点与毛瘤，胸足3对暗褐色，腹末有伪足状突起。

4. **蛹** 体长6～8mm，黑褐色，胸部具有灰白色纹，第2腹节与第3腹节两侧为黄白

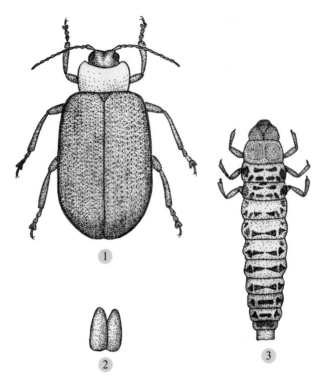

图37 核桃扁叶甲
1. 成虫；2. 卵；3. 幼虫

色，背面中央为灰褐色，腹部末端附有幼虫蜕的皮。

生活史及习性

核桃扁叶甲1年发生1代，以成虫于地面的枯枝落叶、杂草丛内以及其他地面被覆物内、树干基部皮缝内越冬。第2年春季，寄主树液流动至发芽展叶后开始出蛰活动，并上树为害，成虫群集于嫩叶上取食叶肉。经过一段时间的取食后开始交尾与产卵，卵成块状，多20~30粒一块产于寄主叶片背面，卵期7天左右，幼虫孵化后群集于叶背取食叶肉，残留叶脉，被害叶片不久干枯。6月中下旬幼虫陆续老熟，并于叶背化蛹，常以腹部末端附着于叶上倒悬空中化蛹，蛹期5天左右，羽化后的成虫需进行短期取食，而后于秋末在枯枝落叶等地被物下越冬。

防治方法

1. **农业防治** 消灭越冬成虫。秋后或早春成虫出蛰前清除落叶、杂草等地被物，集中处理，消灭其中越冬成虫。苗圃或幼树发生时，可采用人工捕杀幼虫或成虫。

2. **化学防治** 发现核桃树受害时，挖开树干颈部的土壤，撬开烂皮，清除虫粪屑，给受害处喷布20%虫酰肼悬浮剂1 000倍液、5%氯氰菊酯乳油2 000倍液，然后用土埋实，杀根颈部皮层中的幼虫；成虫、幼虫危害期的防治可喷布40%吡虫·杀虫单200~300倍液、

10%的溴氰虫酰胺3 000倍液、50%辛硫磷乳油、50%杀螟松乳油、20%的虫酰肼悬浮剂1 000倍液、20%敌杀死乳油或2.5%功夫乳油2 000倍液，均有良好的防治效果。

3. 生物防治　保护和利用天敌。如猎蝽、奇变瓢虫等。

象虫科 （Curculionidae）

小至大型，体长2～70mm（不计喙长），喙明显，由额与颊向前延伸而形成，触角肘状，第1节延长，末端3节呈棒状。无上唇，有口上片，下唇须与下颚须退化而僵直，不能弯曲。外咽缝合二为一，外咽片消失。跗节5节，第4节很小，隐藏于第3、5节之间。头部与前胸骨片互相愈合，多数种类被覆鳞片。幼虫通常白色，肉质，弯成"C"形，没有足与尾突。

喙的基本形状可分为两种类型：短方型与长圆型，前者喙粗短而直，背面较扁，两侧有隆线，横断面呈方形，后者喙细长而弯，呈圆筒形，横断面呈圆形。另外，喙的长短、形状与触角、触角沟的位置形状是相关的，与产卵方式也有一定的关系。即短方型种类的卵多产于植物体外，幼虫生活于土壤中，长圆型种类的喙有协助产卵的功能，能在寄主植物上钻孔，卵产于植物体内，幼虫营蛀食生活。

象虫科的口器可分为隐颚象与显颚象两类型。前者的前颚扩大，把下颚遮盖，上颚短粗，有颚尖，脱落后留下颚疤；显颚象前颚没有把下颚遮蔽，上颚无颚尖与颚疤。短方型种类的口器多为隐颚象，长圆型种类多为显颚象。

象虫科的鞘翅上有许多由刻点组成的刻点行，称之行纹，每两条行纹之间的区域叫行间。行纹与行间的标记在象虫科种类的描述中是很重要的。

象虫科绝大多数种类为陆生的，极不活泼，行动迟缓，具有假死习性，没有明显的趋光性和趋化性。行有性生殖。1年发生1代或数代，多数以成虫越冬。

象虫科种类多数为植食性的，食性复杂，可取食寄主植物的根、茎、叶、花、果实、种子、幼芽、嫩梢等。大多种类还可钻蛀为害，不仅危害严重，而且难于防治。许多种类为农作物、林木、观赏植物、果树等经济林作物的重要害虫。

本科世界已记录种类达60 000种之多，我国种类可达6 000种，它的分布遍及全世界，我国分布也普遍，仅因各地气候、植被等自然条件不同，种类有所差异。

核桃长足象

学名：*Alcidodes juglans* Chao
别名：核桃果象甲

分布与危害

分布于陕西、四川、云南、河南、湖北等地。为核桃果实的重要害虫。核桃果实被害后，果形始终不变，但果内充满棕色的排泄物，果实被害后，常造成大量的落果现象；暂不落下的果实，在受风吹或摇动后极易坠落地面。在陕西、湖北、四川、河南等地，因受该虫的危害，产量与品质损失很大。被害果实率达到81.5%，减产达90%以上。

形态特征（图38）

1. 成虫　体长9.0～11.5mm，体宽4.5～4.8mm。雌虫较雄虫略大。体长圆形，墨黑色，有光泽，体躯被覆稀疏的分裂成2～5叉的白色鳞片。间或被棕色或淡棕色短毛。鞘翅被覆较密的鳞片，在行间3的中间前后的部分间或各有一撮密集的鳞片，头喙密布刻点，喙粗而长，长于前胸背板，端部较粗而弯。雄虫喙较短，触角位于喙的前端1/3处；雌虫喙较长，触角位于喙的近中央。触角肘状，共12节，第1节等长于其余11节，第2～7节为念珠状，前端5节呈锤状。触角密被灰白色长绒毛。

前胸宽大于长，圆锥形，前端缩成领状，散布小刻点与皱刻点，基部深二凹形，中叶尖。背面颗粒大而密。小盾片近于方形或三角形，中间具沟。鞘翅基部宽于前胸基部，肩突出，两侧向后稍缩窄，端部钝圆。背面呈弓形，行纹散布方刻点，后端缩小，行间散布或多或少的颗粒。后胸腹板散布相当密的刻点。

足的腿节各有1齿，前端还具2个小齿。胫节端部内缘有2束毛，端刺长而粗，端部钝。

2. 卵　椭圆形，长径1.2～1.4mm，短径0.8～1.0mm。卵表面光滑，呈半透明状，初产卵为乳白色或黄白色。接近孵化时变为黄褐色，间或褐色。

3. 幼虫　老熟幼虫体长9～16mm，蠕虫式，体弯曲，头黄褐色、褐色或棕色；体肥胖，淡黄色，老熟后变为黄褐色，胴部弯曲，气门8对明显。

4. 蛹　体长12～14mm，体宽4～5mm，初化蛹为乳白色，以后变为土黄色或黄褐色。胸、腹背面散生许多小刺。腹部末端具1对褐色臀刺。

生活史及习性

此虫1年发生1代，以成虫于向阳杂草、表土层内越冬。据四川观察，次年4月上旬，当日平均气温为10℃左右时，越冬成虫开始出蛰上树为害，进行补充营养，5月上旬进入危害盛期。随着温度上升，活动危害加剧。受害

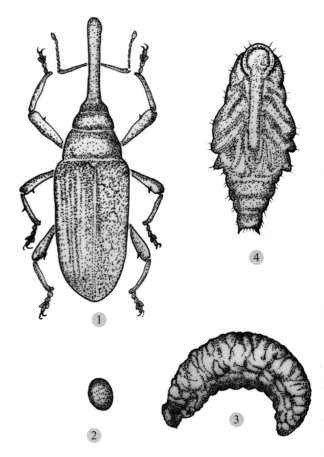

图38　核桃长足象
1. 成虫；2. 卵；3. 幼虫；4. 蛹

果常被蛀食成 3～4mm 近圆形的孔，发生严重时，每个果实上的虫孔可达 30～40 个，并由此流出褐色汁液，导致种仁发育不良，除此之外，还可危害花、芽、嫩枝、叶柄，严重影响来年的开花与坐果。

成虫飞翔力不强，有假死性，常停息于小枝上，极似芽苞。喜光，多在阳面取食，因此树冠阳面受害重于阴面，上部重于下部，果实重于芽、嫩枝、叶柄，果实阳面蛀孔多于阴面。晴天取食量大于阴雨天，夜间很少取食。越冬成虫可多次交尾，每次交尾历时 1～2 小时，交尾多于下午 13：00～16：00 时进行。产卵前多于果实阳面咬成直径为 2～4mm，深度为 2.5mm 左右的椭圆形刻槽，将卵产于其中，然后用头管将卵顶到孔底，再用果屑封闭孔口，每果产卵 1 粒，个别有 2 粒者。5 月上旬，当日平均气温为 16℃ 左右时开始产卵。5 月下旬为产卵盛期，8 月下旬为末期。80% 的卵于 6 月上旬以前产下，产卵历期 38～102 天，平均 62 天，单雌平均产卵量为 105～183 粒，平均为 124 粒。产卵量大时，取食量也增加。成虫产卵后于 9～10 月坠地死去。成虫寿命为 497～505 天。

卵于 5 月中旬开始孵化，6 月上旬为卵孵化盛期，卵期最短 3 天，最长 8 天，平均 5 天。孵化出的初龄幼虫先蠕动后取食果皮，3～5 天后蛀入果内，没有转果为害的习性，幼虫在内果皮骨质化前主要取食种仁，向外排出黑褐色粪便，造成 30% 左右的早期落果，在内果皮骨质化后主要取食中果皮，以致果实外面留有条状下凹呈水浸状的黑褐色虫疤，种仁不饱满。幼虫历期 16～26 天，平均 21 天。幼虫发生期长达 3～4 个月，直到核桃采收时，仍有部分幼虫带入晒场。老熟幼虫于 6 月中旬开始在树上和落果中化蛹，6 月下旬进入化蛹盛期，蛹期 6～7 天。化蛹率可达 85% 左右。

6 月下旬至 7 月上旬为成虫羽化盛期，羽化率可达 80%。雌、雄性比接近 1：1。羽化孔的直径为 6～7mm。成虫出果上树为害，但不交尾与产卵，为害至秋末、冬初成虫于树干下部的粗皮缝中越冬。

防治方法

1. **农业防治** 加强管理，增强树势，提高抗虫能力。

2. **化学防治** 成虫出土前，结合核桃树施催芽肥在地面撒施 6% 甲敌粉并浅耕，杀死越冬成虫。或在 5 月上是幼虫发生期喷洒 90% 晶体敌百虫 1 000～15 000 倍液，毒杀初孵幼虫。成虫发生盛期，可喷布 10% 的残杀威乳油 20 倍液、50% 辛硫磷乳油、喷布 2.5% 功夫乳油、2% 的苦参碱 1 000 倍液、2.5% 溴氰菊酯乳油 2 000 倍液、0.3% 印楝素乳油 1 000 倍液，或喷布白僵菌（每毫克含 2 亿～5 亿个孢子）均有较好的杀虫效果。

3. **人工防治** 捡拾落果，摘除被害果，集中深埋或烧毁，以消灭幼虫与羽化后未出果的成虫，此法经济，效果也很好。

核桃横沟象

学名：*Dyscerus juglans* Chao
别名：核桃根象甲、核桃黄斑象甲、核桃根颈象

分布与危害

分布于山西、云南、四川、陕西、河南、河北、福建。主要以幼虫在核桃根际皮层为害，据陕西、河南报道，此虫在该地曾严重发生，有的核桃被害株率达 69%，株虫口最多达 110 头，根皮被环剥后，树势削弱，重者整株死亡。

形态特征（图 39）

1. **成虫** 体长 11.0～16.5mm，体宽 5～7mm，体长椭圆形；雌虫体略大。体黑色，不发光，被白色、黄色或黄褐色毛状鳞片。头管粗而长，密布刻点，长于前胸，两侧各有 1 条触角沟。雌虫头管长 4.4～5.1mm，触角着生于头管前端 1/4 处，雄虫触角着生于头管前端 1/6 处。触角 11 节，呈肘状。柄节长，常藏于触角沟内，鞭节第 1～2 节长圆柱形，第 1 节长于第 2 节，3～7 节各节呈圆球形，端部 3 节膨大呈纺锤形。复眼黑色。

前胸背板宽大于长，中间具纵脊，密布较大而不规则的刻点，小盾片方形，较光滑，鞘翅上各具 10 条刻点沟，形成 11 条沟点纵隆线，在端部闭合；沟间具棕褐色绒毛斑。腹

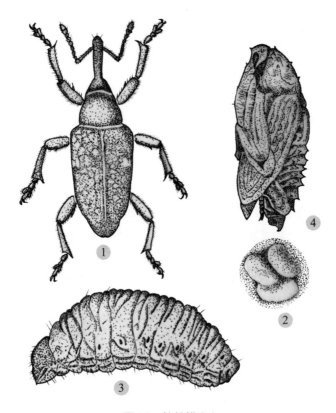

图 39　核桃横沟象

1. 成虫；2. 卵；3. 幼虫；4. 蛹

面中足基节窝之间有一簇特别明显的橙褐色绒毛。中、后足基节窝后缘各有1条弧形横沟，腿节端部膨大，内缘各具一小齿，胫节顶端具一沟状齿。腹部第1节有1个三角形凹坑。

2. 卵　椭圆形，长1.6～2.0mm，宽1.0～1.3mm，初产时为乳白色或黄白色，以后变为米黄或黄褐色。

3. 幼虫　老熟幼虫体长14～18mm，头宽3.5～4.0mm，体黄白色或灰白色，体形弯曲、肥胖、多皱褶，头部棕褐色，口器黑褐色。前足退化处生有数根绒毛。

4. 蛹　体长14～17mm，黄白色，末端有2根黑褐色刚毛。

生活史及习性

据四川、陕西观察，此虫2年完成1代，以成虫及幼虫越冬。越冬成虫于次年3月下旬开始活动，4月上旬日平均气温为10℃左右时，成虫上树取食叶片进行补充营养，5月间为活动危害盛期，6月上中旬为末期。受害叶被吃成长椭圆形孔，除此之外，还可危害果、芽及幼枝嫩皮。可将果吃成长9mm、宽5mm的椭圆形孔，深达内果皮，影响树势及果实发育。

越冬成虫能多次交尾，6月上中旬下树，将卵散产在根颈3～10mm深的皮层内，产卵前，先咬成大1.0～1.5mm的圆孔，将卵产于孔内，然后用头管将卵顶到孔底，再用树皮碎屑封闭孔口。成虫产毕卵后逐渐死亡，虫尸常藏在根颈树皮缝里或落入土中，成虫寿命430～464天或更长。每头雌成虫一生可产卵111粒，平均59.2粒。

6月上旬卵开始孵化，卵期7～11天，平均8天，在适宜的温、湿条件下，随着温度的升高，卵期缩短，在裸露干燥的环境下，卵不能孵化，2～3天后便干死。幼虫孵出1天之后，开始在卵孔周围取食树皮，然后蛀入韧皮部与木质部之间，90%的幼虫在根颈地下蛀食，最深可达45cm，一般均在表土下5～20cm处的根皮为害。距树干基部140cm处的侧根也普遍受害；少数幼虫沿根茎皮层向上取食。所蛀虫道纵横交错，弯曲无规则，虫道内常充满黑褐色粪粒与木屑，虫道宽9～30mm，被害树皮纵裂，并流出褐色汁液。发生严重时，一株树有幼虫可达60～70头甚至上百余头，将根颈下30cm左右的皮层蛀成虫斑，而后斑与斑相连，造成树干环剥，木质部亦受其害，隔断营养物质的运输，树势减弱，有时整株枯死，同时还招引木蠹蛾等其他病虫的滋生与危害。

幼虫危害期长，每年可持续危害9个月左右，12月至次年2月为幼虫越冬期，当年以幼龄幼虫于虫道末端越冬，第2年以老熟幼虫越冬，幼虫期长达20～22个月。经越冬的老熟幼虫，4月下旬当地温17℃时，在虫道末端蛀成长20mm、宽9mm的蛹室于内蜕皮化蛹，5月下旬为化蛹盛期，7月下旬为末期，蛹历期17～29天，平均25天。

成虫于5月中旬或6月中旬（日平均气温达15.4C时）开始羽化，6月上旬或7月上旬为羽化盛期，8月中下旬羽化结束。初羽化的成虫不食不动，在蛹室内停留10～15天后，咬6～9mm大的羽化孔，钻出蛹室上树进行补充营养，主要取食根颈部皮层，间或危害寄主叶片。交尾多于夜间进行，可交尾多次。成虫爬行快，飞翔能力差，仅作短距离飞翔，有假死性与较弱的趋光性。

此虫食性单一，只危害核桃树，其危害程度与环境因子有关，一般在土壤瘠薄、干燥环境下生长衰弱的核桃树受害轻，在土壤肥沃、生长健壮的树反而受害重，幼树、老树受害轻，中龄树受害重。

防治方法

1. 农业防治 根据成虫在根颈部产卵习性，用石灰泥涂封根颈部，有良好的防治效果。冬季结合施肥与垦覆树盘，挖开根颈部泥土，刮除根颈粗皮，杀死幼虫。

2. 化学防治 幼虫发生初期，如 20% 抑食肼可湿性粉剂 1 000 倍液喷雾；用量为 195～300g/hm^2 或者结合施肥培土，可用敌百虫等药液，稀释 100 倍液灌根，消灭幼虫及蛹。成虫发生期可喷布 50% 辛硫磷乳油 1 500 倍液、10% 氯氰菊酯乳油 2 000 倍液喷雾防治、25% 西维因可湿性粉剂 1 000 倍液或 2.5% 溴氰菊酯乳油 2 000 倍，防效很好。

核桃鞍象 | 学名：*Neomyllocerus hedini*（Marshall）
别名：鞍象

分布与危害

国内分布于陕西、四川、湖北、湖南、云南、贵州、江西、广西、广东等地；国外分布于越南。寄主有核桃、苹果、梨、桃等多种林木、果树。

以成虫啃食寄主幼叶与叶片，严重时把叶片全部吃光，只剩叶脉，直接影响核桃的抽梢与生长，影响寄主的开花与结果。有的被害寄主于秋季才能发出新叶和抽出秋梢，成虫危害期可持续数月之久。

形态特征（图 40）

1. 成虫 体长 4.0～4.5mm，宽 1.7～1.9mm，体长椭圆形，体壁黑色或红褐色，密布金绿色圆形鳞片与暗褐色毛状鳞片，全体具有金属光泽。前胸与鞘翅上具不规则的黑色或暗褐色斑点，触角茶褐色，着生于喙端部，长约为体长的 2/3，端部膨大，柄节端逐渐变粗，长约为触角近一半长。复眼长圆形，黑色，突出，有金属光泽。前胸前半端两侧略圆，其后缩窄，近端部突然放宽，背面鞍形，表面鳞片遮盖在刻点上。小盾片长略大于宽，被有灰色鳞片。鞘翅将腹部完全覆盖，肩明显，肩稍后两侧平行，再后略放宽，端部分别变圆，鞘翅上有 10 条纵横的刻点沟，刻点密，行间平，各有一行稀疏、柔软的、直立的灰色长毛。足细长，暗褐色至黑色，被灰白色毛状鳞片，腿节具小而尖的齿。

体背面色泽鲜艳，腹面较暗，鳞片底色为淡绿色或草绿色。头长与前胸大小相当，头管宽大于长。额扁，略宽于触角沟间之宽。前胸约占体长 1/3，由侧面看，近端部最高，近基部最低，每侧各有深的横缢，前胸上的鳞片较小而且稀，刻点明显。

2. 卵 椭圆形或卵圆形，直径约 0.2～0.3mm，表面光滑、乳白色，半透明，微发光。

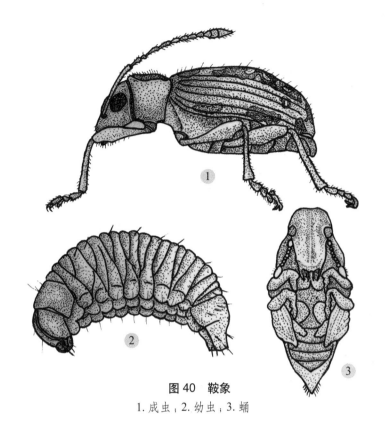

图 40　鞍象
1. 成虫；2. 幼虫；3. 蛹

3. **幼虫**　老熟幼虫体长 4~6mm，体宽 1.2~1.6mm。全体乳白色，头部黄褐色或茶褐色，体表多具皱纹，并着生有稀疏而短的刚毛。

4. **蛹**　体长 3.5~5.5mm，体宽 1.5~2.0mm，略比成虫短而胖，乳白色，身上有稀疏的刺毛。

生活史及习性

鞍象 1 年发生 1 代，以幼虫于地表 6~13cm 的土层内筑长 6.0~8.5mm、宽 2.0~3.1mm 的椭圆形蛹室内越冬。次年春季当土温上升到 10℃ 以上时，越冬幼虫开始出蛰活动和取食。3 月底至 4 月初开始化蛹。蛹期 20~30 天，羽化后在蛹室内停留 3~5 天后出土。5 月上旬为成虫出土活动初期，6、7 两月为成虫活动危害盛期。8 月底 9 月初仍有成虫活动危害。成虫出土迟早与当年雨季来临的迟早有关，雨水来得早，成虫出土就早，反之出土时间推迟。刚出土的成虫，其体色为褐色或绛色或与当地泥土色相当，在地表草丛内要活动 3~5 天后，全体变成绿色，同时出现黑褐色的斑纹。当成虫从泥土中钻出时，核桃叶片既小又少，它们便先啃咬蕨类、大叶泡、青冈的叶，以后吃花，最后转移至核桃上啃食核桃的幼芽与叶片，专门取食叶肉，有的甚至可将叶片全部吃光，只剩叶脉，不仅直接影响核桃的抽梢与生长，而且还影响开花与结果，间或受害核桃植株要到秋季才能长出秋梢与新叶，成虫在核桃等寄主上的危害期长达 2~3 个月之久。

当天气晴朗、少风、温度高时，成虫活跃，常在叶片正面活动与取食。雨天或夜间成虫多躲到叶子背面，一受惊动就连飞带跳地逃走。刚出土的成虫，经过15～25天的补充营养后，便可开始交尾，经过多次交尾后，6月中旬开始产卵，7月上旬到8月上旬为产卵盛期。产卵时成虫沿草茎钻入土中，在植株和草根的附近土中产卵，有的直接钻入土内产卵。卵散产，间或也有2粒卵黏结在一起，产卵处距地表3～10cm，单雌产卵量为18～27粒。卵期15～20天，6月底7月初出现幼虫。

鞍象各虫态重叠，7月份在土中可以同时见到当年的卵、幼虫、蛹、成虫及上年未化蛹的幼虫。间或在8月份化蛹后变为成虫，仍可正常生活或存活下来，9月份有个别的蛹可羽化为成虫，这些成虫，由于气温低，又无适宜的食物，因而出土后很快就死亡，8月底9月初孵化的幼虫，要经过2年才能完成1个世代，幼虫在土壤中以腐殖质和细小草根为食料。

防治方法

1. 农业防治　于每年的7、8月间，在林地及时进行翻耕与除草，除可直接杀死部分幼虫、蛹和成虫外，被翻出的卵、幼虫、蛹还可被太阳晒死。

2. 化学防治　成虫大量出土为害期间，可喷布50%辛硫磷乳油、1.8%的阿维毒死蜱乳油1 000～1 500倍液和2.5%溴氰菊酯乳油5 000倍液，40%吡虫·杀虫单2 000～3 000倍液，10%的溴氰虫酰胺3 000倍液，均可杀死成虫。在成虫大量出土高峰期，可于地面喷布辛硫磷胶囊剂，毒杀成虫。

枣飞象

学名：*Scythropus yasumatsui* Kono et Morimoto
别名：食芽象甲、枣芽象甲

分布与危害

分布于山西、河南、陕西、山东、河北、辽宁、江苏、浙江等地。寄主有枣树、核桃、苹果、梨、杨树、泡桐、香柏等多种果树与林木。

以成虫危害寄主的嫩芽、幼叶，严重时可将嫩芽全部吃光，被害芽长期不能萌发，幼叶已展后，可将叶尖或叶缘咬成半圆形或锯齿状缺刻，严重影响树势与产量。

形态特征（图41）

1. 成虫　体长4.0～4.7mm，体宽1.7～2.0mm。体椭圆形，体壁褐色。头黑色，触角和足红褐色，密被白色和褐色鳞片。头、喙背面及前胸两侧均被覆相当稀的直立暗褐色鳞片状毛，毛的端部扩大，顶端略凹。前胸中部、鞘翅行间被覆卧毛，鞘翅近端部褐色鳞片状毛形成模糊的横带。头宽喙短，喙宽略大于长，背面扁平，中沟短或不明显。触角柄节不超过眼后缘，索节第1节大于第2节的两倍，第3～7节球形、棒梭形。眼略突出。前胸宽略大于长，两侧略圆，前、后缘略相等，截断形。小盾片后缘截断形。

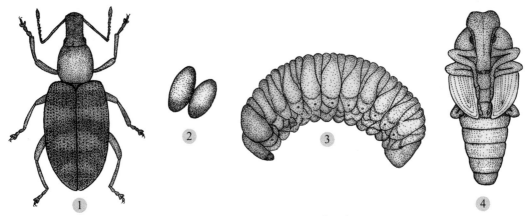

图 41　枣飞象
1. 成虫；2. 卵；3. 幼虫；4. 蛹

鞘翅长为宽的 2 倍，中间之后最宽，端部钝圆，行纹细，刻点分离，行间扁。鞘翅上纵刻点有 9～10 条及模糊的褐色晕斑。腹部腹面可见 5 节。足的腿节无棘，前足胫节外缘直，端部内缘弯，爪合生。

2. **卵**　长卵圆形，长径 0.6～0.75mm，短径 0.25～0.35mm。表面光滑，有光泽，初产卵为乳白色，数小时后变为淡黄红色，近孵化时变为灰褐色或黑褐色，堆生。

3. **幼虫**　老熟幼虫体长 4.2～5.0mm，头部淡褐色，前胸背板淡黄色，胴部乳白色。无足型，体肥胖，略弯曲，各节多横皱，疏生有白色细毛。

4. **蛹**　纺锤形，体长 4.0～5.5mm，化蛹初期为乳白色，以后渐变为淡黄褐色，近羽化时变为红褐色。

生活史及习性

此虫 1 年发生 1 代，以幼虫于树冠下 5～30cm 的土层中越冬。次年 3 月下旬越冬幼虫开始向上转移。山西晋中、吕梁地区越冬幼虫于次年 4 月上旬开始化蛹，4 月中旬进入化蛹盛期，4 月下旬为化蛹末期，蛹期 15 天左右，成虫于 4 月下旬开始羽化，4 月底 5 月初为成虫羽化盛期，成虫羽化后一般经过 5 天左右随即出土上树为害，5 月上旬是此虫发生与危害的高峰期，因此，此时是树上喷药防治的关键期。6 月上旬为成虫羽化末期。成虫上树后即开始交尾，交尾后 2～7 天开始产卵，产卵初期为 5 月上旬、5 月中下旬为产卵盛期，6 月上旬为末期。卵期为 10 天左右。幼虫于 5 月中旬出现，孵化后的幼虫即坠地入土，危害植物的地下部组织，秋末冬初下迁至湿土层中做椭圆或近圆形的土室越冬。

成虫羽化后首先停息于蛹室中不活动，经 4～7 天后以蛹室的顶部做一直立的羽化孔爬出到地面，待中午气温升高后即开始上树为害。枣飞象多沿树干爬行上树，12：00～14：00 时，若气温较高时，可飞行上树。成虫的取食活动与气温有关，在羽化初期，气温较低，因而喜欢在中午上树取食为害，早晚则多在地面潜伏。随着气温逐渐升高，成虫活动时间趋于早晨 9：00 之前或黄昏 17：00 之后。此间也是取食高峰期，而中午则静止不动。

上树的成虫首先取食萌发的嫩芽，严重发生时可将嫩芽基部的绿色部分全部吃光，使之形成一个凹突。被害芽尖端光秃，呈灰色，长时间不能萌发，此虫有多次交尾习性，最多可达 4 次，成虫寿命：雌成虫最长 63 天，最短 31 天，平均 38.5 天。雄成虫最长 47 天，最短 26 天，平均 32.8 天。枣飞象有很强的假死性，受惊扰后则从树上坠落于地面，因此，可用震树的方法进行虫口调查与防治。

枣飞象雌成虫产卵多在白天进行，产卵高峰在上午 10：00～12：00 时与下午14：00～16：00 时，卵成堆产于寄主嫩芽、叶面、枝条及翘皮下与枝痕裂缝内。每头雌成虫一生产卵量为百余粒，卵的自然孵化率平均为 91.6%。

幼虫孵化后坠落于地面，潜入土中，取食植物的地下部分。秋后下迁至 30cm 左右的深处越冬。第 2 年春季气温回升后，再上迁至 20cm 以上的土层中活动，但主要位于 13cm以上的土层中，约占总幼虫数的 90% 以上。幼虫老熟后多在 5cm 以上的土层中作土室化蛹。蛹主要分布于 0～3cm 的土层中，约占总蛹数的 92.3%，最深不超过 10cm。蛹在田间的自然死亡率为 11.76%。

虫情测报

从 4 月下旬开始，逐日进行成虫羽化出土情况调查，由于成虫体小，体色与树皮颜色相近，不易发现，在进行虫情调查时可采用以下方法。

1. 早晨或傍晚在树冠下放一块塑料布，然后用木锤振树，将成虫振落于塑料布上，然后统计单位面积的虫口密度。

2. 调查林间幼叶、嫩芽的被害率。

3. 调查林间地面单位面积上成虫的蛹室羽化孔数。

防治方法

1. **农业防治** 振树法防治成虫在成虫盛发期，利用成虫受惊坠落于地面的习性，用木锤进行人工振树，同时结合树冠下喷洒杀虫粉剂或胶囊剂，被振落的成虫因接触药剂而死。虫口密度大时，应在成虫初盛期和盛期各防治一次。常用的粉剂有 1.5% 对硫磷粉剂或 2% 辛硫磷粉剂，根据树体大小，每株用药 125～250g。杀虫率均在 96% 以上。振树应在早晨日出之前或傍晚日落之后进行，否则会因白天（尤其 10：00～13：00）气温高，空气湿度小，被振落的成虫坠至半空中尚未接触地面时就会展翅飞掉，从而不能与药剂接触，达不到防治目的。若地面不喷药时，也可于树冠下铺床单或塑料布，将坠于其上的枣飞象收集处理或深埋。另外，振树的次数不需要太多，根据作者研究，一般第 1 次可振落下总虫数的 93.5%，第 2 次为 4.7%，第 3 次为 0.4%，第 4 次以后几乎见不到有枣飞象坠地。因此，每株树只需振 2～3 次即可达到防治此虫的目的。

2. **化学防治** 幼虫未化蛹前，结合春耕每亩施用 5% 辛硫磷颗粒剂 2～3.5kg，经过犁

耙使药粉与幼虫接触。或者用 20% 的高氯·马乳油与水按 1:5 的比例配置好，用 500mL 兽用注射器向蛀道内注射稀释液，在成虫盛发期，可喷药防治。使用的农药有：10% 的溴氰虫酰胺 400 倍液、2.5%溴氰菊酯乳油 5 000 倍或 2.5% PP$_{321}$ 5 000 倍液、50% 辛硫磷乳油 1 000～1 500 倍液、20%杀灭菊酯乳油 5 000 倍液、1.8% 的阿维毒死蜱乳油 1 000～1 500 倍液。，对其他各类虫害均有良好的防治效果。也可将有机磷农药与菊酯类农药混用，均有明显防效。也可在树干周围撒一圈 2.5% 敌百虫粉剂，每株成树撒 150～250g 药粉，每次撒药后于清晨震枝使虫落地，再上树时经过药带中毒死亡。

大灰象 | 学名：*Sympiezomias velatus*（Chevrolat）

分布与危害

国内分布于黑龙江、吉林、辽宁、山西、河北、河南、山东、陕西、湖北、内蒙古、安徽、北京等地；国外分布于日本。寄主有核桃、板栗、枣、梨、苹果、杨、柳、泡桐、槐、榆、棉花、甘薯、大豆、甜菜等约 41 科 70 属 101 种寄主植物。

成虫常聚集嫩枝尖端危害嫩芽、花蕾及叶片，常将叶片咬成缺刻，或将整叶全部吃光，加之危害后所排粪便附于叶部，致使叶片变黑发霉。

形态特征（图 42）

1. **成虫** 体长 7.3～12.1mm、宽 3.2～5.2mm。体黑色，密被灰白色鳞片状毛，或被灰白色发金黄色光泽的鳞片或褐色鳞片。褐色鳞片在前胸中间与两侧形成 3 条纵纹，在鞘翅基部中间形成长方形斑纹。鞘翅中间有一条白色横带，横带前后两侧散布有褐色云斑。

头部较宽，复眼黑色，卵圆形，头管粗短，表面具 3 条纵沟，中央沟黑色，端部宽而深，基部缩窄，伸至头顶，其先端呈三角形凹入，边缘生有长刚毛，触角柄节长或短，短者仅达眼的前缘。触角末端 3 节膨大，呈棍棒状。

前胸宽大于长，两侧略隆，

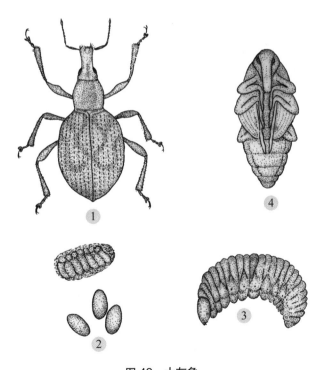

图 42　大灰象
1. 成虫；2. 卵及卵块；3. 幼虫；4. 蛹

中间最宽，前胸背板中央具一细纵沟，颗粒大而明显。小盾片半圆形，鞘翅上各具一近环状的褐色斑纹与 10 条刻点列。鞘翅基部具细的隆线，横纹宽而深，刻点行间较隆。后翅退化，无飞翔能力。腿节膨大，前足胫节内缘具一列齿状突起。雄虫胸部狭长，鞘翅末端不缢缩，钝圆锥形，雌虫胸部膨大，鞘翅末端缢缩，较雄虫明显尖锐。

2. **卵**　长椭圆形，长 0.9～1.0mm，宽 0.4～0.5mm。初产卵为乳白色，两端半透明，经 2～3 日后色泽逐渐由浅变深，接近孵化时，卵变为乳黄色。

3. **幼虫**　初孵幼虫体长 1.3～1.5mm，老熟幼虫体长 13～15mm。虫体乳白色，头部米黄色或黄褐色，上颚褐色，先端具有 2 齿，后方具有 1 钝齿，内唇前缘有 4 对突起，中央有 3 对齿状小突起，后方的两个褐色纹均呈三角形。下颚须与下唇须均为两节。第 9 腹节末端稍扁，先端轻度骨化，褐色，肛门孔暗色。

4. **蛹**　长椭圆形，体长 9.0～11.5mm。乳黄色，复眼褐色，头管下垂达前胸，上颚较大。触角向后斜伸，垂下于前边腿节基部。鞘翅前端达于后足第 3 跗节基部。头顶及腹背疏生刺毛，尾端向腹面弯曲，其末端两侧各具 1 刺。

生活史及习性

据河北唐山、献县、阜平县调查，此虫 1 年发生 1 代，以幼虫或成虫于土中越冬，次年 4 月中下旬越冬成虫出土活动危害，5 月中下旬至 6 月上旬为出土危害盛期，6 月下旬为末期。5 月下旬可见到卵，6 月上旬至 6 月下旬为卵发生盛期，卵期最短为 5 天，最长为 12 天，平均为 9.4 天。6 月上旬以后，卵陆续孵化为幼虫，卵孵化盛期在 6、7 月间。幼虫孵化后即坠入土中生活，当年大部分幼虫老熟、化蛹，羽化后的成虫仍潜伏于土中过冬。但仍有部分幼虫未进入老熟，而以幼虫于土中过冬。次年春季气温回升后仍继续取食，到 5 月下旬开始陆续化蛹、羽化、出土、上树为害。

成虫出土后，需要经过 10 天左右的取食，以便补充营养，然后开始交尾与产卵。成虫喜欢食害花芽、嫩叶、花等，有时群集于嫩枝的尖为害。成虫一生食量很大，特别是在交尾与产卵时期，常将叶片咬成缺刻，甚至将整叶全部吃光，加上危害时将粪便排泄于叶部，使叶片变黑发霉，这个时期危害达到严重期。成虫的后翅退化，不能飞行，只能爬行，因此蔓延速度很慢。

成虫有假死性，当受惊扰后，抓住植物体潜伏不动或立即坠落地面，而后又迅速爬行上树为害。成虫寿命很长，一般为 30～91 天，平均为 69 天。雌虫产卵历期长，通常为 15～84 天，平均为 50 天。成虫交尾历时较长，可进行多次交尾，交尾后即可产卵。6 月中下旬为产卵高峰期。卵多产于叶片尖端及其两边折起或两叶重叠的地方，卵常数 10 粒黏在一起成块状，排列成鳞片状。单雌产卵量最少 150 粒，最多 800 粒，平均 500 粒。

发生与环境的关系

1. **发生与降雨的关系**　大灰象发生的迟早和数量，均与土壤湿度及降雨量有密切的关系。在干旱年份，成虫发生期较晚，并且发生量也少，降雨后的 1 周左右，成虫会大量出

土，若在其间又有降雨，则出土可进入高峰期，尤其在历年发生严重，越冬虫口密度大的果园，更是如此。

2. 发生与温度的关系 若成虫进入出土期达不到需要的温度时，成虫就推迟出土。据研究报道，当平均气温达到18.3℃，平均地表温度达到21.1℃，5cm深土壤平均温度达到22.6℃时，成虫开始出土。在每5天平均气温达19℃以上时，成虫进入出土盛期。地表温度达25℃左右时，为成虫发生最适温度。由于成虫不能飞翔，在4月下旬温度较低时，成虫多潜伏于土石块的间隙内或植物的残株落叶下面，很少爬出地面活动。随着气温的逐渐升高，成虫的活动也随之活跃。当日平均气温达到20℃以上时，成虫活动为最盛期。但也害怕高温，如在6、7月间，尤其在此间的上午10：00以后和下午17：00之前，均隐居生活。大暑前后，多数成虫离开地表爬到叶片背面或枝干的隐蔽处进行避暑。

3. 发生与土质的关系 大灰象发生的数量与土质有明显的关系，据研究报道，在砂土地、山坡岗地、撂荒地发生较多，因为这些土质松软、土中腐殖质含量极为丰富。因此，适宜成虫与幼虫的生存；而在土质黏重、板结或黑色土地、低洼易积水或植被稀疏地区发生较少。

4. 发生与天敌的关系 有一种蠖象吸食大灰象的体液。卵期发现有3种寄生蜂，其中2种属小蜂科，1种属卵蜂科。以小蜂科中的小型种类寄生率较高，被寄生的卵块可达到60%左右。

防治方法

1. 农业防治 大灰象成虫具有假死性，所以于早晚震树捕杀此虫，震树前，先于树冠下铺塑料布或床单，然后将震落的成虫收集起来，集中深埋。

2. 化学防治 在成虫发生危害期间，于树上喷布50%辛硫磷乳油1 000倍液，80%敌敌畏乳油800倍液，2.5%功夫乳油2 000倍液，50%马拉硫磷乳油1 000倍液，40%毒死蜱乳油1 000倍液，均可收到良好的防治效果。

临近大灰象甲出土危害期，在树干或农作物周围做10cm左右的敌百虫粉药环或进行喷洒2.5%敌百虫粉，此法可杀死出土危害的成虫，但要注意观察药力并适时加强更新；也可在作物周围地面喷洒20%的氯虫苯甲酰胺2 000倍液或50%辛硫磷乳剂1 000倍液，施药后可耙匀土表，毒杀出土成虫。 在成虫出土高峰期，可结合防治其他害虫，于地面喷撒1.5%的对硫磷粉剂，每亩1.5kg，或其他各种防治刚出土虫害的粉剂，喷撒后用耙耙匀，或喷洒48%毒死蜱1 500倍液或50%辛硫磷1 000倍液或2%阿维菌素2 000倍液。可达到防治的良好效果。

3. 生物防治 保护和利用天敌。

蒙古土象

学名：*Xylinophorus mongolicus* Faust
别名：蒙古象、蒙古灰象甲

分布与危害

国内分布于黑龙江、吉林、辽宁、山西、山东、内蒙古、河北、河南等地；在国外分布于蒙古、朝鲜、前苏联。蒙古土象危害的寄主达36个科74个属中89个种的植物。尤其对核桃、枣、苹果、槟沙果、樱桃、桑、杨、洋槐、泡桐、松、豆类、麻类、瓜类、甜菜最喜欢取食。

以成虫取食寄主嫩枝、芽、叶，可将叶片全部食尽。严重发生危害时，还可啃食树皮，严重影响树势的生长与发育，甚至可全株枯死。

形态特征（图43）

1. **成虫** 体长4.4～5.8mm，体宽2.3～3.1mm。体卵圆形，浓黑色，被覆褐色和白色鳞片。褐岛鳞片在前胸中间和两侧形成3条纵纹，白色鳞片在前胸近外侧形成2条淡纵纹，在鞘翅行间3～4基部和肩部形成白斑，鳞片间散布细长的毛。

头管较短，长度微大于宽度，表面具一纵沟，先端稍凹，边缘生有刚毛。复眼黑色，圆形、微凸出。触角与足红褐色，触角柄节极长，静止时置于触角沟中，末端3节极细，呈棍棒状。前胸背板长宽几乎相等，两侧凸圆，前端略缢缩，后缘有明显的边。小盾片略呈半圆形。

鞘翅略呈卵圆形，末端稍尖，鞘翅表面密被黄褐色绒毛，并具10条刻点列。腿节较粗，前足胫节有一列钝齿。雄虫阳茎先端不延长，尖圆形，先端边缘背面具有一纵缝，前胸背板狭长，鞘翅末端钝圆锥形；雌虫前胸背板短宽，鞘翅末端圆锥形。

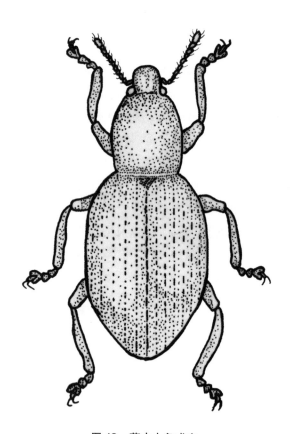

2. **卵** 椭圆形，长0.8～0.9mm，宽0.4～0.5mm，初产卵为乳白色，以后逐渐变为褐色至黑褐色。

3. **幼虫** 老熟幼虫体长6～9mm，乳白色，上颚褐色，具有2尖齿，内唇前缘有4对齿状长突起，中央有3对齿状小突起，其侧后方的两个三角形褐纹于基部连在一起，并延长呈舌形，下

图43 蒙古土象成虫

颚须及下唇须2节，肛门孔不明显。

4.**蛹** 椭圆形，长5～6mm，乳黄色，复眼灰色。头管下垂，先端达于前足跗节基部。触角斜向伸至前足腿节基部后侧，后足为鞘翅覆盖，鞘翅尖端近于后足跗节基部，头部及腹部背面生有褐色刺毛。

生活史及习性

蒙古土象在华北地区2年发生1代，以成虫及幼虫于土中越冬。次年4月中旬前后，越冬成虫出蛰活动并上树为害。5月上旬成虫将卵产于表土层中。5月下旬卵孵化出的幼虫陆续开始出现。9月底10月初幼虫开始营造土室于内休眠。经越冬后的幼虫继续取食，6月中旬开始化蛹，7月上旬开始羽化为成虫。少数孵化较晚的幼虫，需再度越冬才行化蛹。新羽化的成虫不出土，在原土室中越冬，直到次年4月才开始出土，然后进行交尾与产卵。随着温度逐渐升高，成虫活动也日趋活跃，早晨或阴天出来活动的较多，晴天10：00以后则大量出现于地面，寻觅食物或求偶。但又惧盛夏的高温，6月间若地表晒热以后，常由土石块的缝隙中爬出，并潜藏于枝叶茂密的植物下面。

成虫有群栖性与假死性，土壤湿度过大也不利于成虫活动。成虫羽化多集中在上午，出土后经过充分的补充营养才开始交尾，早春温度低时，交尾较少，气温升高后可终日、多次交尾，雌虫约在交尾后的10天左右开始产卵。产卵时间多集中在午前及黄昏以后，卵散产，产卵历期可持续16～71天，平均为41天，每雌产卵量为80～900粒，一般为281粒。卵期为11～18天，卵的孵化通常集中在上午10：00以前和下午16：00以后。幼虫孵化后坠落地面、潜入土中，以植物根系为食物。幼虫经过充分取食后，9月上旬逐渐向深层处移动，并营造土室于内越冬。幼虫越冬深度以30～60cm深处最多。次年3月下旬幼虫再度向上移至20～30cm的土层内取食活动。越冬幼虫于7月上旬左右再度营造土室于内进入前蛹期，大多数幼虫均在30～40cm的深处化蛹，化蛹时间多集中在午前进行，蛹期为12～20天。

防治方法

1.**物理防治** 利用成虫的假死习性，于早晨或日落后震树捕杀成虫，方法参照大灰象震树法。

2.**化学防治** 成虫开始出土前于地面撒毒土或喷对硫磷粉剂、辛硫磷粉剂，可毒死刚羽化出土的成虫，效果很好。成虫上树为害期，可结合防治其他食叶性害虫于树上喷药防治。使用菊酯类或有机磷农药，以常规浓度，防效均好。结合防治地下害虫，进行药剂处理土壤，可兼治蝼蛄、金针虫、拟步甲、蛴螬等地下虫害，可用5%辛硫磷颗粒剂，每亩2kg即可。

小蠹科 （Scolytidae）

小型种类，长椭圆或圆柱形，体长 0.8～10.0mm，体色暗淡，黄褐色至漆黑色，体被丝状、短鬃状或鳞片状刚毛，头狭于前胸，头部无喙，复眼长椭圆形、肾形或完全分作两半。触角着生于头两侧的眼与上颚之间，顶端 3～4 节呈锤状，上颚粗壮，弯曲具齿，胸部稍狭于鞘翅。前面刻纹粗糙或针状，后面刻纹具刻点，或前后均具刻点。

中胸腹板大，后胸腹板长。鞘翅长圆筒形。足胫节横断面扁平，外缘具齿列，或无刺列但有端距。卵白色，微具光泽。幼虫无足，乳白色，腹部背面无步泡突，但背片具 3 条褶，幼虫共 5 龄。蛹前胸背板及腹板上的刚毛、瘤及其他外长物可作为族与种的分类依据。本科世界已知 3 000 余种，我国估计有 500 种以上。

黄须球小蠹 | 学名：*Sphaerotrypes coimbatorensis* Stebbing

分布与危害

国内分布于山西、陕西、河北、河南、黑龙江、吉林、辽宁、安徽、湖北、四川等地；国外分布于印度。寄主有核桃、胡桃、枫杨等多种植物。

以成虫、幼虫蛀食于韧皮部与边材间为害，被害坑道位于韧皮部与边材间，并深嵌于边材上。母坑道单纵坑，长 4cm 左右，子坑道自母坑两侧水平伸出，宽阔规律，蛹室位于端部。成虫羽化外迁后，树皮上留有大而圆的羽化孔，同一穴内的成虫羽化孔围成一个完整的椭圆。

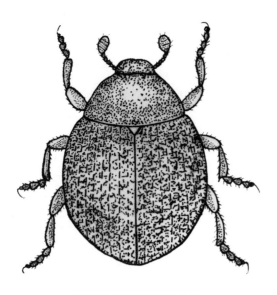

图 44　黄须球小蠹成虫

形态特征 （图 44）

1. 成虫　体长 3.5～3.8mm，体短宽、椭圆形，背面隆起呈半球形。头部咽片亚颊区有 2 束黄色刚毛，贴伏于体表，末端达两下颚须之间。前胸背板粗糙，生有大小刻点，刻点中心生贴伏于体表的三叉毛，其间杂生少许小鳞片。鞘翅长与两翅合宽之比为 1∶2；鞘翅末端平直，无横沟，沟间部平坦，各具 2～3 列小颗粒，并仅有一种毛被，即倒伏的尖鳞片，各沟间部横向 10 根上下，可见的最后一腹板上有稠密的贴伏于板面的三叉毛和稀疏的竖立刚毛。前背板板状部短于片

状部，板状部的半圆形骨化区有清楚的边缘，两骨化区的距离较宽；片状部约 40 咀嚼片。雄虫外生殖器顶饰位于阳茎体中后部，形如细颈花瓶。

2. 卵　长 0.9～1.1mm，近圆形，初产卵为乳白色，近透明，孵化前为乳黄色。

3. 幼虫　老熟幼虫体长 2.7～3.5mm，乳白色，背面明显凸隆。头小，淡褐色，口器棕褐色。胸足退化。腹部 9 节，肛门附近有 3 个突起。

4. 蛹　体长 2.7～3.6mm，离蛹，初化蛹为乳白色，后渐变为褐色。

生活史及习性

黄须球小蠹 1 年发生 1 代，以成虫于寄主 1 年生枝条的顶部或叶芽基部蛀孔越冬。次年 4 月上旬成虫出蛰，并转移为害，大多于健康枝上、少数于半枯枝条芽基部咬筑补充营养的坑道，取食危害坑道深达 2～5mm，或蛀食新芽，被害芽枯死后。随即转害新芽。此间是黄须球小蠹成虫 1 年中第 1 次严重危害期。4 月中旬雌成虫蛀入半枯枝筑交配室，在雄成虫进入交尾后，雌成虫一边蛀食母坑道，一边产卵于母坑道两侧，母坑道沿形成层向上蛀食长约 30mm 的单纵坑道。雌成虫挖掘坑道，雄成虫搬运木屑。成虫交尾与产卵盛期为 5 月上旬，5 月中下旬为交尾与产卵末期。单雌平均产卵量为 28 粒左右，卵期 13 天左右，4 月下旬为卵孵化初期，5 月中旬至 6 月初为卵孵化盛期，7 月上旬左右仍可见到孵化的幼虫。幼虫孵化后则向母坑道两侧食横向似"非"字形的子坑道。6 月上旬幼虫老熟于子坑道末端化蛹室内化蛹，6 月中下旬为化蛹盛期，7 月中旬为末期。蛹期为 1 月左右。6 月中旬出现成虫，7 月上中旬为成虫盛发期，7 月下旬为末期。成虫白天羽化出孔，当年羽化的新成虫再钻入新芽基部取食危害，秋末冬初于最后一个芽的蛀孔中越冬。

防治方法

1. **农业防治**　加强园内管理，定期进行合理中耕，适时浇水，合理施肥，并结合修剪和防治其他园内病虫害，将受害枝条、有虫枝条、衰老枝条彻底剪除，并将病虫枝条集中烧毁，消灭其中各种病虫害，改进栽培管理方法，增强树势。成虫发生前，田间应设置半枯死树枝或残枝，诱集成虫产卵，并将有卵枝条集中处理或烧毁。

2. **化学防治**　于半枯死树枝等饵枝上喷洒 50% 辛硫磷乳油 1 000 倍液，毒死已诱集到的成虫或卵。树冠喷药，杀灭成虫。在严重受害区，于成虫大发生期每隔 10 天喷 1 次 50% 杀螟松乳剂或辛硫磷乳剂 1 000 倍液。共喷 2～3 次，可起到一定防治效果。

瘤胸材小蠹 ｜ *学名：Xyleborus rubricollis* Richhoff

分布与危害

国内分布于山西、山东、陕西、河北、安徽、浙江、福建、四川、西藏、湖南等地。寄主有核桃、山桃、山楂、柿、女贞、荆条、杨、冷杉、杉木、侧柏、水冬瓜、樟、楠、木荷、栲等多种林木、果树。

以成虫和幼虫在木质部内钻蛀隧道，严重影响树势。此虫常与长小蠹混生为害。

形态特征（图45）

1. 成虫 体长2.0～2.5mm，体宽0.8～0.9mm，雄虫略小于雌虫，体呈棕褐色，体表被有稠密的淡黄色绒毛。额面略隆起，中部有1条横向凹陷，底面细网状，额面刻点粗大稠密，常汇成粗浅的纵沟，额毛较多。复眼较大，呈肾形，黑色。触角短小，7节，第1节粗壮呈棒形，第2节短阔，第3～6节依次增粗，第7节呈扁椭圆形，外侧端半部微凹，密被短毛。上颚发达、光滑，呈黑褐色，内面2齿，均较钝，端齿短阔。下颚须3节，端圆，短柱状，第1节长为第2～3节之和。

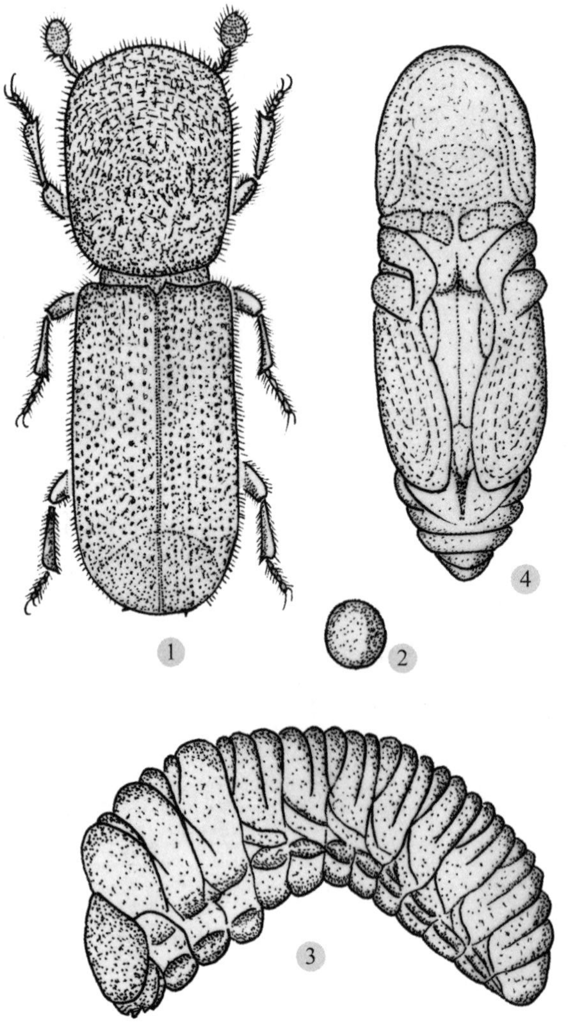

前胸背板红褐色，鞘翅暗褐至黑褐色。前胸背板常将头部掩盖。前胸粗大，其长度为鞘翅的2/3，前胸背板长略小于宽，前端圆形，后缘呈一直线，背板表面满布颗粒状瘤，前2/5部的颗瘤近片状、较大，似呈半同心圆状排列，后半部颗粒瘤渐小，紧密相连、显得较光滑。前半部毛短粗挺拔，后半部毛渐细弱。小盾片狭长，三角形。

鞘翅长形，端部微斜截，两侧大部分平行且略向外侧扩展，尾端收成钝弧形，侧面观鞘翅基部2/3部分水平，后1/3部逐渐向下方弯曲；鞘翅上各具纵刻点沟8列，后1/3部的沟间具小颗粒状突起，鞘翅将腹部全部掩盖，腹板可见5节。鞘翅刻点沟间狭窄，上具一列细小刻点，沟间生有排列整齐的短白色毛，后端毛显长。

各足腿节、胫节扁阔，胫节向端部逐渐膨大，端部尖，胫节背侧生一列锥状齿突，各足的齿突数目分别为：前足9个，上面2齿突较小，第3～8齿突略等大、等距，

图45 瘤胸材小蠹

1. 成虫；2. 卵；3. 幼虫；4. 蛹

端齿较大；中足 12 个，上面 2 齿突较小，第 3～11 齿突接近等大、等距，端齿较大；后足 10 个，上面 1 齿突很小，第 2～9 齿突近等大、等距，端齿较大。跗节 5 节，第 4 节极短小，约为第 3 节长的 1/3，第 5 节最长，略等于 1～4 节之和，第 1～3 节近等长，足端 2 爪。

2. **卵** 近球状，乳白色，半透明，直径为 1.8～2.0mm，近孵化时呈污白色。

3. **幼虫** 老熟幼虫体长 2.0～2.2mm。体肥胖，略向腹面弯曲，疏生白色短刚毛，无足。头部淡黄色，口器淡褐色。胴部 12 节，乳白色。胸部较粗大，腹部各节向后依次渐细，除尾节外各节背面均具横皱，体侧具侧缘褶 2 个。

4. **蛹** 裸蛹，体长 2mm 左右，略呈长筒形，初化蛹为乳白色，后渐变淡黄色，羽化前呈褐色。头部弯向腹面；触角位于头部两侧；前足、中足、翅芽依次折叠，前足伸达后胸前部，中足端伸达后胸中部，后足大部被翅芽覆盖，仅于左右缝间露出部分跗节；前翅芽覆于后翅芽之上，端部伸达第 2 腹节；后翅芽伸达第 3 腹节，腹部末端微向腹面弯，腹面观可见臀板后缘。

生活史及习性

生活史不详。成虫行动迟缓，蛀入树体后多在老翘皮下生活，常数头各自蛀孔入树，间或少数个体于坏死的木质部中单独蛀孔。蛀孔圆形，直径 0.8mm 左右。蛀道不规则，以水平横向蛀道为多，常交错分布，蛀道长短不一，最长的可达 20cm，多数个体深入木质部内 10cm 以上，间或种类仅蛀至木质部，木屑与粪便呈细粉状，均由成虫推出蛀道外。蛀道内光滑有胶质物。蛀道端部为卵室，较蛀道稍粗大，每卵室有卵 10 余粒。刚孵出的幼虫于卵室内活动，继后可在蛀道内作远距离爬行，在蛀道内各处活动，老熟后于蛀道一侧蛀一蛹室，头向蛀道于内化蛹。蛹室与蛀道多构成 45°角，蛹室各自分散，无规则分布于蛀道周边。旧蛀道周围木质部常成浅褐色，长达 1.5cm 左右。新羽化的成虫出树期和侵入新树或新部位时，常在树干上爬行和在蛀孔处频繁出进，此期间是药剂防治的关键时期。

防治方法

1. **农业防治** 加强林木的综合管理，增强树势，可减少瘤胸材小蠹的发生，减轻受害。

2. **化学防治** 成虫出树期间用触杀剂喷洒树干，尤以成虫出树高峰用药更宜。常用农药有：2.5%敌杀死乳油 5 000 倍液、4.5%的高效氯氰菊酯乳油 2 000 倍液、5%的甲基阿维菌素甲酸盐 2 000 倍液、50%辛硫磷乳油 200 倍液、20%的氯虫苯甲酰胺 2 000 倍液，或菊酯类农药与有机磷农药混用效果更好。

3. **其余防治方法** 参照黄须球小蠹。

鳞翅目
LEPIDOPTERA

　　隶属包括所有的蛾类与蝶类，体型有大有小，颜色变化很大，有些种类相当美丽，具明显的两性型。全体密被扁平细微的鳞片，组成各种不同的花纹与斑纹，头呈球形或半球形。复眼大型，位于头两侧。下口式。单眼2个，位于复眼后方，但蝶类与尺蛾类无单眼。大多种类的上颚极退化或完全消失。虹吸式口器的喙由两下颚的外颚叶延长合为食管，当取食时，将其伸入花中，吮吸花蜜，不用时将其盘卷如钟表发条，下颚须退化；上唇小而短，或呈狭的三角形骨片；下唇退化，但下唇须仍发达，3节，其形状、特征因种而异。触角有不同程度的变化，常见有线状、梳、双栉齿状或棒状（如蝶类）。

　　胸部发达，胸节愈合。前胸在低等蛾类中较发达。而高等蛾类中则较退化，呈颈状。前胸两侧有小突起。中胸发达甚大，有盾片与小盾片，盾片前侧有1对肩片。后胸背板小，足细长，常被有鳞片或毛丛。有些种类（如夜蛾科）的前足胫节内缘具1前胫突（或称净角器），中足与后足的胫节端部有胫距。跗节5节。

　　翅通常2对，发达，但有些种类的雌成虫的翅退化或无（如袋蛾科与尺蛾科中的一些种类）。翅膜质，有毛与鳞片覆盖，偶见有香鳞与腺鳞等。若干蛾类由各色鳞片构成各种线纹和斑纹，其分布有一定规律，常作为分类的重要依据。

　　腹部圆筒形或纺锤形，通常10节，雌成虫腹部可见7节，第7节明显延长，第8～10节成为产卵器，缩入第7节内，某些低等蛾类仅第9腹节有一生殖孔，称为单孔类；大多鳞翅目昆虫第8腹节有一交配孔，第9腹节有一产卵孔，称为双孔类。雄虫腹部可见8节，第9～10节变为外生殖器，第9腹节的背板与腹板形成一个环，腹板的中部向体内延伸成一个囊状构造，称囊形突；第10背板的后端形成一个略向下弯的钩形突；下面有1对颚形突，通常合并为一，是第10节的腹板，略向上弯曲；肛门的末端即位于钩形突与颚形突之间，阳具发生于背兜与基腹弧之间的膈膜上。基部形成一个外翻的锥形突起，称阳端环，上有骨片，称阳端基环，阳茎的端部能翻缩，称阳端膜，上面常具刺。抱握器发达。

　　幼虫大多种类为下口式，少数种类为前口式（如潜叶蛾科种类），头壳通常硬化，色深，呈圆形或三角形。头前有一倒"Y"形的头盖缝，两臂分叉称蜕裂缝，幼虫蜕皮时首先由此裂开，蜕裂缝内侧两块狭长骨片为额，额下的三角形片为唇基，额唇基缝呈"∧"形。头两侧近下方各具6个单眼，间或种类仅1～2个单眼或完全消失。口器咀嚼式，上

唇前缘有一缺刻，其形状与缺刻的深浅因种而异。上颚发达具齿，下颚、下唇舌合为一体，中央具一突出的吐丝器，两侧为2节的下颚须。

幼虫胸部由3节组成，前胸背板有一骨化板，称之前胸盾。间或种类幼虫的前胸背板中部有"丫"状腺，当受惊时伸出，或有些幼虫于前胸腹面中央有翻缩腺。前胸两侧后下方各有一气门。胸足3对，分别着生于前胸、中胸、后胸腹面两侧。每足由基节、转节、腿节、胫节与跗节组成，跗节末端有一弯曲的爪。

幼虫腹部由10节组成，除第10节背面有一骨化的臀板外，其余各节不甚异化。间或种类于臀板下有一硬化的梳状构造，称为臀栉，用以弹去所排泄的粪便。有些种类第6、7腹节两侧，每侧各1对，通常第8对气门略大，位置稍上移，第1腹节气门稍下移。气门的形状、色泽和位置在分类上常用。腹足通常有5对，着生于第3~6节与第10节上，第10腹节上又称臀足。腹足有时减少（如尺蛾只在第6与第10节上各具1对腹足，潜蛾科幼虫的腹足退化或无。夜蛾科有些种类的第1对或第1、2对腹足退化。腹足为肉质筒形构造，由亚基节、基节及能伸缩的趾组成，趾末端有趾钩。趾钩的存在是鳞翅目幼虫与其他幼虫区分的一个重要特征。另外，趾钩的长短与排列形式是分科的重要依据。

幼虫的胴部常有明显的花纹或纵条纹。体躯各部分具各种刚毛、毛瘤、毛撮、毛突和枝刺等。体表瘤状突起着生刚毛，称为毛瘤；刚毛基部常具骨脂和深色的区域，称为毛片；毛突如高突呈锥状则称毛突。毛长而聚集成簇或撮，称之毛簇或毛撮；有些种类具刺，刺上分枝的称枝刺，有些种类体表突起很长而成角突。刚毛可分为原生刚毛、亚原生刚毛与次生刚毛三类。原生刚毛在第1龄即出现，亚原生刚毛于第2龄出现，这两种刚毛的分布与位置比较固定，给予一定的名称，称为毛序。

蛹主要为被蛹，蛹体可分为头、胸、腹三部分。头部背面的蜕裂线通常明显。复眼位于头两侧。触角基部位于复眼外侧，向体腹面弯曲，胸部仅在蛹体背面可见，明显分前、中、后胸3节，通常中胸最大。前足位于下颚两侧，中足位于前足外侧，后足只露出末端，间或种类不见后足。前翅芽在腹面可盖及或超过第4腹节，后翅芽通常被前翅芽所覆盖。胸气门1对，位于前、中胸间背侧面上，呈疤状下陷。腹部由10节组成，其中第8~10节常愈合。第1~4节腹面大部分为附器所盖，通常5~7节可活动。气门8对，位于第1~8腹节上。间或种类第10节向后延长成臀棘，其末端常具钩刺，臀棘的有无及长短是分类的特征，雄虫生殖孔位于第9腹板，雌蛹在第8腹板上，或第8、9腹板各有1生殖孔（即前者为交配孔，后者为生殖孔）。肛门位于第10腹节后缘。

鳞翅目成虫取食花蜜，一般不直接危害农作物，且有助于植物的授粉。但有极少种类（如吸果夜蛾类）的喙末端坚实而尖锐，可刺吸果实造成落果。大多成虫有补充营养习性。蝶类多白天活动，蛾类多于夜间活动，常有趋光性，在100~200W的电灯光或波长为3 600~3 650埃的黑光灯下，可诱集大量蛾类。幼虫期是取食、生长时期，也是鳞翅目昆虫危害时期，其危害方式各不相同，有食叶、卷叶、缀叶、潜叶、蛀茎、蛀根、蛀果等多种危害方式，还有危害贮粮的害虫。有些种类如家蚕等，幼虫可吐丝作茧，用于纺织丝绸，有很大的经济价值。鳞翅目昆虫目前世界已知种类14万多种，我国已知种类尚无确切报道。

木蠹蛾科 （Cossidae）

体型中等大小或较大。喙通常退化，下唇须小或无，触角线状、双栉齿状或单栉齿状。各足胫节的距很小或退化。腹部粗而长。前翅具有副室，R4 与 R5 脉共柄，后翅臀脉 3 根，前、后翅的中室内有中脉的主干和分叉；雌蛾的翅缰多达 9 根。成虫白天潜伏、夜间出来活动。幼虫体肥胖，通常白色、黄色或红色。头小，额区小，头与前胸盾角质化强，上颚发达。通常钻蛀树干，为林木、果树的重要蛀干性害虫。

芳香木蠹蛾东方亚种

学名：*Cossus cossus orientalis* Gaede
别名：杨木蠹蛾

分布与危害

国内分布于东北、华北、西北、华东等地；国外分布于非洲、欧洲、中亚。寄主有蔷薇科、核桃、榛、醋柳、杨、柳、榆、桦、栎、槭等多种林木果树。

以小幼虫于根颈处群集蛀食皮层，稍大后便分散蛀入木质部及根部为害，受害寄主树势明显衰弱，严重被害后出现干枯枝或全株死亡。

形态特征（图 46）

1. **成虫** 体长 30~40mm，翅展 60~90mm。体粗壮，灰褐色，头部前方淡黄色，颈板黄褐色，胸部暗褐色，胸背被黄褐色鳞毛，后胸带有黑色，前翅被有细密的黑色波曲横纹，前翅暗灰褐色，中区色较白，前翅前缘色较深，臀角至前缘 2/3 处有 1 条较明显的黑色横纹。后翅灰褐色，大部分有黑褐色波曲纹，但不如前翅的清晰。腹部灰色。雄蛾触角栉齿状，栉齿约呈鳃片状，雌蛾触角为锯齿状。复眼黑褐色，各足胫节有距。

2. **卵** 近卵圆形，长径约 1.5mm，短径约 1.0mm，卵表面具纵脊与横道。初产卵为乳白色，近孵化前变为暗褐色。

3. **幼虫** 体长 80~100mm，略扁，背面红色或紫红色，有光泽，体侧面红黄色，腹面淡红至黄色。头部紫黑色。前胸盾上有 2 块黑褐色大斑。中胸背板半骨化，胸足 3 对黄褐色。腹足及臀足发达，腹足趾钩单序环 76 个左右，臀足趾钩单序横带 36 个左右。气门椭圆形，9 对，胸气门较大。臀板黄褐色。

4. **蛹** 体长 30~40mm，暗褐色，第 2~6 腹节背面各有 2 横列的刺，前列超过气门，刺较粗，后列不达气门，刺较细。肛孔外围有齿突 3 对，腹面 1 对较粗大。

生活史及习性

芳香木蠹蛾东方亚种 2~3 年完成 1 代，以幼虫于树干内或土中越冬。次年 4~6 月老熟幼虫结茧化蛹，在树干内化蛹者，先蛀一圆形羽化孔，然后在羽化孔附近化蛹，有的在土中化蛹，蛹期 15~45 天不等，5 月中旬可见到成虫，6~7 月为成虫发生盛期。成虫羽

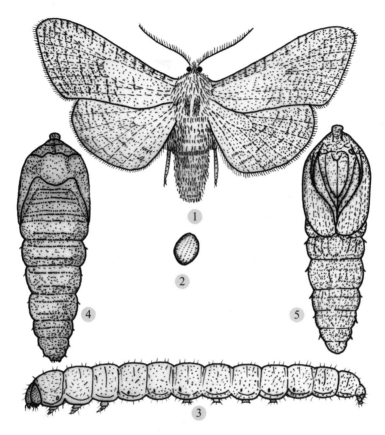

图 46 芳香木蠹蛾东方亚种

1. 成虫；2. 卵；3. 幼虫；4~5. 蛹

化后的次日开始交尾与产卵，卵多产在树干基部皮缝内，堆产或块产，单雌产卵数百粒，每块卵有卵 10 余粒，卵期 7 天左右，成虫寿命平均为 5 天左右。成虫趋光性不强，昼伏夜出。

初孵化的幼虫先群集于皮内蛀害，多在韧皮部与木质部之间及边材处筑成不规则的共同隧道，常造成树皮剥离，为害至秋末冬初便进入越冬。次年春季越冬幼虫出蛰并开始分散危害，多蛀入木质部内危害，隧道多由上向下蛀食，危害至秋末冬初便进入越冬。两年发生 1 代者，有的钻出树外、爬入土中越冬。第 3 年 4~6 月间陆续化蛹羽化。3 年发生 1 代者，幼虫第 3 年的 7 月上旬至 9 月间老熟，并蛀至边材，于韧皮部下蛀羽化孔或爬出树干外于土中先结薄茧，幼虫卷曲于其中越冬，第 4 年春季化蛹和羽化。

防治方法

1. **农业防治** 于冬季在核桃根颈处挖坑，然后施 5~6 桶人粪尿，或在干基部堆放青核桃皮，有一定防效。挖除皮下群集幼虫，可收到良好的防治效果。

2. **化学防治** 于成虫产卵期，在树干处喷洒 20% 酰肼悬浮剂 1 000 倍液或者 5% 的氯虫苯甲酰胺2 000倍液进行喷雾可毒杀初孵幼虫。在树干上向下倾斜呈45°钻孔，应用蛀干害虫新产品"天牛一插灵"，其具有内吸、熏蒸、触杀多重功效，有利于药液在树体内传导，从而杀死树体内的幼虫。

柳干蠹蛾
学名：*Holcocerus vicarius* Walker
别名：柳乌木蠹蛾、柳干木蠹蛾、柳木蠹蛾、大褐木蠹蛾、乌蠹蛾

分布与危害

　　国内分布于黑龙江、吉林、辽宁、内蒙古、山西、北京、山东、河南、河北、江苏、上海、台湾等地；国外分布于日本、朝鲜。寄主有核桃、苹果、梨、栗、山楂、樱桃、杏、杨、柳、榆、栎、桦、赤杨等多种林木、果树。

　　幼虫钻蛀枝干、根、根颈、于皮层和木质部形成广阔的不规则的密集虫道，以树干基部最多，严重破坏树木的生理机能，阻碍养分与水分的输导，致使树势衰弱，甚至整株死亡。此虫近年来在核桃树上发生较普遍，个别地区受害较重。

形态特征（图47）

　　1.成虫　雌蛾体长25～35mm，翅展45～78mm；雄蛾体长16～22mm，翅展35～58mm。头小，复眼大，圆形，黑褐色。触角灰褐色，丝状，较长，约为前翅长的1/2，触角下侧缺鳃状片。下唇须黄褐色，紧贴额面，其上密覆灰褐色鳞片。体粗状灰褐色，胸腹部背面灰褐色，腹面色稍暗，满布鳞毛。雌蛾腹部末端较尖，雄蛾腹部末端较宽钝且多毛。中足胫节端有距1对，后足胫节端部及中足各有距1对。

　　前翅基半部色较深，尤中室及前缘呈黑褐色。翅面满布多条弯曲的黑色横纹，由肩角至中线和由前缘至肘脉间形成深灰色暗区，并有黑色斑纹。后翅较前翅色暗，腋区与轭区鳞毛较臀区长，横纹不明显，只见微细的褐短横纹，翅后面斑纹

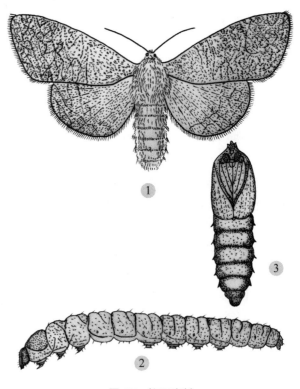

图47　柳干蠹蛾
1.成虫；2.幼虫；3.蛹

褐色，后翅中部有一褐色圆斑。

2. **卵** 卵圆形，长径 1.1~1.2mm，短径 0.7~0.8mm，表面有纵行隆脊间具横行刻纹。初产卵为乳白色，接近卵孵化时，逐渐变为暗褐色。

3. **幼虫** 体肥大，扁圆筒形。初孵幼虫为粉红色，体长大约 1mm 左右；老熟幼虫体长为 60~80mm，体宽 12~13mm。赤褐色至紫红色，体壁光滑略有光泽，体侧色稍深，体腹面近黄白带微红色，全体疏生黄褐色细毛。头部黑紫色或暗褐色，疏生褐色刚毛，头宽 5mm 左右，前胸背板宽 12~13mm 左右，上具大型紫褐色斑纹 1 对，胴部各腹节背板及体侧为紫红色。前胸盾片与臀板不明显，骨化不强，色与一般体壁相近。胸足外侧黄褐色。气门 9 对，深褐色，长椭圆形，生于前胸与第 1~8 腹节，头、胸、腹各部均生有排列整齐的黄褐色稀疏短毛。腹足趾钩双序环。

4. **蛹** 被蛹，雌蛹体长 35~50mm，雄蛹体长 30~45mm。宽均为 12mm 左右，体长椭圆形，向腹面略弯曲，棕褐至暗褐色，腹部腹面色稍淡。头顶有一圆柱状突起。头、胸部背面中央有一纵脊。后足与翅芽等长，伸达第 3 腹节近后缘，翅芽与腹节不愈合。第 2~6 腹节背面中部均有两行刺列，前刺列较粗，常伸至体侧，后刺列较细。第 7~9 腹节背面仅具前刺列。第 10 腹节很小，末端周缘有 6~7 个齿突。

生活史及习性

此虫 2 年完成 1 代，以幼虫于被害株的干、枝内越冬。经过 2 次越冬的幼虫，于第三年 4 月中旬开始出蛰活动，继续钻蛀为害，至 5 月下旬幼虫陆续老熟，并在原虫道内化蛹。蛹期 16~22 天，6 月中旬至 7 月下旬为羽化出孔期，6 月下旬至 7 月中旬为羽化盛期。羽化多在白天进行，尤以上午较多，羽化前蛹在虫道内向上蠕动，待蛹体前半部伸出羽化孔外后，成虫冲破蛹壳而出。通常蛹壳一半留于孔中，一半露于孔外。成虫羽化后，个别落在地面上爬行，待翅展开后才能飞翔活动，有极少数蛹，由尾部向上蠕动，最后蛹体于羽化孔脱落到地面上羽化。

成虫均在晚上活动，白天潜伏于隐蔽处不动，有较强的趋光性。雌成虫寿命 1~7 天，平均 2.9 天，雄成虫寿命 1~10 天，平均 3.3 天。成虫一般多在羽化后的当日夜间开始交尾与产卵，6 月下旬至 7 月中旬为成虫交尾与产卵盛期，单雌产卵量为 10~287 粒，平均 214 粒。卵多成块或成行排列，产于树干及 3cm 以上粗枝的皮缝里、修剪口处、机械损伤的愈合组织边缘及旧虫孔等处边缘的皮缝处。常少则 3~5 粒，多则 10~40 粒产在一起。卵期 11~27 天，以 14~24 天者为多。卵于 6 月底至 8 月中旬孵化，7 月间为卵孵化盛期，初孵幼虫脱离卵壳后，先于卵块附近的树干及粗皮枝上爬行，常数头至数十头幼虫（多者可达百余头幼虫）寻找树皮裂缝处或原被害孔侵入，先横向或纵向蛀食，常蛀入孔周围的韧皮部与木质部间形成片状或槽状虫道，然后再逐渐深入木质部内，有的直达髓部，当年孵化的幼虫于 10 月中旬以后开始在虫道内越冬，第 2 年 4 月中旬开始出蛰活动，多数幼虫向上呈纵或斜方向蛀食；间或少数个体向下蛀食为害，蛀成许多扁指状虫道；或有的个体沿髓部为害，形成较大的共同虫道，并与粪便孔相同。木质部内的坑道通常长

35~95mm、宽8~20mm。至10月中旬，幼虫在虫道内，多数头朝下，体弯曲，用新鲜木丝做茧室进行第2次越冬，也有不做茧室越冬者。树龄大、郁闭度小、透光多的林地或林缘及孤立树被害重，反之被害轻。此外，纯经济林被害重，混交林被害轻；树势健壮或树势强的被害轻，树势生长衰弱的被害重。

防治方法

1. **农业防治**　清除被害严重的树，剪除被害枯萎的大枝，并立即运出园外处理，杀死其中全部害虫。加强水肥管理，增强树势，防治人为机械损伤，减少此虫侵入途径，增强抗虫力。

2. **物理防治**　利用成虫的趋光性，在成虫发生期，于发生园林内设置黑光灯诱杀成虫。

3. **化学防治**　于产卵高峰期或卵孵化初盛期，喷洒50%辛硫磷乳油1 000倍液，50%杀螟松乳油1 000倍液，50%久效磷乳油1 000倍液，24%的甲氧虫酰肼2 000倍液，10%的呋虫胺可溶粒剂2 000倍液，20%的辛硫磷乳油1 000倍液，2.5%功夫乳油2 000倍液，2.5%敌杀死乳油5 000倍液，25%杀虫脒水剂1 000倍液，均可收到良好的防治效果。

于初孵幼虫刚蛀入韧皮部或边材表层期间，呈45°钻孔，孔深5~6cm，孔径6~8mm。旋下其中一个瓶盖，刺破封口，换上插头，旋紧后将插头紧插在孔中，然后旋下另外一个瓶盖，刺破封口后旋上（调节松紧控制流速），一般情况下，胸径8~10cm插1瓶，胸径大于10cm以上的大树一般插2~4瓶，尽量插在树干上部、虫孔或被害处，应用"天牛一插灵"或"树虫一插净"防治效果达100%。对蛀枝、蛀干木质部深处为害的幼虫，可用棉球蘸二硫化碳注入孔道内，于注入孔外涂以黄黏泥，或在孔道口处应用"天牛一插灵"均可收到良好的杀虫效果。

咖啡豹蠹蛾
学名：*Zeuzera coffeae* Nietner
别名：咖啡木蠹蛾、咖啡黑点蠹蛾

分布与危害

国内分布于山西、河南、湖南、四川、江苏、浙江、江西、福建、广东、陕西、台湾等地；国外分布于印度、印度尼西亚、斯里兰卡等国家。寄主有核桃、山核桃、薄壳山核桃、石榴、枣、梨、苹果、咖啡、龙眼、水杉、乌桕、刺槐、枫杨、悬铃木、柑橘、黄檀、荔枝、玉米、棉花等24个科34种以上的林木、果树及农作物。

幼虫可蛀食危害枝条，常造成枝条折断或枯死。

形态特征（图48）

1. **成虫**　雌成虫体长12~26mm，翅展13~18mm；雄成虫体长11~20mm，翅展10~14mm。全体被白色或灰白色鳞片。触角黑色，覆有白色鳞片状毛，雌虫触角丝状，雄虫触角基半部羽毛状，端部丝状。中胸有排成两行的6个蓝黑色圆斑点。头部与前胸鳞片

疏松。在前后翅的翅脉间、翅缘和少数翅脉上有许多比较规则的蓝黑色斑点。

复眼黑色。口器退化。胸部具白色长鳞毛，翅灰白色，翅外缘有8个近圆形的黑蓝色斑点。胸足被黄褐色与灰白色鳞毛，胫节与跗节为黑蓝色鳞片所覆盖。雄虫前足胫节内侧着生1个比胫节略短的前胫突。腹部被灰白色细毛。第3~7节的背面及侧面有5个黑蓝色毛斑组成的横裂，第8腹节背面则几乎为黑蓝色鳞片所覆盖。雌蛾后翅中部有1个较大的黑色圆斑点。

2. **卵** 椭圆形，长径0.9~1.0mm，杏黄色或淡黄白色，孵化前变为棕褐色或紫褐色。卵壳薄，表面无饰纹，成块状紧密贴结于枯枝虫道内。

3. **幼虫** 初孵幼虫体长1.5~2.0mm，紫黑色，随着虫体生长，色泽变为红褐至紫红色，老熟幼虫体长30~38mm左右。头橘红色，头顶、上颚及单眼区域黑色；体淡赤褐色，前胸背板黑色，较硬，后缘有锯齿状小刺1排，中胸至腹部各节有成横排的黑褐色小颗粒状隆起。

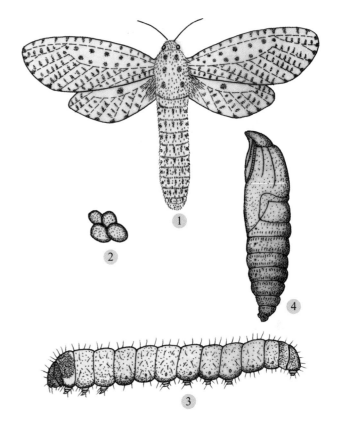

图48 咖啡豹蠹蛾
1.成虫；2.卵；3.幼虫；4.蛹

前胸盾阔大，前半部有一近长方形黑褐至黑色大斑，中胸背板前部黑褐色，第9腹节背板有黑色骨化环。臀板黑色，臀足上方的侧背板有黑褐色骨化区。

4. **蛹** 被蛹，长圆筒形，褐色至赤褐色，雌蛹长16~27mm，雄蛹长14~19mm，蛹的头端有一尖的突起，色泽较深，腹部2~9节的背侧面、甚至腹面有小刺列，第2~7腹节背面各有2横列。腹部末端有6对臀刺。

生活史及习性

此虫在江西等地1年发生2代，在河南、山西等地一年发生1代，各地均以幼虫于被害枝条的虫道内越冬。次年寄主树液流动后，越冬幼虫开始出蛰活动为害，继续沿髓部向上蛀食，或转移危害新梢。一年发生2代区，第1代成虫期发生于5月上、中旬至6月下旬，第2代在8月初至9月底。一年发生1代区，4月中下旬至6月中下旬化蛹，5月中旬成虫羽化，7月上旬结束，5月底至6月上旬可见到初孵幼虫。

越冬幼虫转枝率达48.2%。正在发叶的枝条若被蛀害，新叶及嫩梢会很快枯死，症状非常明显。老熟幼虫在化蛹前，咬通虫道壁的木质部，在皮层上预筑一近圆形羽化孔盖，孔盖边缘与树皮略为分离；在孔盖下方 8mm 处，幼虫另咬一直径约 2mm 的小孔与外界相通，在羽化孔盖与小孔之间，幼虫吐丝缀合木屑将虫道堵塞，并做成一斜向的羽化孔道，在羽化孔上方，幼虫用丝与木屑封隔虫道，筑成虫道，蛹室长 20～30mm。近化蛹的老熟幼虫，头部朝下经 3～5 天蜕皮化蛹，蛹期 13～37 天。羽化前，蛹体借腹部的刺列向羽化孔口蠕动，顶破蛹室丝网及羽化孔盖半露于羽化孔外，羽化后蛹壳留在羽化孔口，长久不落。成虫全天均可羽化，以 10：00、15：00、20：00～22：00 羽化最多，凌晨 3：00～6：00 羽化最少。5 月下旬为羽化盛期。由于生长发育速度不一，羽化期推延很长。雌雄性比为 1：1.58。

成虫白天静伏不动，黄昏后开始活动，雄虫飞翔能力较强，趋光性弱。成虫交尾多在 20：00～23：00 进行，至次日 6：00～10：00 脱离，交尾历时 6～11 小时，未发现有重复交尾现象。雌虫交尾后 1～6 小时产卵，产卵历期 1～4 天。单雌卵量 244～1 132 粒，平均为 600 粒左右。卵产于树皮缝隙、旧虫道内或新抽嫩梢上或芽腋处，散产。未经交尾的雌成虫也可产卵，但卵不能孵化。成虫寿命 1～6 天，卵期 9～15 天。

幼虫孵化后，吐丝结网覆盖卵块群集于丝幕下取食卵壳。孵化后 2～3 天扩散，扩散时间多在 9：00～15：00 进行。扩散距离最远达 25m 左右，阴天停止扩散。在林内，幼虫呈片状分布，幼虫多于叶腋处或嫩梢顶端几个腋芽处蛀入，虫道向上。蛀入后 1～2 天，蛀孔以上的叶柄凋萎，甚至干枯，并常于蛀孔处折断，取食 4～5 天后，幼虫钻出，向下转移至新梢，由腋芽处蛀入，此时危害症状逐渐明显。6～7 月间，当幼虫向下部 2 年枝条转移为害时，因气温升高，枝条枯死速度加快，枝条被害状异常明显。幼虫蛀入枝条后，在木质部与韧皮部之间绕枝条转一环，由于输导组织被破坏，致使枝条很快被枯死，幼虫在枯枝内向上取食为害，若遇大风，被害枝条常于蛀坏处折断。幼虫为害至 10 月底至 11 月初停止取食。在虫道内吐丝缀合虫粪，木屑封闭两端静伏越冬。

据记载，此虫的越冬幼虫的天敌有：小茧蜂，雌虫体长 4～6mm，雄虫体长 3～4mm，体黑色，腹部 1、2 节侧面及腹面中部为白色，每条被寄生幼虫有寄生蜂 5～6 头至 10 头左右，老熟后钻出寄主结茧于虫道内，茧圆柱形，长 6～7mm，黄白色，寄生率可达 9.1%～16.8%；蚂蚁也可取食此幼虫；串珠镰刀菌、被寄生虫体干缩、僵硬，以后在虫体表面长出白色霉状物，寄生率可达 16.6%～29.5%；病毒，感病幼虫的虫体变得软瘫，体色变淡，无臭味，但寄生率低。

防治方法

1. **生物防治**　保护和利用天敌，在剪拾有虫枝条内，常有一定数量的寄生蜂，应加以保护与利用。

2. **其他防治方法**　参照柳干蠹蛾防治方法。

六星黑点蠹蛾

学名：*Zeuzera leuconotum* Butler
别名：枣豹蠹蛾、栎豹蠹蛾

分布与危害

国内分布于山西、河北、华东、江西等地；国外分布于日本、朝鲜。寄主有核桃、苹果、枣、梨、栎、榆、杨、茶等多种植物。

以幼虫蛀食寄主的髓部，轻者影响树势，重者造成减产。

形态特征（图 49）

1. **成虫** 雌成虫体长 18～20mm，翅展 35～37mm；雄成虫体长 18～22mm，翅展 34～36mm。全体被有白色鳞片，雄成虫触角基半部双栉齿状，端半部为线状。雌成虫触角线状。在翅脉间、翅缘和少数翅脉上有许多比较规则但大小不等的蓝黑色斑，后翅除外缘有蓝黑色斑外，其余部分的斑颜色较浅。头部与前胸的鳞片疏松，前胸有排成两行（每行 3 个）的 6 个蓝黑色斑点，腹部每节均有 8 个大小不等的蓝黑色斑，成环状排列。

2. **卵** 椭圆形，长 0.9～1.0mm、宽 0.5～0.6mm。上具网状刻纹，初产卵为黄白色，以后渐变为淡黄色，少数卵为橘红色。

3. **幼虫** 老熟幼虫体长 32～40mm，全体紫红色，前胸背板上有一对子叶形黑斑，后缘

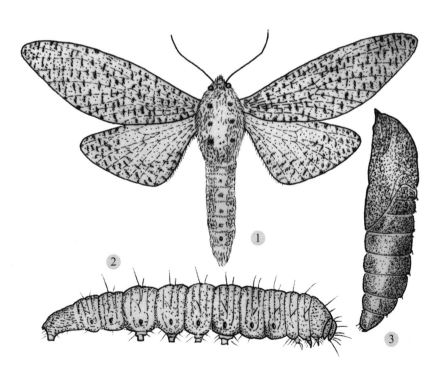

图 49 六星黑点蠹蛾
1. 成虫；2. 幼虫；3. 蛹

具有 4 排黑色小刺。第 4 腹节背纹上有黑色骨化带，臀足上方的侧背纹也有黑褐色骨化区。

4. **蛹** 红褐色，长 25~28mm，头部顶端具有一个大的齿突，每个腹节有两圈横行排列的齿突。

生活史及习性

此虫在我国北方 1 年发生 1 代，以幼虫于被害的枝条内越冬，越冬幼虫的龄期不一。次年寄主树液流动后，越冬幼虫开始沿枝干髓部向上蛀食为害，并相隔不远朝外咬一排粪孔，将粪便排出体外，被害枝梢上部的幼芽或嫩枝出现枯死或断枝。并可转移至新梢继续蛀孔为害。6 月上旬幼虫开始在隧道内吐丝缀连碎屑堵塞被害枝条的两端，并向外咬一个羽化孔，开始化蛹，蛹期 19~23 天，6 月下旬开始羽化为成虫，7 月中旬为羽化高峰期，8 月初仍可见到成虫，9 月间为幼虫危害盛期，秋末幼虫陆续进入越冬。

成虫有趋光性，不大活泼，雄成虫飞翔力较雌成虫强。羽化多在下午进行，夜间交尾，产卵期可延续 3~5 天，单雌平均产卵 400~800 粒，多者可达 1 150 粒，卵数粒成块或单产，多产于幼嫩枝条或叶片上，卵期 15~20 天，初孵幼虫迁移能力较强，有转枝为害习性，幼虫无论在枝条或主干为害，均在皮层附近绕干蛀食木质部四周，因此被害枝条极易引起风折。幼虫受惊后有吐丝下垂的习性。幼虫在侧枝中为害，虫道较长，往往有多个排粪孔。幼虫老熟时开始咬蛀羽化孔，然后将两端堵塞，构成蛹室，化蛹部位多在羽化孔上方，头部向下，羽化后蛹壳留在羽化孔中，半截露于孔外。此虫发生的程度与林分状况极为密切，在生长良好的林间，被害株率很低，管理良好的苗木和幼林被害较轻，生长不良及立地不好的残林或者管理不好的苗木及幼树，被害率就高。

防治方法

1. **农业防治** 培育壮苗，提高造林质量。生长良好的幼林或成林，即使有虫但危害亦不大。生长衰弱的残林，每年均有虫为害，因此，培育壮苗，对防治此虫的大量发生有很大的意义。及时清除、烧毁风折枝。在林带或近林带的一些风折枝中，常有大量的幼虫和蛹存在于其中，因此，在苗圃或幼林中如发现枯梢、断枝，应立即清除烧毁。

2. **物理防治** 成虫发生期，在有条件的地方可设置黑光灯或其他灯光诱杀成虫，可收到一定的效果。

3. **化学防治** 于卵孵化的初盛期，初孵幼虫蛀入枝条之前，喷药防治。常用农药如50%辛硫磷乳油 1 500 倍液；50%的噻虫胺 2 000 倍液；2.5% 功夫乳油 5 000 倍液；20%灭扫利乳油 2 000 倍液；或用氟虎（2.5%高效氯氟菊酯）柴油溶液（1∶20）涂虫孔，杀虫率达 100%；或有机磷农药和菊酯类农药混配使用，均可收到良好的防效。

对连年遭虫为害的地块，应及时根除，并有计划地更新残林。新发现被害孔，可对排粪孔注射 80%敌敌畏乳剂 200 倍液，并用泥封孔。对蛀入枝、干木质部深处为害的幼虫，可用棉花球蘸 1.8%阿维菌素，或功夫 400 倍液，或 10%吡虫啉 1 000 倍液注入（或塞入）排粪孔内，外敷黄泥，均可收到良好的杀虫效果。在卵孵化盛期，初孵幼虫蛀入枝干为害

前，喷洒金刹（70%吡虫啉水分散粒剂）2 000～103 000 倍液，或强点（2.8% 阿维菌素微乳剂）2 000～3 000 倍液喷雾，毒杀卵及幼虫，能收到良好的杀虫效果；或以上原药用烟雾机喷烟防治。

蝙蝠蛾科 （Hepialidae）

中等大小，体粗壮、多毛，色暗或鲜艳。头小，触角短小，念珠状，比较原始。口器退化，上唇、上颚与下颚只留有痕迹，无喙管，下唇须小，1 节。胸部大。足没有距。翅狭长，后翅狭小。没有翅缰。翅轭小，放于后翅上方，前后翅脉序相同，M 的主干完整，前翅有一部分 1A 脉存在，其 Cu_2 脉只有前、后翅上保留有一部分。雄虫第 9 节背板短，腹部发达粗大，两侧向后突出成角状，阳茎消失，雌性生殖器也极特化，成虫性懒惰，只在黄昏时活动、飞翔时左右摇摆。

幼虫粗壮有皱纹，白色、黄色或色暗，毛瘤上生有毛。单眼每侧 6 个，排成两列，腹足 5 对，趾钩环式。幼虫期大多蛀食植物的粮、茎、枝和干，为园林植物的主要害虫。有些种类可作为药材，如冬虫夏草则是柳蝙蛾幼虫被真菌寄生的混合体。卵圆球形，飞翔时散产，并将卵落于地面。此科世界已知 200 种左右，我国记录有 11 种。

柳蝙蛾 | 学名：*Phassus excrescens* Butler
别名：柳蝙蝠蛾、蝙蝠蛾

分布与危害

国内分布于黑龙江、吉林、辽宁、湖北、安徽等地；国外分布于日本、前苏联。寄主有核桃、苹果、梨、葡萄、桃、板栗、枇杷、文冠果、银杏、栎、柳、桐、椿树、刺槐、赪桐、枫杨、卫茅、丁香、鼠李、连翘、接骨木、啤酒花、线麻、玉米、茄子及多种药用植物。

以幼虫于枝干或枝条内钻蛀坑道，并排出大量粪便与木屑，堆积于蛀孔外，轻者则削弱树势，重者则易被风折断或枯死。

形态特征 （图 50）

1. **成虫** 体长 35～44mm，翅展 66～70mm。体茶褐色，但变化较大，初羽化的成虫绿褐色，后逐渐变为粉褐色，半日后变为茶褐色。触角短，呈线状。后翅狭小，乌褐色，无明显的斑纹。腹部长大，前翅前缘有 7 枚近方形的斑纹，无粉点，翅中央有一个深褐色略带暗绿色的较大三角形斑，斑纹外缘由并列的模糊不清的括弧形斑组成的宽带，直达后缘。前足及中足发达，爪较长，借以攀缘物体。雄蛾后足腿节背面密生橙黄色刷状长毛，雌蛾则无。

2. **卵** 圆形，直径 0.6～0.7mm，初产为乳白色，稍后变成黑色，微具光泽。

鳞翅目
LEPIDOPTERA

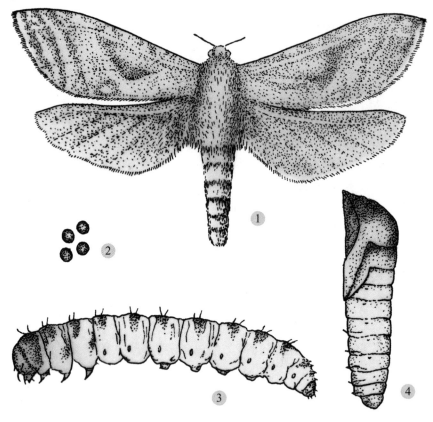

图 50 柳蝙蛾
1. 成虫；2. 卵；3. 幼虫；4. 蛹

3. **幼虫** 老熟幼虫体长 42~60mm，头部蜕皮时红褐色，以后变为深褐色，各体节有硬化的黄褐色毛片，前胸盾淡褐色至黄褐色，气门黄褐色，围气门片暗褐色，胸足发达，3 对，腹足俱全。

4. **蛹** 雌蛹体长 30~60mm，平均为 39.2mm，雄蛹体长 29~48mm，平均为 35.6mm。体圆筒形，黄褐色，头顶深褐色，中央隆起，形成一条纵脊，两侧生有数根刚毛。触角上方中央有 4 个角状突起。腹部背面第 3~7 节有向后着生的倒刺两列，腹面第 4 至第 6 节生有波纹状向后着生的倒刺一列，第 7 节有倒刺 2 列，但后列的中央间断，第 8 节有中央间断的倒刺，多形成突起状。雌蛹腹部较硬，生殖孔着生于第 8 节和第 9 节中央，形成一条纵缝，雄蛹腹部较软，生殖孔着生于第 9 腹节中央，两侧有一指状突起。

生活史及习性

此虫北方果林区大多 1 年发生 1 代，少数地区 2 年发生 1 代，各地均以卵于地面越冬，或以幼虫于树干基部和胸径处的髓部越冬。次年 5 月中旬越冬卵开始孵化，6 月上旬开始转向果树、林木或杂草等枝干或茎内食害。8 月上旬开始化蛹，8 月中下旬为化蛹盛期，9

月下旬化蛹结束。蛹期15天左右，8月下旬为羽化初期，9月中旬为羽化盛期，10月中旬为羽化末期。成虫羽化后即开始交尾与产卵，产卵历期为10天左右，单雌平均产卵为2 738粒。由于以卵越冬，所以卵期较长，一般为239～243天，平均为240天。雌成虫寿命为8～13天，雄成虫寿命为7～13天。

幼虫活泼、敏捷，受惊扰便急忙后退、或吐丝下垂。幼虫可直接钻蛀幼苗或枝干，间或幼虫由腋芽蛀入，蛀入被害的作物，其幼苗或枝干的直径为15（8～22）mm，距地面高为153（24～246）cm。幼虫蛀入枝干后，大多向下钻蛀，坑道内壁光滑，幼虫经常啃食坑道口周围的边材，坑道口常呈现环形凹陷，故易遇风被折断。幼虫往往边蛀食，边用口器将嚼下的木屑送出坑道、黏结于坑道口上的丝网上，因此丝网常黏满木屑或连缀成木屑色。

刚孵化的幼虫，先取食枯枝落叶下层下面的腐殖质，进入2～3龄后，幼虫开始转向2年生幼苗或大树嫩条或杂草上。在自然条件下极少转移，侵入杂草中的幼虫，因寄主茎秆较细，多于7月下旬开始转移到附近的大树上。幼虫在不同寄主上的发育速度不同，所以幼虫期间的蜕皮次数及各龄幼虫的历期也有明显差异，尤其一年发生1代的幼虫与二年发生1代的幼虫相差更为悬殊。发育快的个体大，一般先羽化。发育慢的当年就停止发育，在坑道先端做一薄的木屑塞，将坑道口封闭，并用木屑和新吐出的白丝做成筒状长茧，头部向上在其中休眠越冬。整个幼虫历期较长，为90～120天。

老熟幼虫化蛹期停止取食，不再爬出坑道口活动，并在近坑道口附近吐丝做一个白色薄膜，将坑道封闭，然后退至坑道底部、头部向上化蛹，接近羽化时，蛹变为棕褐色。由于体节生有倒刺，蛹在坑道中借腹部的蠕动，可上下自由活动，因此中午经常可见蠕动至坑道口的蛹体，若受惊扰后便迅速退入坑道中。

成虫羽化多集中于中午以后。成虫昼伏夜出，有趋光性。成虫可在2m高的空中交尾，交尾时间最短14小时20分钟，最长可达45小时6分钟。据研究报道，有的成虫交尾后即可产卵，有的成虫可边交尾边产卵，有的成虫不交尾即可产卵。产卵无固定场所。产下的卵没有黏着性，卵散落于地面或其他被物上，未经交尾产下的卵经过3天左右，卵的表面逐渐干瘪，以后皱缩死亡。

防治方法

1. **农业防治**　选用抗虫品种。

2. **物理防治**　防治成虫。于成虫发生期，在园内设置黑光灯或其他汞灯，诱杀成虫。或于成虫羽化期间，每天16：00～18：00捕捉刚羽化的成虫。

3. **化学防治**　及时剪伐被害严重的林木或枝条，消灭其中幼虫。粗大枝干不宜剪伐时，可用棉球蘸二硫化碳，或80%敌敌畏乳油、2.5%溴氰菊酯乳油、20%杀灭菊酯乳油、2.5%功夫乳油、20%甲氰菊酯（灭扫利）等药剂稀释20～50倍液，在2、3龄幼虫转入树干初期（6月中旬至7月中旬）点孔，或将棉球塞入蛀孔，然后用粘泥将蛀孔封闭，毒杀孔内幼虫。或选用印楝素乳油、灭蛾灵、1.8%阿维菌素、50%杀螟松、25%灭幼脲Ⅲ

号、5%抑太保、2.5%高效氯氟氰菊酯等喷雾防治。此外，虫螨腈、苏云金杆菌以及苦烟乳油等也具有较好的防治效果。喷药时要避开阴雨天气。5月中旬至6月上旬是初孵化的幼虫在地面活动与转移上树前期，此时是抓紧地面防治和树干基部喷药防治的关键期。常用农药有：50%的辛硫磷乳油2 000倍液于地面喷洒，然后用耙轻耙，将药翻于地下，可收到良好的防治效果；也可用30%的辛硫磷微胶囊剂每株树50g，加适量水喷散树冠下，或50%敌百虫可湿性粉剂1 000倍液、20%的氯虫苯甲酰胺2000倍液、22%的甲维·氟虫双酰胺2 000倍液、50%杀螟硫磷乳油1 000倍液、5%的氟啶脲乳油2 000～3 000倍液、240g/L的甲氧虫酰肼1 000～2 000倍液、10%氯溴虫腈3 000倍液，将稀释后的药液均匀地喷洒于地面，每隔10天左右用一次药，连用2～3次，防治效果可达90%左右。

4. **生物防治**　保护和利用天敌。柳蝙蛾在幼虫期和蛹期均有不同种类的天敌。如赤胸步甲（*Calathus halensis*）、蠼螋（*Forficula rubusta*）、蚕饰腹寄蝇（*Crossocosmia zebina*）、白僵菌等，应加以保护和利用。

5. **植物检疫**　严格检疫措施。防止带虫苗木扩散，杜绝此虫的蔓延，因此，苗木出圃前应严格履行检疫。

举肢蛾科　(Heliodinidae)

小型蛾类。成虫静止时后足向上高举，竖立在体的两侧，故称之为举肢蛾。成虫喜欢在光照叶片上作旋转运动。头部光滑，眼小，触角线状，其长度与翅相当，唇须小或中等，间或下垂或细长，光滑，末端尖而上弯；下颚须退化。翅狭长而尖，披针形，中室在M之下多开放，脉序常退化，后足胫节与跗节有呈环状的刺。本科世界已知有70余属400余种。

核桃举肢蛾 | 学名：*Atrijuglans hetaohai* Yang
别名：核桃黑

分布与危害

分布于山西、河北、河南、四川、陕西、贵州等核桃产区，尤其在太行山区、燕山山脉、晋东南、晋中、忻州、雁北、陕西关中、陕南等核桃生产基地，此虫发生危害更重。寄主为核桃。

核桃举肢蛾以幼龄幼虫蛀入核桃果内，蛀孔外常出现白色胶状物，以后胶状物变为琥珀色。随着幼虫的生长，纵横穿食为害，被害隧道内充满虫粪，被害果皮皱缩，逐渐变黑，并开始凹陷，核桃仁发育不良，出现干缩而黑。有的幼虫可直接危害核桃仁，使核桃仁品质下降或变质，失去食用价值，间或个体可蛀食果柄间的维管束，引起早期落果。

形态特征（图51）

1. **成虫** 体长4.5～8.5mm，翅展12～14mm。体黑色，有金属光泽，头部褐色，被银灰色大鳞片，下唇须银白色，细长，向上卷曲，超过头顶，触角浅褐色密被白毛，小盾片被白鳞片，前翅基部1/3处有椭圆形白斑，2/3处有月牙形或三角形白斑，其他部分均为黑色，缘毛黑褐色，后翅披针形，缘毛长大于翅宽。体腹面银白色。

2. **卵** 椭圆形，长0.3～0.4mm，初产卵为乳白色，以后逐渐变为黄白色、黄色、浅红色，孵化前变为红褐色。

3. **幼虫** 老熟幼虫体长7.5～9.0mm，头部黄褐色至暗褐色，胴部淡黄褐色背面稍带红，前胸盾和胸足黄褐色，腹足趾钩单序环状，臀足趾钩单序横带，幼龄幼虫为乳白色，头部为黄褐色。

4. **蛹** 体长4.2～7.5mm，纺锤形，黄褐色。茧为椭圆形，褐色，长8.5～10.0mm，常附有草末及细土粒。

生活史及习性

核桃举肢蛾1年发生1～2代，以老熟幼虫于表土层内结茧越冬，30mm左右的深土层中越冬茧较多，亦有在树干基部的皮缝内越冬者。1代区的越冬幼虫于6月上旬至7月下旬化蛹，化蛹盛期在6月下旬，蛹期7天左右。成虫发生期在6月中旬至8月上旬，盛发期在6月下旬至7月上旬。幼虫于6月中旬开始为害，为害30～45天后开始老熟脱果，

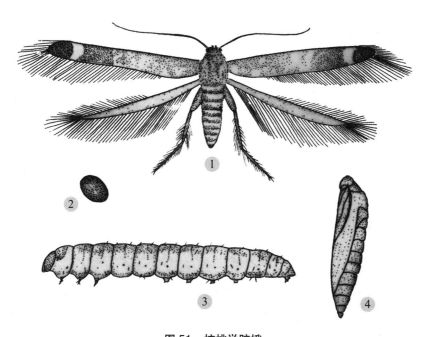

图51 核桃举胶娥

1. 成虫；2. 卵；3. 幼虫；4. 蛹

脱果期在7月中旬至9月初,8月上旬为脱果盛期,幼虫脱果后潜入土中、杂草、枯枝落叶下、石砾及树根枯皮中越冬。2代区的越冬代成虫于5月初至6月中旬出现,盛期在5月底至6月初。第1代幼虫于5月中旬开始蛀果,为害25天左右后,幼虫开始陆续老熟并脱果化蛹。第2代幼虫于7月中旬开始蛀果,8月中旬前后开始老熟脱果。盛期在8月下旬至9月上旬为越冬幼虫脱果盛期,至核桃采收时有80%左右的幼虫脱果结茧越冬。

成虫羽化出土的早晚及发生的轻重受气候条件的影响较大,在多雨潮湿的年份,成虫羽化发生早,而且危害严重。成虫多在下午羽化,趋光性弱,多在树冠下部叶片的背面活动与交尾。产卵多在18:00~20:00时进行。卵多数散产于两果相接处,其次是萼洼、梗洼、叶柄、叶腋与叶脉及叶片上。成虫寿命7天左右,单雌产卵量为35粒左右,卵期5天左右。幼虫孵化后于果面上爬行1~3小时后,才寻找适当部位蛀入果内,然后深入种仁,此时果实外表无明显症状,但造成大量落果。一果内常有数头幼虫为害,第2代幼虫主要于青皮下为害,很少造成落果。

防治方法

1. **农业防治**　防治于越冬幼虫出土化蛹前翻树盘,消灭越冬幼虫;幼虫蛀果危害期及时摘拾落果,并集中将落果深埋,可收到良好的防效。

2. **化学防治**　越冬代和第1代产卵盛期或卵孵化期,每隔10~15天喷药1次,共喷3次,可控制此虫的危害。常用农药有:20%的氯虫苯甲酰胺2 000倍液、22%的甲维·氟虫双酰胺2 000倍液、5%的氟啶脲乳油2 000倍液、240g/L的甲氧虫酰肼2 000倍液、10%氯溴虫腈3 000倍液、2.5%溴氰菊酯乳油2 000倍液,20%的速灭杀丁乳油2 000~3 000倍液。或者利用苏云金芽孢杆菌在幼虫孵化蛀果前进行喷药,将幼虫消灭在蛀果之前。斯氏线虫对核桃举肢蛾越冬茧有较好的防治效果,利用白僵菌侵染老熟的幼虫。

卷蛾科 (Tortricidae)

小至中型,头部通常具有相当粗糙的鳞片,间或有长毛,触角长约为前翅的1/3~2/3。下颚须退化或消失,下唇须第2节鳞片发达,第2节短小,末端钝,前翅多呈长方形,少数狭长,静止时保持屋脊状或钟罩状,有些种类雄蛾的前翅前缘的基部向上褶叠,其中包括一些散发气味的香鳞毛丛,被称之为前缘褶。后翅呈宽卵圆形。老熟幼虫圆柱形,体色变化很大,有黄绿、黄、粉红、紫色等多种体色。有些种类的幼虫有臀栉。由于幼虫为害时,常卷叶缀叶于其中,故称为卷蛾,其实这科的种类除卷叶危害外,还可蛀枝、蛀梢或蛀果,还有危害植物花、种子和根的。大多种类每年发生1~2代,以幼龄幼虫隐蔽于树皮缝或枯枝落叶下越冬,间或有以卵或成虫越冬的。大多种类的成虫具有趋光性。蛹长为15mm左右,雌蛹的第4~6腹节可活动;雄蛹第7腹节能动。本科世界已知3 500种以上,多数为农林生产中的重要害虫。

棉褐带卷蛾

学名：*Adoxophyes orana* (Fisher von Roslerstamm)

别名：苹小卷叶蛾、苹果小卷蛾、棉小卷叶蛾、网纹褐卷叶蛾、远东褐带卷叶蛾、桑斜纹卷叶蛾、茶小卷叶蛾、苹卷叶蛾、苹叶蛾、橘小黄卷叶蛾、橘卷叶蛾

分布与危害

除西北、云南和西藏外，全国各地均有分布；国外分布于印度、日本、欧洲。寄主有苹果、核桃、梨、樱桃、忍冬、柑橘、杨、蔷薇、柳、悬钩子、棉花、茶等多种果树、林木及各种农作物。

以幼虫取食危害嫩芽、幼叶、花蕾。幼虫稍大后，常吐丝缀连叶片，卷成虫苞，潜于其中取食为害，被害叶片呈纱网状或孔洞。

形态特征（图 52）

1. 成虫　体长 6～8mm，翅展 13～23mm，体棕黄色，唇须较长，向前伸，第 2 节背面呈弧形，末节稍下垂，雄成虫前翅有前缘褶，前翅由淡棕色到深黄色，斑纹褐色，基斑由前缘褶的 1/2 处开始伸展到后缘的 1/3 处，中横带由前缘的 1/2 处开始斜向后缘的 2/3 处，并由中部产生一条分支伸向臀角，横纹扩大到外缘，并延伸至臀角；后翅及腹部为淡黄色，缘毛灰黄色。

2. 卵　扁平、椭圆形或卵圆形，淡黄色，卵块常数十粒排成鱼鳞状。长径为 7mm 左右，短径为 5mm 左右。

3. 幼虫　老熟幼虫体长 13～17mm。体色浅绿色至翠绿色。头小，头部淡黄绿色，头壳侧后缘处单眼区上方有一栗棕色斑纹。前胸背板淡黄色或淡黄褐色。胸足淡黄色或黄褐色。臀板淡黄色，臀栉 6～8 棘。低龄幼虫体淡黄绿色。

4. 蛹　体长 9～10mm。体较细长，初化蛹为绿色，以后渐变为黄褐色。腹部第 2 节至第 7 节背面各有两横列刺突，前列刺较粗，后列刺小而密，均不到气门，尾端具有 8 根臀棘，向腹面弯曲。

生活史及习性

此虫在东北、华北 1 年发生 3 代，宁夏 1 年发生 2 代，山东 1 年发生 3～4 代，黄河古道地区 1 年发生 4 代，各地均以幼龄幼虫于寄主的粗皮裂缝内、剪锯口缝隙处、枝上粘贴的枯叶下、寄主的侧芽与腋芽上结白色薄茧于内越冬。次年春季当寄主萌动露绿时开始出蛰活动与为害，从出蛰始期到末期共持续 25 天。出蛰幼虫顺枝干爬至幼芽、嫩叶、花蕾上为害，寄主展叶后便缀叶为害。各代成虫发生期大体为：1 年发生 3 代区，越冬代成虫从 5 月下旬至 6 月下旬，盛发期在 6 月上中旬；第 1 代从 7 月上旬至 8 月上旬，盛发期在 7 月中下旬；第 2 代从 8 月上旬至 9 月下旬，盛发期在 9 月的上中旬。各代卵期分别为：第 1 代 10.2 天；第 2 代 6.7 天；第 3 代 6.8 天。幼虫历期平均为 18.7～26 天。蛹期为 6～9 天。一年发生 4 代区，越冬代成虫从 5 月上旬到 5 月中旬，盛发期在 5 月上旬末至 5 月中旬初。

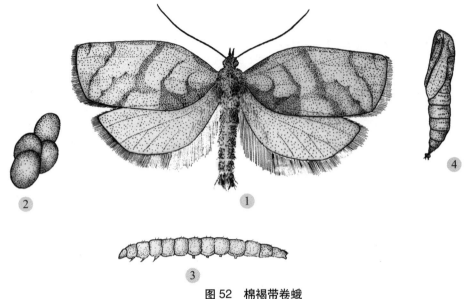

图 52　棉褐带卷蛾
1. 成虫；2. 卵；3. 幼虫；4. 蛹

第 1 代从 6 月下旬到 7 月上旬，盛发期在 6 月下旬末到 7 月上旬初；第 2 代从 8 月上旬到 8 月中旬，盛发期在 8 月上旬末至 9 月中旬初；第 3 代盛发期在 10 月上旬。各代卵期分别为：第 1 代 11 天左右；第 2 代 5.5 天左右；第 3 代 7.5 天左右；第 4 代 12 天左右。幼虫历期平均为 25 天左右，蛹期为 7 天左右。每头雌成虫平均产卵量为 21～207 粒。产卵前期为 5 天左右。

　　成虫白天潜伏，夜间活动。有明显的趋光性和趋化性，尤其对果汁、果酱、果醋及糖醋液有很强的趋性。雄成虫对雌性激素反应敏感。卵常呈鱼鳞状产在寄主的叶面或果实上。成虫的产卵和卵的孵化受湿度影响较大，天气干旱少雨湿度低时，成虫的产卵量及卵的孵化率均很低，因此，在多雨的年份，此虫的发生与危害均很严重。棉褐带卷蛾的幼虫极为活泼，受惊扰后便吐丝下垂。此虫有转移为害的习性，当营养不良时，即向新的幼嫩枝梢和叶片上转移为害，因此，在新梢上的卷叶多为有虫叶苞。幼虫老熟化蛹前，常转移到新叶上结苞，于其中化蛹。

防治方法

　　参照褐带长卷蛾防治方法。

褐带长卷蛾

学名：*Homona coffearia* Meyrick
别名：柑橘长卷蛾、茶叶卷蛾

分布与危害

　　分布于我国南方各省区；国外分布于印度、印度尼西亚、斯里兰卡。寄主有柑橘、核

桃、苹果、荔枝、龙眼、枇杷、杨桃、柿、栗、梨、桃、李、梅、茶等多种林木、果树植物，在柑橘树上可终年为害。

以幼虫危害寄主的芽、嫩叶、花蕾及幼果，也可危害嫩梢。危害嫩叶时，可吐丝缀合3～5个叶片于其中食害，幼果被害后造成大量落果。

形态特征（图53）

1. **成虫** 雌成虫体长8～10mm，翅展25～28mm，雄成虫体长6～8mm，翅展16～19mm。成虫全体暗褐色。头小，头顶有浓褐色鳞片状毛，下唇须向上翘。头胸连接处有褐色粗鳞毛。胸部背面黑褐色，胸部腹面为黄白色。前翅底色暗褐色，翅基部的黑褐色斑约占翅长的1/5。前缘中央前方斜向后缘中央后方有深宽褐带，顶角亦常黑褐色。后翅淡黄色。雌虫翅甚长，超越腹部甚多。雄虫翅的花纹与雌虫相同，但翅较短，仅遮盖腹部。雄虫前翅具有宽而短的前缘折，向翅的背面卷折成圆筒形。

2. **卵** 椭圆形，长径为0.80～0.85mm，短径为0.55～0.65mm。淡黄色，卵常块状排列呈鱼鳞状。卵块上覆有胶质薄膜。

3. **幼虫** 老熟幼虫体长20～23mm，头部深褐色或黑色，前胸盾板黑色，前足与中足亦为黑色，后足褐色。气门近圆形，前胸气门略小于第8腹节气门，但略大于第2至第7腹节气门，具臀栉。初孵幼虫体长1.2～1.6mm，体深黄色至绿色，头部黑色；2～3龄幼虫体长为2～6mm，全体黑色；4龄幼虫体长7～10mm，全体深褐色至黑色；5龄体长12～18mm，全体深褐色至黑褐色，后足浅褐色。

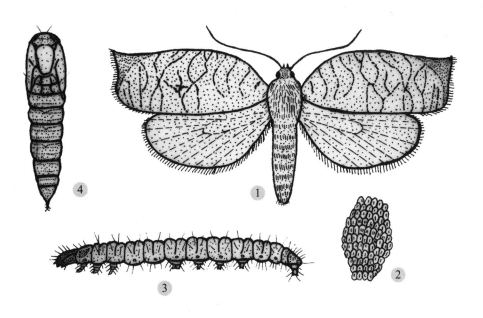

图53 褐带长卷蛾

1. 成虫；2. 卵；3. 幼虫；4. 蛹

4. 蛹 雌蛹体长 12～13mm，雄蛹体长 8～9mm，黄褐色。蛹背面中胸后缘中央向后突出，突出部分的末端近平截状，此特征可与核桃上其余几种卷叶蛾不同。腹部第 2 节至第 8 节背面近前后缘有两横排钩状刺突，近前缘钩状刺突较粗大，近后缘较小，这两横排钩刺突较直。蛹腹面的上唇明显，下唇须成镊状，仅达喙的 1/3。前足腿节几与喙等长，中足为翅的 1/5 长，第 10 节末端较狭小，具 8 条臀棘。

生活史及习性

我国华北地区 1 年发生约 4 代，广东、福建 1 年发生约 6 代，各地均以幼虫于卷叶、皮缝、杂草中越冬。次年春季幼虫出蛰活动与为害。幼虫吐丝将 3～5 片叶片缀在一起，于其中为害。刚孵化的幼虫仅取食叶片的一面，大多取食叶片的背面，间或叶片的两面均可被害，留下网状薄膜，不久薄膜破而成孔，第二龄幼虫开始取食叶缘，被害叶常出现缺刻或孔洞，老熟幼虫食量更大，危害更严重，常吐丝缀合 5～6 个叶片造成较大的叶苞，躲于其中为害。当食料不够时，即迁移重新结苞取食。幼虫的体色随食料不同而异，一般取食果实时，体色呈灰白色，取食嫩叶的幼虫，体色为淡绿色，取食老叶的幼虫，体色为绿色。

成虫白天潜伏，夜间活动，有趋光性和趋化性。成虫羽化多在清晨进行，白天静伏于枝上或叶上，交尾与产卵多在夜间进行。卵大多产在叶的正面主脉附近，间或产在叶片的背面或枝条上。每头雌成虫通常产 2 块卵，每块卵约 200 粒左右。幼虫孵化后迅速向四方分散或吐丝下坠，随风飘荡，分散各处。幼虫很活泼，当受惊扰后，立即向后跳动或吐丝下坠逃跑。幼虫若遇敌害，则吐出暗褐色液体。幼虫通常为 6 龄。老熟幼虫有的于被害叶苞中化蛹，有的转到老叶上化蛹。化蛹时，常将邻近的老叶叠置在一起，幼虫于两叶片间结薄茧化蛹。

各世代及各发育阶段的长短与温度有密切关系，越冬代历期最长，80～100 天。在 5 月至 6 月间，当平均温度为 27℃时，在室内饲养观察结果为：卵期为 7 天，幼虫期为 12～19 天，蛹期为 5～7 天，成虫期为 11～14 天，完成 1 代历期为 35～47 天。

防治方法

1. 农业防治 冬季清园，结合修剪。将病虫害枝条及纤弱枝条剪除，清除园内的枯枝落叶，铲除园内或园边隐藏卷叶蛾的杂草，集中消灭在卷叶或杂草中越冬的幼虫及蛹，减少越冬的虫口基数。

2. 物理防治 摘除卵块或捕捉幼虫。4 月中下旬于成虫产卵高峰期摘除卵块或震动树冠，捕杀幼虫，避免幼虫迁移至落叶上或其他场所化蛹。于成虫羽化期间，在发生园内设置高压汞灯、黑光灯或其他各种灯光诱杀成虫。

3. 化学防治 谢花及幼果期喷青虫菌，每克含100亿孢子800倍液；也可喷 2.5% 功夫乳油 2 000 倍液；50% 杀螟松乳油 1 000 倍液；或 20% 灭扫利乳油 2 000 倍液；10% 高效氯氰菊酯乳油 2 000 倍药液或 10% 吡虫啉可湿性粉剂或乳油 2 000 倍药液，或 20% 的氯虫

苯甲酰胺 2 000 倍液，或 25% 灭幼脲 3 号胶悬剂 1 500 倍药液；有机磷农药与菊酯类农药混用效果更佳。此外，烟·参碱 1 000 倍药液等药剂喷雾均可控制核桃果实虫害的危害。

4. 生物防治 保护和利用天敌。于第 1 代和第 2 代成虫产卵期，释放松毛虫赤眼蜂，每代放蜂 3～4 次，每次间隔 5～7 天，每亩每次放蜂为 2.5 万头，放蜂时间应与喷药时间错开，放蜂前后 3 天不喷药，基本上不影响寄主蜂的活动。

黄色卷蛾
学名：*Choristoneura longicellana* Walsingham
别名：苹大卷叶蛾、苹果卷蛾、苹梢卷叶蛾、苹黄褐卷叶蛾、苹果大卷叶蛾

分布与危害

国内分布于黑龙江、吉林、辽宁、山西、河北、河南、山东、安徽、江苏、陕西、湖北等地；国外分布于朝鲜、日本、前苏联。寄主有核桃、苹果、梨、山楂、樱桃、杏、柿、鼠李、柳、栎、山槐等多种果树、林木。

以幼虫取食危害幼芽、嫩叶、花蕾。幼虫稍大后，常吐丝缀连叶片，卷成虫苞，潜居其中食害叶肉，被害叶片呈纱网状或孔洞与缺刻。幼虫还可危害果实，影响果树及经济林的正常生长发育。

形态特征（图 54）

1. 成虫 体长 10～13mm，雄成虫翅长 19～25mm，雌成虫翅长 23～29mm。雄成虫头部有浅黄褐色长鳞毛。前翅近方形，前缘褐长，基部有一段缺少；全翅呈浅黄褐色，有深色基斑和中横带，在近基部后缘上有一个黑色斑点，中室占全翅长的 4/5。雌成虫前翅延长呈长方形，前缘突出，在近顶角处凹陷，顶角凸出，中室占全翅的 2/3 ～ 3/4，后翅灰褐色，顶角黄色。

2. 卵 扁平，椭圆形，0.9～1.0mm，黄绿色，卵常数十粒，排列成鱼鳞状，接近孵化时，卵呈褐色。

3. 幼虫 老熟幼虫体长 23～25mm，黄绿色，头部与前胸背板为黄褐色，胸足亦为黄褐色，头壳上具褐色斑纹，单眼区黑色，侧后部的斑纹最明显，呈"山"字形。前胸背板沿侧缘及后缘为褐色，后缘中线两侧各有一个深褐色斑，胸足跗节及胫节褐色，臀栉 5 棘。

4. 蛹 体长 10～13mm，红褐色，胸部背面黑褐色，腹部略带绿色，背中线明显呈绿色，第 7～10 腹节的节间色暗黑，尾端具 8 个臀棘。

生活史及习性

此虫在辽宁、河北、陕西等地 1 年发生 2 代，以幼龄幼虫在粗皮缝隙、剪锯口四周、附着于枝干部位的枯叶等处结白色丝茧过冬。次年寄主开始萌动露绿时出蛰活动，并爬至新发生的幼芽、嫩叶及花蕾等处取食为害，幼虫稍大后便缀叶于内为害。幼虫极为活泼，受惊扰后即吐丝下垂，幼虫危害至老熟后于卷叶缀叶内化蛹，蛹期通常 7 天左右。陕西关

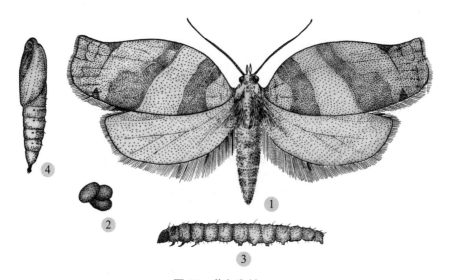

图 54　黄色卷蛾
1. 成虫；2. 卵；3. 幼虫；4. 蛹

中地区越冬代成虫于 6 月上旬出现，6 月中旬为羽化盛期，6 月下旬进入末期，第 1 代成虫发生在 8 月上旬至 9 月上旬，8 月中旬为盛期。

成虫白天潜伏，夜间出来活动，有明显的趋光性和趋化性，羽化后的当日即可交尾与产卵，卵大多产在叶片上，卵期为 5~8 天，刚孵化的幼虫可吐丝下垂、随风飘荡和分散为害。初孵化的幼虫多在叶片背面取食叶肉，2 龄幼虫开始卷叶为害。第 2 代幼虫孵化后，为害一段时间便寻找适当的场所结茧越冬。在雨水频繁的季节，常被赤眼蜂等天敌寄生或捕食。

防治方法

1. **物理防治**　早春结合防治其他食叶性害虫，彻底刮树皮，或用石硫合剂封闭出蛰前的越冬幼虫。

2. **化学防治**　于越冬幼虫出蛰前或各代卵孵化盛期喷药防治，常用药如 50% 辛硫磷乳油 1 500 倍液、4.5% 的高效氯氰菊酯乳油 1 500~2 000 倍液、20% 的氯虫苯甲酰胺 2 000 倍液，2.5% 溴氰菊酯 1 000 倍液、25% 灭幼脲 3 号悬浮剂 1 500 倍液，每 7 天喷 1 次，连喷 3 次，均可收到良好的防治效果。

3. **生物防治**　保护和利用天敌卷蛾类害虫的天敌种类很多，如赤眼蜂、绒茧蜂、姬蜂以及一些食虫虻、蜘蛛，这些天敌对卷叶蛾类害虫均有良好的控制作用，应加以保护和利用。在有条件的地方，可在卵盛期释放赤眼蜂，每株树放蜂 2 000 头，放 3~4 次蜂，每次间隔 3~5 天，效果很好。

栗子小卷蛾

学名：*Laspeyresia splendana* Hübner

别名：栗实蛾、栗小卷蛾、栎实卷叶蛾

分布与危害

分布于东北、华北、华东、西北等地。寄主有核桃、栗、栎、胡桃、山毛榉等多种林木、果树。

以幼虫蛀食幼果，被害果极易脱落，受害重的果园，会造成大量减产，并降低品质。

形态特征（图 55）

1. **成虫**　体长 7～8mm，翅展 15～18mm。唇须圆柱形，略向上举，末节向前。前翅与后翅灰褐色。前翅宽阔，前缘有几组大小不等的白色斜纹，以近顶角的 5 组最为明显；后缘中部有 4 条波状白条纹，各条纹之间的界限不清楚，斜着走向顶角；外缘内侧除肛上纹呈灰白色外，顶角之下和 4 条波状白条纹的外侧黑色成分较深。雄虫抱握瓣颈部不明显，抱握端和抱握腹节接连处毛刺丛生；阳茎细长，在近末端 1/3 处有齿突。腹部灰色。

2. **卵**　扁椭圆形，乳白色，将孵化时呈灰色。

3. **幼虫**　老熟幼虫体长 8.0～13mm。初龄幼虫乳白色，以后色逐渐变深。头部黄褐色，胸部和腹部暗绿色或暗褐色。体上有褐色瘤。体节上的毛片色较深而稍突起，前胸背板和胸足褐色，体被有细毛。

4. **蛹**　体长 6～8mm。背面深褐色，腹面淡褐色。腹节背面具有两排刺突，前排稍大于后排，赤褐色。

5. **茧**　长椭圆形，扁平，茧白色，以丝缀叶而成。

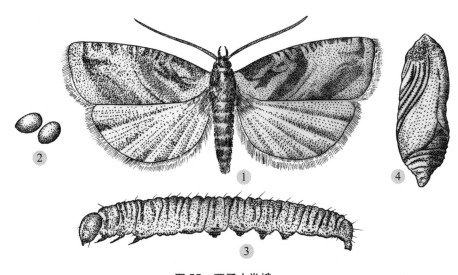

图 55　栗子小卷蛾

1. 成虫；2. 卵；3. 幼虫；4. 蛹

生活史及习性

此虫 1 年发生 1 代，以老熟幼虫在地面的枯枝落叶中做白色丝质茧越冬。次年 6 月中旬至下旬化蛹，蛹期 15～20 天，7 月上旬开始羽化，7 月中旬进入羽化盛期，并大量开始产卵，卵大多单产，偶见有 3～4 粒卵产在一起的，卵期 7 天左右，幼虫孵化后蛀入果实内为害，幼虫期 40～60 天，幼虫老熟后脱果，潜入落叶层内、浅土层中、土石块下、残枝处作茧越冬。成虫白天潜伏，傍晚交尾与产卵，具有弱的趋光性，寿命 5～7 天。

防治方法

1. **物理防治** 秋后或早春彻底清理地被物、破坏越冬场所，消灭越冬幼虫。
2. **化学防治** 参照黄色卷蛾。

斑蛾科（Zygaenidae）

小至中型，狭长。多数种类颜色鲜艳，有些种类有金属光泽，大多白天活动，作短距离缓慢飞翔，身体光滑，有单眼，复眼发达。触角简单，丝状或棍棒状，雄虫多为栉齿状，后翅亚前缘脉及胫脉于中室前缘中部连接，有肘脉。口器发达，口喙及下唇须伸出，下颚须萎缩。间或种类在后翅上具有燕尾形突出，形似蝴蝶。幼虫体躯有毛瘤。本科我国已知 140 种以上。

梨叶斑蛾

学名：*Illiberis pruni* Dyar
别名：梨星毛虫

分布与危害

国内分布于黑龙江、吉林、辽宁、河北、山西、甘肃、青海、陕西、山东、河南、江苏、江西、浙江、湖南、广西、四川、云南等地；国外分布于日本。寄主有核桃、梨、苹果、海棠、沙果、李、杏、桃、樱桃、山楂、枇杷、山荆子、榅桲等多种林木、果树。

以幼虫食害芽、花蕾及嫩叶，发生严重时，一个开花芽常有数十头幼虫群集危害，被害花芽常变黑枯死。幼虫为害时，常蚕食叶肉，残留表皮与叶脉，被害叶渐变枯黄，凋落。树体因危害常出现营养不足，花芽分化不良，造成不结果或少结果，损失甚大。

形态特征（图 56）

1. **成虫** 体长 9～12mm，翅展 21～30mm。全体黑褐色。复眼暗褐色，翅缘深褐色。翅半透明，翅脉明显可见，上生许多短毛。头部与胸部具黑褐色绒毛。雄虫触角短，羽毛状，雌虫触角锯齿状。

2. **卵** 扁平椭圆形，长径为 0.5～0.8mm 左右，短径为 0.4～0.5mm 左右，初产卵为

乳白色，以后逐渐变为黄色，孵化前变为淡紫色至黑色。卵块生，单层或双层排列成有规则的数十粒至上百粒。

3. **幼虫**　老熟幼虫体长 17～22mm，肥胖，近纺锤形，淡黄白色。头小，黑色且缩入前胸，前胸背板上具有褐色斑点及横纹。背线黑褐色，两侧各具一列近圆形的黑斑，分布于胴部第 2 节至第 11 节亚背线与气门上线之间，各节背面具有横列毛丛 6 簇，上附白色细毛与短毛。胸足黑褐色，外侧尤显。腹足趾钩为单序中带，无臀栉，幼龄幼虫体淡紫褐色。

4. **蛹**　体长为 11～13mm，近纺锤形，刚化的蛹为黄白色，以后逐渐变为褐色，接近羽化时为黑褐色，腹部背面的第 3～9 节前缘具一列短的刺突。

5. **茧**　长为 13～16mm，为白色双层的丝质茧。

生活史及习性

梨叶斑蛾在我国东北及华北大部地区 1 年发生 1 代，河南西部及陕西关中地区 1 年发生 2 代，以幼龄幼虫于粗皮缝隙及枝杈、剪锯口等隐蔽处结灰白色的小茧越冬，或于树干基部附近的土壤中结茧越冬。第二年寄主萌动露绿时开始出蛰活动，食害刚萌动发绿的花芽及幼叶。花谢后寄主展叶时，幼虫便移到叶片上为害，一头幼虫可危害 3～5 个叶片后即进入老熟，并于最后被害的叶片内结白色薄茧化蛹，蛹期通常为 10 天左右。华北地区 6 月上旬可见到成虫，6 月中旬进入成虫盛发期。成虫羽化后不久即可交尾与产卵。产卵

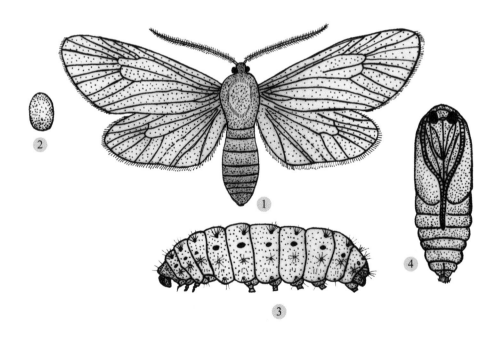

图 56　梨叶斑蛾

1. 成虫；2. 卵；3. 幼虫；4. 蛹

盛期在 6 月中旬。卵期通常为 7 天左右，6 月下旬可见幼虫孵化，为害数日后寻找适当场所开始滞育越冬。

成虫飞翔力不强，多白天潜伏于叶背或其他隐蔽场所，夜间活动，成虫羽化后的当日上午或下午即可交尾，交尾前期约 15 小时左右，交尾持续时间为 8～18 小时，据研究，交尾次数，雌虫大多数只 1 次，雄成虫平均 2.72 次。产卵前期为 2～10 小时不等，每头雌成虫平均产卵量为 117.4 粒，卵大多产在叶片的背面，卵块成堆分层，通常有规则排成 2 层或 3 层。雌成虫寿命平均为 5 天左右，雄成虫寿命为 4 天左右。

1 年发生 2 代区，有部分幼虫于 6 月间进入滞育虫态进行过冬，另一部分幼虫则可继续为害，至 8 月的上中旬出现第 1 代成虫，并再行产卵，卵孵化后的幼虫，经过短暂取食或不取食而寻找适当场所进入越冬。

防治方法

1. 农业防治 秋末或早春刮树皮、堵树洞，清除梨叶斑蛾的各种越冬场所，可消灭大部分越冬幼虫。

2. 化学防治 越冬幼虫出蛰盛期及卵孵化初盛期用药防治，可收到良好的防治效果。常用农药有：50% 辛硫磷乳油 1 000 倍液，20% 的氯虫苯甲酰胺 2 000 倍液，10% 的溴青虫酰胺 1 000 倍液，2.5% 功夫乳油 5 000 倍液，5% 的甲氨基阿维菌素甲酸盐 2 000 倍液，2.5% 溴氰菊酯乳油 5 000 倍液，90% 晶体敌百虫或 25% 灭幼脲悬浮剂 2 000 倍液等。

3. 生物防治 注意保护和利用天敌。喷洒每克含 1 亿活孢子的杀螟杆菌或苏云金杆菌悬浮剂防治。

虎蛾科（Agaristidae）

鳞翅目中最小的科，色泽较鲜艳，成虫白天活动，触角通常向端部渐粗，喙发达，额有突起，有单眼，复眼大，少数种类复眼具毛，中足胫节有 1 对距，后足胫节有 2 对距，前翅属于四叉型，后翅多为三叉型。

葡萄修虎蛾
学名：*Seudyra subflava* Moore
别名：葡萄虎蛾、葡萄虎斑蛾

分布与危害

国内分布于黑龙江、辽宁、河北、山东、广西、江苏、湖北、山西、河南、贵州等地；国外分布于朝鲜、日本。寄主有核桃、葡萄、长春藤、爬山虎等。

以幼虫食害寄主植物的叶片，造成缺刻与孔洞，为害严重时仅残留叶柄与粗叶脉。

形态特征（图57）

1. 成虫 体长18～20mm，翅展44～49mm，头部与胸部为紫棕色，颈部与后胸端部暗蓝色，足与腹部杏黄色。背面中央具有一纵列紫棕色毛簇达第7腹节后缘。前翅灰黄色，密布紫棕色细点，前缘色稍浓，后缘及外线以外暗紫色，其上带有银灰色细纹，外线以内的后缘部分色浓；外缘有灰色细线，中部至臀角有4个黑斑，内、外线灰至灰黄色；肾纹、环纹黑色，围有灰黑色边。后翅杏黄色，外缘有一紫黑色宽带，臀角处有一个橘黄色斑，中室有一个黑点，外缘有橘黄色细线。下唇须基部、体腹面及前、后翅后面均为橙黄色；前翅肾纹、环纹呈暗紫色点，外缘为淡暗紫色宽带；后翅中室黑点暗紫色，外缘宽带淡暗紫色。

2. 幼虫 老熟幼虫体长32～42mm，体粗壮，前端较细，后端较粗，第7腹节至第9腹节背面隆突，似峰状，头部橘黄色，有黑色毛片形成的黑斑，体黄色，散生不规则的褐斑，毛突褐色；前胸盾与臀板橘黄色，上生黑褐色毛突，臀板上的褐斑连成一横斑；背线黄色，较为明显，胸足外侧黑褐色；腹足俱全，黄色；腹足的基部外侧具有黑褐色斑块，趾钩单序中带。气门椭圆形，黑色，第8腹气门比第7腹气门约大一倍。

3. 蛹 体长16～18mm，暗红褐色，体背面及腹面满布微刺；头部额较为突出；下唇须细而长，不与上唇相连；下颚末端达前翅末端稍前方；中足不与复眼相接，其末端与下

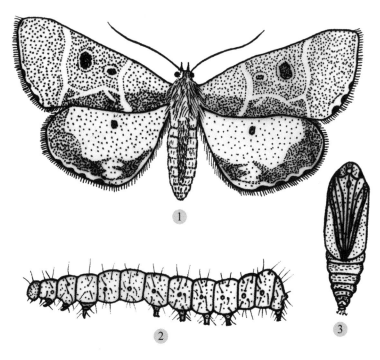

图57 葡萄修虎蛾

1. 成虫；2. 幼虫；3. 蛹

颚齐平；触角末端长于中足末端与前翅平齐，达第 4 腹节后缘附近；后足在下颚末端及触角末端之间微露出一部分。腹部气门前缘较隆起，第 2、3 腹气门眼形，周围有黄色毛，第 5~7 节背面有 2 对、第 8 节背面和第 9 节背面各有 1 对黑色突起。腹部末端呈方形，两侧有角状突起，其背面与腹面具有纵纹及不规则的皱纹，着生有较短的钩刺 3 对，即腹面 2 对，背面 1 对。

生活史及习性

葡萄修虎蛾在我国华北地区 1 年发生 2 代，以蛹于寄主附近的地被、根际土周围、土石块下越冬。次年 5 月间，当寄主发芽露绿时，越冬蛹开始羽化，成虫羽化后不久即可交尾与产卵，卵多产于叶片上，6 月中旬和下旬出现幼虫。幼虫常群集取食寄主的叶片，将叶片食害成孔洞或缺刻，发生严重的年份或危害严重的树，常将叶片吃光，仅留叶脉或叶柄。为害至 7 月间幼虫陆续开始老熟，并寻找适当的场所化蛹，蛹期通常 7 天左右，7 月下旬至 8 月的上中旬出现第 1 代成虫。第 2 代幼虫于 8 月的下旬开始出现，并为害至秋末开始陆续老熟化蛹，以蛹越冬。

防治方法

1. **农业防治**　结合园内管理，于幼虫发生危害期进行人工捕杀幼虫，将其消灭。在发生严重的林间，进行人工挖越冬蛹，可结合清理园内的枯枝落叶及其他地被物，一起消灭越冬蛹。

2. **化学防治**　初龄幼虫期可结合防治其他害虫进行药剂防治，常用农药有：核桃灭虫灵 2 500 倍液，敌百虫 1 000 倍液或敌敌畏 1 000 倍液或 5% 氯氰菊酯乳油 2 000 倍液，50% 杀螟松乳油或 50% 辛硫磷乳油 1 000 倍液，20% 灭扫利乳油或 2.5% 功夫乳油或 2.5% 溴氰菊酯乳油 2 000 倍液，或有机磷农药和菊酯类农药混用均有效。

舟蛾科 （Notodontidae）

中等大小，间或有较大或较小的种类。大多数种类为褐色或灰暗色，少数种类为洁白色或其他鲜艳色泽。夜间活动，具有较强的趋光性。外表与夜蛾科种类相似，但口器不发达，喙常退化或柔弱。无下颚须。下唇须中等大小，少数较大或微弱；复眼大多光滑无毛，大多种类无单眼，触角雄蛾常为双栉齿状，部分为栉齿状或具有毛簇的锯齿状，间或线状或毛丛状。雌成虫常与雄成虫异型，触角通常为线状，间或种类与雌成虫触角同形，若为双栉齿状，栉齿明显短于雄成虫的栉齿。胸部被有较厚的毛与鳞片，有些种类在背面中央有竖立纵行脊形的毛簇，少数种类在其后胸的背上有较短的竖立横行毛簇。鼓膜位于胸腹面一个小的凹窝内，膜向下，后足胫节有 1~2 对距。翅的形状大多与夜蛾相似，少数则类似于天蛾或钩翅蛾。有些种类在前翅后缘的中央有一齿形的毛簇或呈月牙形缺刻，在缺刻的两侧具有齿形毛簇或梳形毛簇，静止时两翅后褶成屋脊状，毛簇竖立如角。与夜

蛾科的区别还在于肘脉三叉形，前翅的 M3 与中室横脉的中部分出，似中室后缘翅脉 3 分支，后翅前面第 1 条翅脉（Sc+R1）不与中室相接触。腹部粗壮，常伸过后翅的臀角。间或种类的基部背面具有毛簇或末端具有臀毛簇。

此科幼虫体色大多为鲜艳具有斑纹，体背面平滑无突起或具有各种峰突，胸足通常正常，间或一些种类的后足特别延长，臀足退化或特化成两个较长的尾角。静止时靠腹足固着，头尾翘起，受惊时且不断摆动，形如龙舟荡漾，故称此虫为舟形毛虫。大多数幼虫危害树木与灌木，很少危害草本植物，幼虫腹足均有次生刚毛，间或幼虫体躯也有次生刚毛。在幼虫腹面生有的前胸腺，可射出一种刺激性的液体。蛹的下唇须仅基部一部分可见，下颚须缺如，下颚没有伸达翅的后缘，腹部具有刻点，通常有臀棘。间或种类的蛹处于树皮上木质的硬茧中，茧的前端较薄，成虫羽化后由此爬出，蛹头部眼和中央部分如盾，作为保护成虫上唇的两个尖利的突起之用，直到成虫羽化。

核桃美舟蛾 | 学名：*Uropyia meticulodina*（Oberthür）

分布与危害

国内分布于黑龙江、辽宁、山西、北京、河北、山东、陕西、安徽、江苏、浙江、湖北、江西、湖南、福建、广西、四川等地；国外分布于前苏联、日本、朝鲜。寄主有核桃、胡桃等。

以幼虫取食危害寄主的叶片，将叶片吃成缺刻与孔洞，致使树势与产量受到严重影响。

形态特征

1. 成虫　雄成虫翅展为 44~53mm，雌成虫翅展为 56~63mm。头部赭色。胸部背面暗棕色。前翅亦为暗棕色。前翅的前、后缘各有 1 块大黄褐色斑，前者几乎占满了中室以上的整个前缘区，呈大刀形，后者为半椭圆形，每个斑内各有 4 条衬明亮边的暗褐色横线，横脉纹暗褐色，后翅淡黄色，后缘色稍暗。

2. 幼虫　老熟幼虫体长 32~37mm，头部棕褐色，头顶两侧向上突起成峰状，头的前面布满网状纹，两侧有不规则的微粒状突起，单眼区域黑色，胸部为棕色，腹部为黄绿色，背线为棕黑色，两侧亦为棕黑色，腹部第 3 节与第 4 节上有紫褐色斑与气门相连接，第 8 节的背面突起黑点，近乳头状，周围有棕褐色斑，间杂有黄色斑点，臀板末端黑色，臀足变化为两根尾带管，褐绿色，受惊扰时可自尾带管内伸出紫红色丝状物来。胸足为棕黄色，基部为黑色；腹足为绿色，近端部有棕黄色横带，自第 7 节向后各节腹面为棕褐色，气门棕色，围气门片黄色。

生活史及习性

缺乏系统的观察与研究。在北京地区，核桃美舟蛾 1 年发生 2 代，以蛹越冬，次年 5

月至 6 月间、7 月至 8 月间羽化出越冬代成虫和第 1 代成虫，卵散产，第 1 代幼虫和第 2 代幼虫分别于 6 月间和 7 月、8 月间出现，第 2 代幼虫为害至入秋后老熟，并吐丝缀叶结茧化蛹越冬。成虫具有趋光性，昼伏夜出。

防治方法

1. 物理防治　因为核桃美舟蛾成虫具有趋光性，因此，在有条件的核桃园内设置高压汞灯或黑光灯，诱杀成虫。同时，可诱杀其他各种具有趋光性害虫的成虫。

2. 化学防治　以 3 龄前的幼虫防治为主。常用农药如 2.5% 敌杀死乳油 4 000 倍液、20% 灭扫利乳油 4 000 倍液，或其他各种有机磷农药或菊酯类农药以常规浓度使用，均可收到明显的防治效果。卵期在林间释放赤眼蜂蜂包 90～105 个 /hm²，幼虫期用 2.5% 杀灭菊酯 2 000 倍液或 80% 敌敌畏 1 000 倍液喷雾。大面积受害林区可在黎明或傍晚或阴湿天气无风时用敌马烟剂放烟 15～30kg/hm² 防治，利用幼虫下树习性，在树干胸高部位涂一圈 4 份黄油加 1 份乐果、宽 1cm 左右的药物混合层，能杀死大量幼虫。

细蛾科（Gracilariidae）

成虫为极微小的蛾类，体色有灰色、褐色、金色、银色或铜色等多种色泽。无单眼或眼罩；触角和前翅等长或更长，但绝不短于翅长。下唇须向前或向上卷曲。前翅细长，端部尖锐，前翅中室直长，占翅长度的 2/3～3/4。S_c 脉短，其他脉退化或减化，R_5 脉止于前缘，A 脉的基部不分叉；后翅特别狭，矛头状，缘毛很长。后翅没有中室，前翅与后翅的后缘都有长的缘毛。静止时，成虫以前足和中足将身体的前面部分撑起，翅倾斜呈屋脊状，端翅贴于物体表面，触角伸向前方，后足伸向后方，如坐势，极易识别。

幼龄幼虫头扁，虫体亦扁平，侧生单眼小，数目多少不定，间或有减成 1 对者。体长大多不超过 5mm，胸足和腹足一般均退化，如有腹足，只存在于第 3 腹节、第 4 腹节、第 5 腹节和第 10 腹节上，一般不存在第 6 腹节上的腹足。趾钩为单序或双序，横带或缺环。老熟幼虫为圆筒形。幼虫为害时，通常潜入叶内、树皮内或果皮内。通常只吃叶肉，残留上、下表皮，被害部位出现不同形状的图案，间或种类为害后还可出现虫瘿。

本科大多种类主要危害阔叶树，分布于全世界，目前此科已知 1 000 种以上。

金纹细蛾

学名：*Lithocolletis ringoniella* Mattsumura
别名：苹果细蛾

分布与危害

国内分布于辽宁、山东、山西、河北、陕西、河南、安徽等地；国外分布于日本。寄主有核桃、苹果、梨、樱桃、海棠、李等多种果树。

以幼虫潜食叶肉，初孵幼虫咬破叶片的下表皮后蛀入叶内。进入叶片后于表皮下窜食

叶肉，残留表皮，外观呈泡囊状，泡囊约黄豆粒大小，幼虫潜入其中，粪便排于泡囊状的圆斑内，并吐丝缀连虫粪，叶片正面的被害部位呈黄褐色网眼状虫疤。一个泡囊中仅具有一头幼虫，严重发生时一个叶片上有泡囊 10 余个，被害叶片枯黄皱缩，早期落叶，对树势及正常生长发育均有较大的影响。

形态特征（图58）

1. **成虫** 体长 2.6～2.8mm，翅展 7.0～7.5mm，头部银白色，胸部及前翅为金色或金褐色。头顶端具有 2 丛金色鳞毛，胸部有 3 条细纵线。复眼黑色，触角丝状。前翅狭长，前翅基部有 2 条银白色纵带，一条沿前缘、端部向下弯曲而尖锐，一条于中室内、端部向上弯曲而尖。两条纵带止于翅的中部。前翅中部以外的前、后缘各有 3 个银白色爪状纹，起于翅缘，向翅内朝外缘斜伸，前缘的 3 个相似，为中等大小，后缘的 3 个不等大，基部的最大，端部的很小，中间一个呈梯形。这些银白色的纹和带的内缘均有黑色鳞片，因此，分界十分明显；后翅尖细，灰色。缘毛甚长，淡灰色。腹部银灰色，尾毛褐色。

2. **卵** 扁椭圆形，长径约 0.3mm 左右，乳白色，半透明，有光泽。

3. **幼虫** 老熟幼虫体长 5～7mm，稍扁平，细长呈纺锤形，黄色；头扁平，色淡；口器为淡褐色，单眼区黑褐色，单眼 3 对，绿色。胸足与臀足发达，腹足 3 对，不发达，分别着生于第 3 腹节、第 4 腹节和第 5 腹节上。初孵化的幼虫体扁平，头为三角形，单眼 1 对，前胸很宽，胸足很小，不发达，腹足为毛片状。

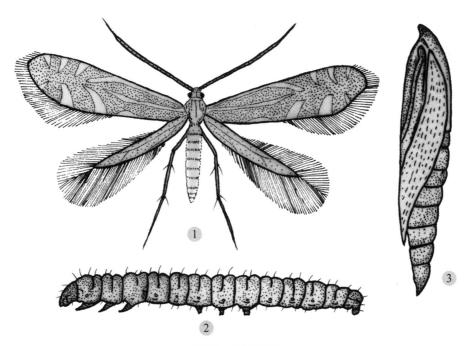

图58 金纹细蛾
1. 成虫；2. 幼虫；3. 蛹

4. 蛹 体长为 3~4mm，刚蛹化时为淡绿色，以后逐渐变为黄绿色至黄褐色。前端色深。复眼为红色，头部两侧有 1 对角状突起；触角、翅及第 3 对足的端部裸出，伸达第 8 腹节。触角明显比身体长。

生活史及习性

金纹细蛾 1 年发生 4~5 代，以蛹于被害的落叶内越冬。次年春季寄主萌动露绿后，越冬成虫开始羽化，当旬平均气温为 10℃ 左右时，越冬成虫进入羽化盛期，第 1 代成虫羽化盛期在 5 月下旬至 6 月上旬，产卵盛期在 6 月上旬；第 2 代成虫发生盛期在 7 月上旬，卵发生盛期在 7 月下旬初，第 3 代成虫发生盛期在 8 月中旬，卵发生盛期在 8 月下旬初；第 4 代成虫发生盛期在 9 月中旬，卵发生盛期在 9 月下旬初；最后 1 代幼虫发生于 9 月下旬末至 10 月中旬，为害至秋末以蛹越冬，次年 4 月中旬羽化出第 5 代（即越冬代）成虫。

成虫羽化后喜于早晨或傍晚于树干周围活动飞翔，交尾与产卵。卵大多数散产于幼嫩叶片的背面的茸毛下，每头雌成虫产卵量为 45 粒左右，卵期为 5 天左右，成虫寿命 7 天左右，越冬代成虫多集中在发芽早的树种或品种上产卵。以后各代成虫产卵于不同的品种间，无明显差异，此虫春季发生一般轻于秋季。

防治方法

1. 农业防治 越冬蛹的防治秋末、冬季或早春清理核桃园内的枯枝落叶，集中处理烧毁，消灭其中的越冬蛹。

2. 化学防治 成虫发生期防治可喷布 5% 杀螟松乳油，卵盛期或幼虫孵化盛期喷布 2.5% 功夫乳油或敌杀死乳油 5 000 倍液，防效均好。

诱蛾测报：将金纹细蛾性诱剂诱芯用细铁丝缚住，挂于树上，高度过 1.3~1.5m。诱芯外套一玻璃罐头瓶，瓶内装清水，加少量洗衣粉，液面距诱芯 1cm 左右。每罐控制面积 667m² 左右。每隔一天定时查诱到蛾子数量，记载，捞出死蛾。遇雨及时倒出多余水分；干燥时补足液面，及时更换清水，诱芯 1 个月更新 1 个。蛾高峰后 7 天喷药防治。

发生严重的果园应重点抓第一、二代幼虫防治。药剂可选喷射 5% 灭幼脲 3 号（苏脲 1 号）胶悬剂 1 500~2 000 倍液，或 20% 灭幼脲 1 号（除虫脲）悬浮剂 1 500~2 000 倍液，或 20% 氟幼脲胶悬剂 1 500~2 000 倍液，效果甚佳。进口药 5% 抑太保乳油 1 500~2 000 倍液，或 10% 多来宝悬浮剂 1 500~2 000 倍液。还可选喷 28% 硫氰乳油 500~2 000 倍液，或 2.5% 功夫菊酯乳油 1 500~2 000 倍液，或 40% 水胺硫磷乳油 1 000~1 500 倍液，或 30% 桃小灵乳油 1 000~1 500 倍液，或 30% 灭蛾净乳油 600~1 400 倍液，或福将（10.5% 甲维·氟铃脲）水分散粒剂 2 000~2 500 倍液喷雾。

核桃细蛾

学名：Acrocercops transecta Meyrick
别名：核桃潜叶蛾

分布与危害

分布于河北、山西等地。

以幼虫为害核桃叶片，多于上表面下蛀食叶肉、初龄幼虫为害后出现不规则的线状，以后扩大为略呈圆形的大斑，上表皮与叶肉分离呈泡状，被害部表皮干枯呈褐色。一个叶片上常有数头幼虫为害，致使叶片干枯。

形态特征（图59）

1. 成虫　体长4mm左右，翅展8～10mm。全体银灰色。头部银白色，头顶混杂有黄褐色鳞片。下唇须长而上弯，黄白色。触角丝状，比前翅长，灰黄色；复眼球形，黑色。胸部背面银白色，翅基片微褐色。前翅狭长，披针形，暗灰褐色，上有3条较明显的白色斜带，从前缘向后缘外侧斜伸，基部1条于近翅基部约1/3处，接近前缘开始斜伸至后缘；中间1条从前缘中部斜伸至后缘，并沿后缘略外伸，第3条于近外缘1/3处，自前缘斜伸至中部，第3条斜带外侧沿前缘至翅顶尚有2～3个小白斑，中间1条斜带外侧沿后缘至翅顶有3～4个小白斑；前、后缘的小白斑越向翅顶越小，静止时从背面，基于中斜带或"V"形白色斑纹，缘毛褐色。后翅狭长剑状，灰白至灰褐色，缘毛极长，灰色。足灰白色，前足胫节密生紫褐色鳞片，跗节上有褐斑，后足胫节背面有一列长刺。腹部灰白色，

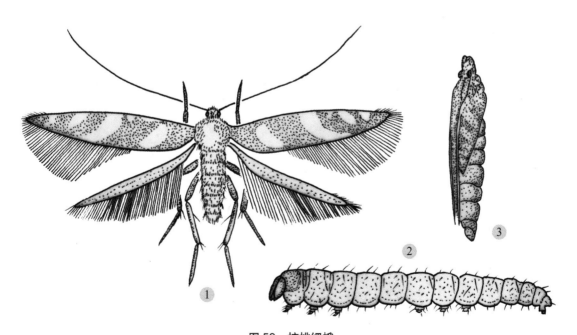

图59　核桃细蛾

1. 成虫；2. 幼虫；3. 蛹

背面微褐色。

2. 幼虫　圆筒形，体长 5～6mm，体红色，头部黄褐色或淡黄褐色，前胸盾黄褐色至淡黑色，上有暗色纵纹，胸足淡黑色，胸部较宽，向后渐细，腹部 10 节，腹足与臀足较发达。初龄幼虫淡黄白色，中胸以后各节背面左右有不明显的暗色纹。2 龄后幼虫体淡橙黄色，体略扁，胸部较宽，向后渐细。

3. 蛹　体长 4mm 左右，黄褐色，羽化前头顶黑色，翅芽上显出黑褐色斑纹。

生活史及习性

对核桃细蛾的生活习性缺乏系统观察，1 年大约发生 3 代，幼虫于 6 月中旬开始出现，7 月间羽化为成虫；第 2 代成虫于 8 月间发生；第 3 代成虫于 9 月间发生。此后田间再不见幼虫发生与为害。幼虫老熟后从被害叶内爬出，多于枝条缝隙或叶上吐丝结白色半透明的膜状茧于内化蛹。蛹期 7～8 天。羽化时蛹体蠕动露出茧外 1/2 左右羽化，蛹壳残留。

防治方法

化学防治　成虫发生期喷洒 80% 敌敌畏乳油 800 倍液或 20% 杀灭菊酯，可收到明显的防治效果。卵及初龄幼虫发生期，可喷布 1.8% 阿维菌素 2 000～3 000 倍液、20% 杀铃脲悬浮剂 82 000 倍液、30% 蛾螨灵可湿性粉剂 1 200 倍液、35% 氯虫苯甲酰胺水分散粒剂 2 000 倍液、2.5% 氟氯氰菊酯 1 500～2 000 倍液等对卵及幼虫均有防治效果。

螟蛾科 （Pyralidae）

小至中型。有单眼。触角细长。下唇须伸出很长，如同鸟喙。足细长，前翅具翅脉 12 条，第一臀脉消失，无副室。后翅有翅脉 8 条，臀域宽阔，有 3 条臀脉，肘脉分支，后翅第 1 条翅脉和第 2 条翅脉在中室外平行或相并接。第 2 条与第 3 条中脉由中室下角分出。前翅常呈狭窄三角形，后翅宽阔扇形。

成虫多数飞翔力弱，静止时双翅收拢，仅少数展开。成虫昼伏夜出，有趋光性。卵多数椭圆形且扁平，表面具网状纹，常散产或堆产或作鱼鳞状排列，或覆盖鳞毛。幼虫体细长，光滑，毛稀少，生于骨片或小形突起上。前胸侧毛通常 2 根。有胸足 3 对，腹足 5 对。蛹多裸露，包于丝质茧内。

该科为鳞翅目昆虫的一个大科，幼虫是农业、林业、园艺及观赏植物的大害虫，遍及各地，甚至储粮的仓库内、蜜蜂巢内也遭受其为害。全世界已记载 10 000 余种，我国已知 1 000 余种。

缀叶丛螟

学名：*Locastra muscosalis* Walker
别名：核桃缀叶螟、核桃毛虫

分布与危害

国内分布于山西、山东、河北、安徽、江苏、江西、广西、广东、台湾、湖北、云南、福建等地；国外分布于日本、印度、斯里兰卡等国。寄主有核桃、黄连木等多种植物。

以幼虫危害寄主植物的叶片，初孵幼虫群集为害，有吐丝结网、缀叶为害的习性，被害叶片呈筒形，幼虫常于筒形卷叶内为害，并将粪便排于其中。随虫体长大后，幼虫即开始转移分散为害，最初卷食叶片，常将2~4个复叶缠缀在一起，成为团状。发生严重时，常将叶片全部吃光。

形态特征（图60）

1. **成虫** 体长14~20mm，翅展30~50mm，全体黄褐色。触角丝状，复眼绿褐色。头、胸、腹部红褐色。雄蛾下唇须向上弯曲，第二节鳞片粗厚；雌蛾下唇须弯曲角度不大，略向前伸，第二节鳞片较薄。前翅色深，略带浅红褐色，有明显的黑褐色内横线及曲折的外横线，横线两侧靠近前缘处各具一个黑褐色小斑点，外缘翅脉间各具黑褐色小斑点一个，前缘中部有一个黄褐色斑点。后翅暗褐色。外横线不明显。

2. **卵** 球形，常百余粒密集排列成鱼鳞状。初产卵为乳白色，后色渐变深。

3. **幼虫** 老熟幼虫体长20~45mm，头部黑褐色，有光泽。前胸背板黑色，前缘有6

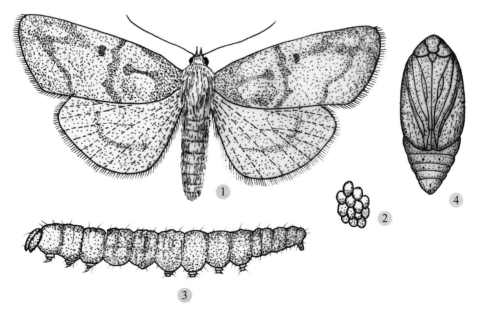

图60 缀叶丛螟
1. 成虫；2. 卵；3. 幼虫；4. 蛹

个黄白色斑点。背中线宽，杏黄色。亚背线气门上绒黑色，体侧各节具有黄白色斑点，腹部腹面黄褐色，全体疏生短毛。

4. 蛹 体长 14~16mm，深褐色，间或黑褐色。

5. 茧 深褐色，扁椭圆形，质地坚硬，大小不均。

生活史及习性

缀叶丛螟 1 年发生 1 代，以老熟幼虫于根颈部及距树干 100cm 范围内的土中结茧越冬，茧的入土深度为 10cm 左右。次年 6 月中旬越冬幼虫开始化蛹，7 月上中旬为化蛹盛期，8 月上旬为化蛹末期。蛹期平均为 15 天左右，6 月下旬开始见到成虫，成虫羽化盛为 7 月中旬，8 月中下旬为成虫羽化末期。

成虫昼伏夜出，羽化后不久即可进行交尾与产卵。卵堆产于叶面上，卵期 1 周左右。7 月上旬幼虫开始孵化，卵的孵化盛期在 7 月底至 8 月初。幼虫白天常静伏于被害叶筒内或卷叶与缀叶内隐避，很少取食为害。夜间幼虫活动、取食为害。幼虫喜欢在树冠上部及外围枝上缀叶为害，接近老熟时，常一个叶筒内仅 1 头幼虫。为害至 8 月中旬，幼虫陆续老熟，开始入土结茧越冬。

防治方法

1. **农业防治** 成虫羽化前，采用人工挖茧、扬土晒茧、培土压茧和深翻埋茧等方法，可收到良好的防效。

2. **物理防治** 利用成虫的趋光性，可在发生园内设置黑光灯或高压汞灯进行诱杀。

3. **化学防治** 越冬幼虫出蛰化蛹前农药处理土壤，杀死越冬老熟幼虫，摘除低龄群栖虫巢，消灭其中幼虫。越冬幼虫化蛹期在树下地面撒施 $5g/m^2$ 白僵菌粉，然后垦复土层 15cm，以毒杀幼虫。7 月中下旬幼虫期，采用杀螟杆菌(50 亿孢子 /g)80 倍液、白僵菌粉(2 亿孢子 /g) 喷撒防治。

成虫产卵初期或卵孵化期使用农药喷雾防治。常用农药有：50%杀螟松乳油 1 000 倍液、50%马拉硫磷乳油 1 000 倍液、80%敌敌畏乳油 1 000 倍液、2.5%功夫乳油或敌杀死乳油 5 000 倍液、20%灭扫利乳油 4 500 倍液、25% 西维因可湿性粉剂 500 倍液、20% 速灭杀丁乳油 2 000 倍液、5%氟虫脲乳油 1 000~2 000 倍液、10% 天王星乳油 2 000~3 000 倍液、20% 速灭杀丁乳油 2 000 倍液、1.8% 阿维菌素 1 000~2 000 倍液、吡虫啉 1 000~2 000 倍液，均可收到良好的防治效果。

刺蛾科 （Limacodidae）

中等大小。体与前翅密生绒毛与厚鳞片，大多黄褐色至灰暗色，间有绿色或红色，少数底色洁白具斑纹。口器退化，下唇须短小，雄虫触角双栉齿状，雌虫短小、线状。翅短阔，有鳞片及毛。前、后翅中室内有中脉主干存在。前翅顶角区的翅脉三枝连在一起，后

翅 S_c+R_1 从中室中部分出，R_5 与 M_1 基部极接近或同柄。成虫昼伏夜出，有趋光性。

幼虫体扁，椭圆形，其上有刺枝与毒毛，间或种类光滑无毛或具瘤。头小，常缩入前胸，无胸足，腹足小，化蛹时常吐丝结硬茧，间或种类茧上具花纹，形似麻雀卵。羽化时茧的一端裂开圆盖飞出成虫。幼虫大多数种类为林木、果树、经济作物等的重要食叶害虫。另外，幼虫体上的刺毛具毒，触及皮肤后立即发生红肿，痛痒异常，故称之为"刺毛虫""蝎子虫""火辣子"等。目前，全世界已记录的刺蛾 1000 余种，我国有 90 种以上。

黄刺蛾

学名：*Cnidocampa flavescens*（Walker）
别名：刺毛虫

分布与危害

在我国分布广，除甘肃、新疆、宁夏、西藏、贵州目前尚无报道外，几乎遍布全国各地；国外分布于日本、朝鲜、前苏联。寄主有核桃、枣、苹果、桃、李、杏、樱桃、山楂、榅桲、柿、栗、石榴、枇杷、柑橘、醋栗、杨梅、杧果、杨、柳、榆、枫、桑、茶、榛、梧桐、桤木、乌桕、楝、油桐、梨等多种林木、果树。

以幼虫取食危害寄主的叶片，幼龄幼虫喜欢群集于叶背啃食叶肉，将叶片吃成窗纱状。幼虫长大后逐渐分散为害，且食量也逐渐增加，常把叶片吃成很多孔洞或缺刻，严重时将叶片吃光，仅残留叶柄，影响树势及次年的结果。

形态特征（图 61）

1. **成虫**　雌蛾体长 15～17mm，翅展 35～39mm；雄蛾体长 13～15mm，翅展 30～32mm。

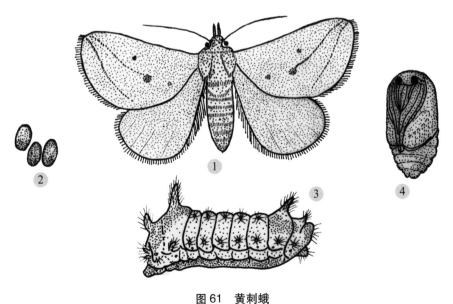

图 61　黄刺蛾

1. 成虫；2. 卵；3. 幼虫；4. 蛹

头部与胸部背面黄色，腹部背面黄褐色。前翅内半部黄色，外半部黄褐色，有两条暗褐色斜线，于翅尖外汇合于一点，呈倒"V"字形，内面一条伸到中室下角，几乎成为两部的分界线，外面一条伸达臀角，但不达后缘，横脉纹为一个暗褐色点，中室中央下方2A脉上有时也有一个模糊的暗点。后翅黄色或赭褐色。

2. **卵**　扁椭圆形，淡黄色，一端略尖。长径为1.4~1.5mm，短径为0.8~0.9mm，卵成薄膜状，卵膜上有龟状刻纹。

3. **幼虫**　头小，黄褐色，老熟幼虫体长为19~25mm，头隐藏于前胸下。胸部黄绿色或黄褐色，体背面有一紫褐色大斑纹，前后宽，中部细，呈哑铃形，每体节上有4个枝刺，其中以胸部上的6个及臀部上的2个特别大。身体腹面为乳白色，呈薄膜状，腹足退化。胸足极小。

4. **蛹**　椭圆形、肥胖，体长13~15mm，浅黄褐色，头胸部背面黄色。腹部各节背面有褐色背板。

5. **茧**　椭圆形，质地坚硬，黑褐色，有长短不一的灰白色纵条纹，形似雀卵。

生活史及习性

黄刺蛾在辽宁、陕西1年发生1代，在河南、北京、江苏、安徽等地1年发生2代，各地均以老熟幼虫于小枝杈处、主侧枝、树干的粗皮处结茧越冬。1年发生1代区，5月中旬开始化蛹，蛹期15天左右，6月中旬出现成虫，6月下旬始见幼虫为害，幼虫为害至8月中旬后，开始陆续老熟，并结茧进入越冬；1年发生2代区，5月上旬老熟幼虫开始化蛹，5月下旬出现成虫，6月中旬出现幼虫为害，7月中旬幼虫陆续老熟，并开始结茧化蛹，7月上旬始见第1代成虫，第2代幼虫于7月底开始为害，8月上中旬是第2代幼虫为害高峰期，8月下旬幼虫开始陆续老熟，并结茧越冬。

成虫昼伏夜出，羽化多于傍晚进行。成虫趋光性不强，羽化后不久即可交尾与产卵，卵常数十粒或更多地连成一片产于叶片的背面，也有散产的，每雌产卵量为49~67粒，卵期8天左右。成虫寿命4~7天，卵多在白天孵化，成虫白天多静伏于叶背。

初孵化的幼虫先啃食卵壳，然后取食叶片的下表皮与叶肉，残留上表皮，形成圆形透明的小斑。低龄幼虫喜欢群集于一起食害，幼虫长大以后逐渐分散为害，随龄期增大，食量大增，5、6龄幼虫可将叶片全部吃光，仅留叶柄或叶脉。幼虫共7龄，第1代各龄幼虫的龄期分别为1~2天、2~3天、2~3天、2~3天、4~5天、5~7天、6~8天。幼虫枝刺的毛有毒，人的皮肤触之后，会感到疼痛奇痒。幼虫老熟后开始结茧，初结的茧为灰白色，不久变为棕褐色，并呈现出白色纵纹。第1代老熟幼虫结小而薄的茧，越冬茧则大而厚，质地坚硬。

黄刺蛾的天敌有上海青蜂与黑小蜂，上海青蜂的寄生率极高，防治效果显著。

防治方法

1. **农业防治**　结合整形修剪，剪除枝条上的越冬茧或化蛹茧，消灭其越冬虫源或化蛹茧。

初孵幼虫期可人工摘虫叶。

2. 物理防治　灯光诱杀利用成虫的趋光性，在发生林分内对成虫进行灯光诱杀，设置间距 100m。

3. 化学防治　成虫发生高峰期也是产卵高峰期，此间可于树上喷药防治。常用农药有：50%马拉硫磷乳油 1 000 倍液，80%敌敌畏乳油 1 000 倍液，或 20% 灭扫利乳油 4 500 倍液、2.5%功夫乳油 4 500 倍液，均可达到防治效果。20% 速灭杀丁乳油 2 000 倍液、5% 氟虫脲乳油 1 500~2 000 倍液、10% 天王星乳油 2 000 倍液、20% 速灭杀丁乳油 2 000 倍液、1.8% 阿维菌素 2 000~3 000 倍液、吡虫啉 1 500~2 000 倍液

4. 生物防治　保护和利用天敌。

褐边绿刺蛾

学名：*Latoia consocia*(Walker)
异名：*Parasa consocia* Walker
别名：剥刺蛾、曲纹绿刺蛾

分布与危害

国内除内蒙古、宁夏、甘肃、青海、新疆与西藏等地目前尚未报道外，几乎全国各地均有发生；国外分布于日本、朝鲜、前苏联。此虫寄主很广，可危害核桃、枣、柿、苹果、梨、李、桃、杏、山楂、柑橘、海棠、樱桃、栗、榆、白杨、柳、枫、槭、桑、茶、梧桐、白蜡、紫荆、刺槐、乌桕、冬青、喜树、枳椇、悬铃木、石榴、枇杷、梅等多种果树、经济林作物。

以幼虫取食危害寄主叶片，幼龄幼虫喜欢群集危害叶背，将下表皮与叶肉食光，仅留上表皮，2~3 龄后逐渐分散为害，食量也渐增，将叶片吃成缺刻与孔洞，严重发生时，仅留叶脉与叶柄，影响树势与次年的结果。

形态特征（图 62）

1. 成虫　体长 15~16mm，翅展 38~40mm。头与胸部背面绿色，胸部背面中央有一条红褐色纵线。腹部与后翅浅黄色，后翅缘毛棕色，前翅绿色，基部有红褐色，并在中室下缘和 A 脉上呈钝角形曲，外缘有一条灰黄色宽带，带内有红褐色雾点，带内翅脉与内缘红褐色，内缘与外缘平行圆滑或在前缘下呈齿形内曲，并在臀角较为内曲。

2. 卵　扁平椭圆形，黄白色，长径 1.3~1.5mm。

3. 幼虫　老熟幼虫体长 25~28mm，头小，体短粗。初孵幼虫黄色，稍大后变为黄绿色，老熟幼虫浅黄绿色，背面具天蓝带黑色点的纵带，背侧瘤绿色，其中气门上方有一橙黄色尖顶，尤以前胸上的黄色较多。体末端有 4 个黑点。从中胸至第 8 腹节各有 4 个瘤状突起；瘤突上生有黄色刺毛丛，腹部末端有 4 丛球状蓝黑色刺毛。

4. 蛹　椭圆形，黄褐色，长 12~13mm。

5. 茧　丝质，椭圆形，暗褐色，长 13~15mm。

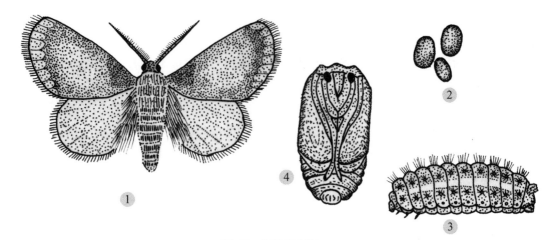

图 62　褐边绿刺蛾

1. 成虫；2. 卵；3. 幼虫；4. 蛹

生活史及习性

褐边绿刺蛾在华北、东北地区 1 年发生 1 代，河南及长江下游 1 年发生 2 代，各地均以老熟幼虫结茧越冬。结茧场所在 1 年发生 1 代的地区，多在树冠下的草丛、浅土层内、或于主干基部的土下面贴近树皮部位等处；在 1 年发生 2 代区，除上述场所外，还可在落叶下、主侧枝的树皮上等部位结茧。

在 1 年发生 1 代区，越冬幼虫于 5 月中下旬化蛹，6 月上旬始见成虫，6 月中下旬为成虫发生盛期，7 月中旬为末期。卵期 7 天左右。6 月下旬至 9 月间为幼虫发生期。8 月间为幼虫严重发生与为害期，若防治不及时或管理粗放的果园，常有树叶被吃光的现象。8 月下旬至 9 月下旬，幼虫逐渐老熟，并寻找适当的场所结茧越冬。

在 1 年发生 2 代区，越冬幼虫于 4 月下旬至 5 月上旬开始化蛹。越冬代成虫于 5 月中旬出现，第 1 代幼虫于 6 月至 7 月间发生，第 1 代成虫于 8 月中下旬出现，第 2 代幼虫于 8 月下旬至 9 月间发生。10 月上旬幼虫陆续老熟，并于枝干或下树寻找适当场所结茧越冬。

成虫白天潜伏，夜间出巢活动、交尾与产卵。成虫有较强的趋光性。卵主要产于叶片背面靠近主脉附近，常数十粒或更多地聚集成块，或呈鱼鳞状排列，单雌产卵量为 150 粒左右。初孵幼虫有群集习性，吃完卵壳后常数头幼虫密集于一片叶上取食叶肉，残留上表皮，2～3 龄以后逐渐分散为害，蚕食叶片。幼虫体上的刺毛丛含有毒腺，人体皮肤触之有肿胀奇痛之感。

据山东报道，褐边绿刺蛾幼虫可感染一种核型多角体病毒。经鉴定属杆状病毒科（Baculoviridae）杆状病毒属（*Baculovirus*）的 A 亚组，称之为褐边绿刺蛾核型多角病毒。

感病幼虫初期不表现症状，3～4天后体节逐渐肿大，行动迟缓，食量减少，体色加深。由于体内组织液化，虫体呈脓疱状，死虫表皮脆弱，一触即破，流出褐色脓液，略带腥味。一般感病后第4～5天即开始死亡，10天左右为死亡高峰期，有的幼虫感病后作茧滞育。

防治方法

1. **农业防治**　清洁果园，消灭越冬茧在冬春季节，及时清除落叶、树干、主侧枝树皮上以及干基周围表土层中的越冬茧，结合刨树盘挖除越冬茧。

捕杀初龄幼虫利用初孵幼虫有群集为害习性，摘除有虫叶片，集中处理。

3. **物理防治**　捕杀成虫利用成虫有较强的趋光习性，于成虫盛发期设置黑光灯诱杀。

4. **化学防治**　于卵发高峰期或幼虫孵化盛期喷药防治，可收到良好的防治效果。常用农药有：90%敌百虫1 000倍液、2.5%功夫乳油5 000倍液、2.5%敌杀死乳油4 500倍液、20%速灭杀丁乳油2 000倍液、5%氟虫脲乳油1 500～2 000倍液、10%天王星乳油2 000倍液、20%速灭杀丁乳油2 000倍液、1.8%阿维菌素1 500～2 000倍液、10%吡虫啉可湿性粉剂1 000～2 000倍液

黑纹白刺蛾 ｜学名：*Narosa nigrisigna* Wileman
别名：小刺蛾

分布与危害

分布于北京、河北、山西等地，寄主有核桃、枣、紫荆、苹果、桃、山楂、樱桃等多种林木、果树。

以幼虫取食危害寄主的叶片，低龄幼虫只啃食叶肉，残留表皮，被害叶片呈纱网状。稍大后的幼虫将寄主叶片食成孔洞和缺刻，严重时可把整枝或整株的叶片吃光。严重影响树体的发育。

形态特征

1. **成虫**　体长6～7mm，翅展14～16mm。体淡黄白色，头部与胸部背面白色。触角丝状，淡黄色，复眼灰黑色。前翅为乳白色，端半部有浅褐色浓淡不匀的云纹状斑纹，其中有一个明显的暗褐色"V"形斑，于顶角内侧翅的前半部，开口处于翅中部近前缘，向翅外缘中部斜伸，拱部止于外缘中部内侧；外缘线较宽，暗灰褐色，其内侧脉间有暗褐色小点。后翅白色微带浅褐色，外缘线隐约可见色略暗，内边明显呈一细线。前翅的翅背面前半部色深，为淡黄褐色，外缘线内侧脉间斑点明显；后翅的翅背面外缘线的内边呈暗色细线。

2. **幼虫**　老熟幼虫体长5.5～6.0mm，宽为3.5～4.5mm。体扁，略呈椭圆形。背中部隆起，似龟背，绿色。体背面中部的两侧各有一个红点，体上无明显的刺毛丛。头褐色，

很小，大部分缩入前胸内。

3. **蛹** 体长4~5mm，近椭圆形，刚化的蛹为淡黄色，以后逐渐变为褐色。

4. **茧** 长4.5~6.0mm，宽3.2~4.5mm，椭圆形，钙质坚硬，暗褐色，表面略显灰白色，茧上有4~6条长短不一的暗色纵纹，有的纵贯全茧，有的超过茧长的一半，茧盖多数有灰白色的环痕。

生活史及习性

对黑纹白刺蛾的生活习性，缺乏系统研究资料。在北京、山西等地1年发生1~2代，以前蛹于枝条上的茧内越冬。次年5月中下旬化蛹，6月间陆续羽化。成虫产卵于寄主的叶背，散产或数粒产在一起，但不成块状，幼虫发生于7~8月间，大多幼虫于叶片背面为害，8月间陆续老熟，并在枝干或落叶的茧中越冬。

防治方法

1. **农业防治** 消灭越冬虫茧于冬季或早春结合清园与修剪，铲除越冬虫茧，可有效地降低越冬虫口基数。消灭初龄幼虫根据寄主植物叶片出现的被害症状，及时清除低龄幼虫。

2. **化学防治** 幼虫孵化初盛期喷药防治，可收到良好的防治效果，使用农药参照黄刺蛾化学防治法。

3. **生物防治** 以每克含孢子100亿以上的青虫菌粉1 000倍液喷洒于幼龄体上，感病率可达80%以上。保护和利用天敌黑纹白刺蛾幼虫的天敌有寄生蝇和寄生蜂，应加以保护和利用。

双齿绿刺蛾
学名：*Latoia hilarata*（Staudinger）
别名：棕边青刺蛾、小青刺蛾、棕边绿刺蛾

分布与危害

国内分布于黑龙江、吉林、辽宁、河北、北京、河南、山东、江苏、江西、四川、湖南、台湾等地；国外分布于朝鲜、日本。寄主有核桃、苹果、梨、桃、樱桃、杏、枣、柿、栎、黑刺李、槭等多种林木、果树。

以幼虫啃食寄主叶片，轻者将叶片吃成许多孔洞与缺刻，严重发生时可将叶片吃光，仅剩主脉与叶柄。

形态特征

1. **成虫** 体长7~12mm，翅展18~26mm。头顶与胸背绿色，腹部黄色。触角：雄虫双栉齿状，雌虫丝状。前翅绿色，前缘具黄褐色细边，翅基有一块略呈五角形的褐斑，顶角及外缘褐带较宽，带的内侧具深褐色细边。后翅浅黄色，外缘附近浅褐色，臀角处

暗褐色。

2. **卵** 扁椭圆形，初产卵为浅黄白色，以后逐渐变深。

3. **幼虫** 老熟幼虫体长 16~17mm，背线天蓝色，头顶具 2 个黑点，除体侧及尾枝刺外，每一枝刺基部均生有一簇黑色。

4. **蛹** 椭圆形，初化蛹为黄色，后渐变褪色。体长 9~10mm。

5. **茧** 椭圆形，浅灰褐色，稍扁平，长约 11mm。

生活史及习性

双齿绿刺蛾在陕西、山东 1 年发生 1 代，以幼虫于树干基部、枝干伤疤、粗皮裂缝、枝杈及剪锯口处结茧越冬。次年 5 月间老熟幼虫开始化蛹，6 月上旬始见成虫，7~8 月间为幼虫发生为害期。低龄幼虫先群集于叶片背面食害叶肉，残留上表皮，3 龄以后则开始分散转移为害，常将叶片食成缺刻与孔洞。为害至 8 月间幼虫陆续老熟，并寻找适当场所结茧越冬。

成虫白天潜伏于叶背等处，夜间活动，交尾与产卵。成虫有趋光性，卵常数十粒或更多地成块状或鱼鳞状产于叶背附近的叶脉处。

防治方法

1. **农业防治** 结合修剪，摘除或剪除越冬茧，并集中处理或烧毁，消灭越冬幼虫。

2. **物理防治** 成虫发生期可利用趋光性，于发生园内设置黑光灯诱杀成虫。

3. **化学防治** 卵孵化盛期或幼虫发生为害期，于园内树上喷药防治，常用药有：2.5% 功夫乳油 5 000 倍液，20% 灭扫利乳油 5 000 倍液。20% 速灭杀丁乳油 2 000 倍液、5% 氟虫脲乳油 1 500~2 000 倍液、10% 天王星乳油 2 000 倍液、20% 速灭杀丁乳油 2 000 倍液、1.8% 阿维菌素 1 500~2 000 倍液、吡虫啉 1 500~2 000 倍液。

漫绿刺蛾 | 学名：*Latoia ostia*（Swinhoe）

分布与危害

国内分布于四川、云南等地；国外分布于印度。寄主有核桃、苹果、梨、桃、李、杏、柿、海棠、板栗、樱桃、柑橘、山荆子、棠梨以及杨、柳、刺槐、桤木等多种果树、林木。

以幼虫啃食寄主叶片，轻者形成许多缺刻，严重时则仅剩主脉与叶柄，有时甚至将全树或全枝的叶片吃光，造成树势衰弱及次年的减产。

形态特征

1. **成虫** 雌蛾体长 14~20mm，翅展 38~56mm，触角丝状；雄蛾体长 12~18mm，

翅展 32～48mm，触角基部双栉齿状，末端渐细成为丝状。头顶与胸部绿色，胸部背面中央有一淡黄色纵线，腹部背面黄绿色。前翅绿色，基部有一个红褐色斑点伸达后缘，后翅乳黄色或黄绿色，缘毛黄白色或灰白色，末端棕色。

2. **卵**　椭圆形，淡黄色或淡黄绿色，表面光滑，略有光泽。

3. **幼虫**　老熟幼虫体长23～32mm，头小，黄褐色，缩于前胸下。体黄绿色或深绿色，背线蓝绿色。胸部与腹部的亚背线与气门上线各具 10 对瘤状刺突，腹部 1～7 节的亚背线与气门上线间有 7 对瘤状刺突，其上均布满长度相等的刺，腹部第 8～9 两节气门上线的刺突上除生有刺外，还具有球状毛丛。腹面淡绿色。胸足 3 对，较小，淡绿色。无腹足，每节腹节中部具一个扁圆形吸盘。共有吸盘 7 个。

4. **蛹**　体长 14～19mm，初化蛹为乳黄色，接近羽化时，前翅变为暗绿色，触角、足、腹部黄褐色。

5. **茧**　椭圆形，长径 14～22mm，短径 9～16mm，灰褐色，质地坚硬，表面附有幼虫脱下的绿毛。

生活史及习性

此虫 1 年发生 1 代，以老熟幼虫于茧内越冬。次年 4 月下旬越冬老熟幼虫开始化蛹，5 月上旬至 6 月上旬为化蛹盛期，蛹期 25～53 天，6 月上旬开始出现成虫，6 月下旬至 7 月中旬为成虫羽化盛期，8 月上旬仍可见到羽化的成虫。第 1 代卵始见于 7 月上旬，7 月下旬前后为成虫产卵盛期，8 月下旬初为末期。幼虫始见于 7 月中旬，8 月中旬前后为卵孵化盛期。幼虫为害至 9 月底开始作茧，10 月底大部分幼虫老熟结茧，进入越冬。

成虫具趋光性，羽化 2～5 天后开始交尾与产卵，卵多产于寄主植物外围枝条上的叶背主脉附近，间有产于叶面的卵，卵散产或呈块状。产卵期 10～16 天，幼虫历期 40～65 天，蜕皮 5 次，初孵化的幼虫静止于卵壳上，1～2 天后开始活动取食，先食掉蜕下的皮，然后吃掉卵壳，以后即开始取食叶肉，但此时食量小，被害叶片呈半透明或纱网状。2 龄前具群栖习性，3 龄后逐渐开始分散为害，取食时由叶缘向内啃食。

幼虫昼夜均可取食，迁移性较小，常食完一叶再取食另一叶，或一枝一枝地把叶全部食光。4 龄后食量大增，8、9 月间为幼虫发生危害的严重时期，幼虫老熟后，寻找适当场所结茧。结茧时先将树皮啃咬平滑或咬成一凹窝，然后吐丝作茧。作茧时虫体弯曲，头部吐丝向各方结网，体毛脱落黏于网外。茧壳外部呈绿色，间或灰褐色或黑褐色，茧壳内壁黄白色或灰白色，光滑略有光泽。茧壳顶部具一沟状痕迹，成虫羽化时由此而出。

防治方法

1. **物理防治**　成虫发生盛期于园内设置黑光灯或高压汞灯，诱杀成虫，效果很好。

2. **其余防治方法**　参照双齿绿蛾第 1 条和第 3 条。

中国绿刺蛾

学名：*Latoia sinica*（Moore）
别名：中华青刺蛾、苹绿刺蛾

分布与危害

国内分布于黑龙江、吉林、辽宁、河北、河南、山西、陕西、湖北、湖南、江苏、浙江、江西、云南、贵州、四川、台湾等地；国外分布于朝鲜、前苏联。寄主有核桃、苹果、梨、杏、桃、李、梅、柿、栗、樱桃、柑橘、枇杷、杨、榆、槐、枫、油桐、喜树、乌桕、梧桐、茶等多种果树、林木经济植物。

以幼虫食害寄主叶片，低龄幼虫常群集于叶背为害，被害叶片呈纱网状，3龄以后分散为害，将叶片吃成花叶或缺刻与孔洞，严重时将叶片吃成光秃，仅残留叶柄与叶脉，严重影响树势及次年的产量与品质。

形态特征（图63）

1. **成虫**　体长11~12mm，翅展21~28mm。头部、胸部背面及前翅绿色。前翅基部有一褐斑，在中室下缘呈角形外曲，外缘有一褐带，窄而规则，仅Cu_2脉向内突成钝齿状，缘毛褐色。后翅全部灰褐色，缘毛灰黄色。

2. **卵**　扁平，椭圆形，长1.4~1.5mm，初产卵为淡黄色，后渐变为浅黄绿色。

3. **幼虫**　老熟幼虫体长16~20mm，体黄绿色。前胸背板有一对黑点，背线红而粗，两侧具有蓝边及黄白色宽边。中、后胸及第8腹节各具1对黄色枝刺，上生黑刺，体侧也具一列黄色枝刺，且上混生有黄黑刺。

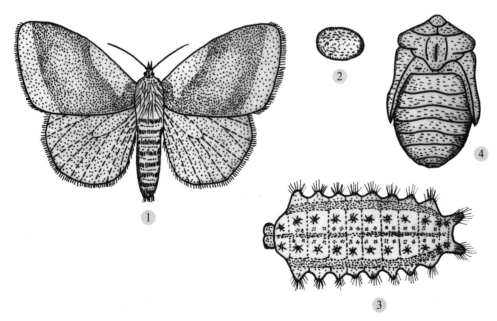

图63　中国绿刺蛾
1. 成虫；2. 卵；3. 幼虫；4. 蛹

4. **蛹** 体长 13～15mm，复眼黑色，腹背各节前缘具浅暗黄褐色弧形斑。

5. **茧** 扁椭圆形，暗褐色，长约 15mm。

生活史及习性

此虫在我国东北 1 年发生 1 代，在山西、河南 1 年发生 2 代，以老熟幼虫于枝干上做茧越冬。在 1 年发生 1 代区，越冬幼虫于 5 月间化蛹，6～7 月间为成虫发生期，7～8 月间为幼虫发生危害期，为害至秋末以老熟幼虫结茧越冬。在 1 年发生 2 代后，越冬幼虫于次年 5 月间化蛹，6 月间成虫羽化出现，7～8 月间为第 1 代幼虫发生危害期，8～9 月间出现第 1 代成虫，10 月间以第 2 代老熟幼虫于枝干等处结茧越冬。

成虫昼伏夜出，有趋光性。成虫羽化后即可交尾与产卵，卵多产于叶片背面，卵呈块状。初孵化的幼虫群集于卵壳上不食不动，2 龄幼虫先取食卵壳及蜕皮，然后取食叶表皮及叶肉，将叶片食成纱网状，然后分散为害，严重发生时将叶片吃成孔洞与缺刻或仅留叶脉与叶柄。

防治方法

1. **农业防治** 结合修剪，除掉越冬茧；幼虫孵化初期摘除群集幼虫，可有效地降低虫口密度。

2. **物理防治** 利用成虫有趋光习性，在成虫发生期于发生地段设置黑光灯进行诱杀。

3. **化学防治** 成虫盛发期或幼虫孵化盛期用药防治，常用农药有：20% 灭扫利乳油 4 500 倍液、2.5% 敌杀死乳油 4 500 倍液、20% 速灭杀丁乳油 2 000 倍液、5% 氟虫脲乳油 1 500～2 000 倍液、10% 天王星乳油 2 000 倍液、20% 速灭杀丁乳油 2 000 倍液、1.8% 阿维菌素 1 500～2 000 倍液、吡虫啉 1 500～2 000 倍液，均可取得理想的防治效果。

枣奕刺蛾

学名：*Phlossa conjuncta* (Walker)
异名：*Iragoides conjuncta* Walker
别名：枣刺蛾

分布与危害

国内分布于辽宁、河北、山东、安徽、江苏、江西、浙江、湖北、广西、广东、四川、贵州、云南、福建、台湾等地；国外分布于朝鲜、日本、越南、泰国、印度等国。寄主有核桃、枣、柿、苹果、梨、杏、桃、杜果、樱桃、茶等多种果树及经济林植物。

以幼虫食害寄主叶片，初龄幼虫将叶的下表皮与叶肉吃光，使叶片呈纱网状，大龄幼虫则将叶片全部吃光，仅剩有叶脉及叶柄。

形态特征（图 64）

1. **成虫** 雄蛾体长 12～13mm，翅展 28.0～31.5mm，雌蛾体长 13～14mm，翅展

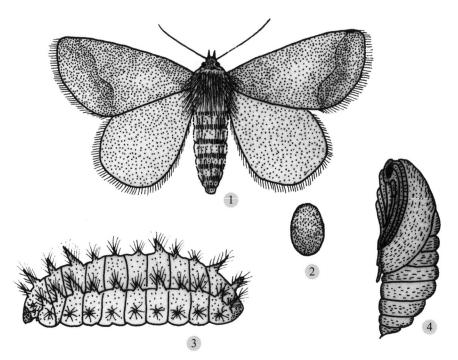

图 64　枣奕刺蛾

1. 成虫；2. 卵；3. 幼虫；4. 蛹

29.0～32.5mm。全体棕褐色，头与颈板浅褐色。雄虫触角短，双栉齿状，雌虫触角较雄虫长，丝状。胸背鳞毛较长，中间略显棕红色，两边褐色。腹部背面各节有"人"字形的棕红色鳞片毛。前翅基部棕褐色，中部黄褐色，近外缘处有两块近似菱形的斑纹彼此相连，靠前缘一块为褐色，靠后缘一块为红褐色，横脉上有一黑点，后翅为黄褐色。

2. **卵**　扁平椭圆形，长径为 1.2～2.2mm，短径为 1.0～1.6mm，初产卵为鲜黄色，质地柔软，半透明，接近孵化时，卵的色泽逐渐加深。

3. **幼虫**　老熟幼虫体长 19.0～24.5mm，头小，常缩入前胸内，体浅黄绿色，体背面具有绿色云斑，各体节上具 4 个红色枝刺，胸部背面 4 个，中间 2 个，尾部 2 个较大。

4. **蛹**　椭圆形，长 11.0～14.5mm，初化蛹为浅黄色，以后渐变为浅褐色，羽化前变为褐色。

5. **茧**　椭圆形，长 11.5～15.0mm，土灰褐色，质地坚硬。

生活史及习性

枣奕刺蛾在河北阜平县 1 年发生 1 代，以老熟幼虫于树干附近的土内结茧越冬。次年 6 月上旬，越冬幼虫开始化蛹，蛹期 10 天左右，6 月下旬开始出现成虫，7 月间为成虫盛发期，8 月间为成虫发生末期。6 月下旬田间出现卵块，卵期 8 天左右，7 月上旬可见到幼虫发生危害，8 月间为幼虫严重发生与危害期，8 月下旬幼虫开始陆续老熟，并于树干基部的土内做茧越冬。

成虫羽化多在 17：00 ～ 23：00 进行，羽化后的成虫白天多潜伏于寄主叶片背面，黄昏以后陆续活动，有追逐交尾习性，交尾后的次日即可产卵，卵多呈鱼鳞状产于叶片背面靠近叶脉的附近，成虫寿命 3 天左右，初孵幼虫爬行缓慢，聚集较短时间后，便开始分散于寄主叶片背面取食叶肉，残留上表皮，随虫龄增大食量渐增。严重时可将全叶或全枝叶片吃光。

防治方法

1. **农业防治**　结合平田整地及除草，于冬春挖除越冬虫茧；幼虫发生危害期人工捕捉幼虫，摘除卵块及虫叶，集中处理，可收到良好的防治效果。

2. **化学防治**　于卵高峰期或幼虫孵化初盛期喷药防治，常用农药有：80%敌敌畏乳油 1 000 倍液、2.5% 功夫乳油 2 000 倍液、2.0%灭扫利乳油 2 000 倍液、20% 速灭杀丁乳油 2 000 倍液、5% 氟虫脲乳油 1 500～2 000 倍液、10% 天王星乳油 2 000 倍液、20% 速灭杀丁乳油 2 000 倍液、1.8% 阿维菌素 1 500～2 000 倍液、吡虫啉 2 000 倍液，防治效果均可达 90%以上。

桑褐刺蛾
学名：*Setora postornata*（Hampson）
别名：褐刺蛾

分布与危害

国内分布于河北、四川、江苏、浙江、江西、云南、广东、湖北、湖南等地；国外分布于印度。寄主有核桃、桃、柿、梨、苹果、枣、板栗、李、梅、柑橘、葡萄、海棠、桑、茶、柳、月季等多种林木、果树及园林观赏植物。

低龄幼虫取食下表皮与叶肉，残留上表皮，成长幼虫常将叶片食成缺刻与孔洞，或沿叶缘蚕食叶片，发生严重时，叶片仅留叶柄与叶脉。

形态特征（图 65）

1. **成虫**　雌蛾体长 17.5～19.5mm、翅展 38.5～41.0mm，雄蛾体长 16.5～18.0mm，翅展 30.5～36.5mm。身体褐色至深褐色，雌虫体色较浅，触角丝状，雄虫体色较深，触角单栉齿状，前翅前缘距翅基 2/3 处向基角及臀角各引一条深色弧线，前翅臀角附近有一个近三角形的棕色斑。前足腿节基都有一横列白色毛丛。

2. **卵**　扁平椭圆形，长径约 1.6mm，短径约 1.0mm，初产卵为黄色，以后逐渐变深。

3. **幼虫**　老熟幼虫体长 23～35mm，体黄绿色，背线蓝色，每节上有 4 个黑点，排列成近菱形，亚背线黄色或红色。枝刺黄色或紫红色，中胸至第 9 腹节的每节于亚背线上着生 1 对枝刺，其中，中、后胸及第 1、5、8、9 腹节上的刺特别长。从后胸至第 8 腹节的每节在气门线上着生一对长短均匀的枝刺。每根枝刺上着生带棕褐色且呈散射状的刺毛。

4. **蛹**　卵圆形，体长 14.5～16.5mm，初化蛹为黄色，后渐变为褐色。

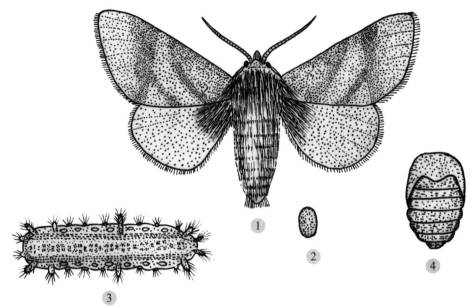

图 65　桑褐刺蛾

1. 成虫；2. 卵；3. 幼虫；4. 蛹

5. 茧　椭圆形，长 15.5～17.5mm，灰白色至灰褐色，表面常具有褐色点纹。

生活史及习性

桑褐刺蛾在我国北方 1 年 1 代，南方 1 年发生 1～2 代，以老熟幼虫于土中结茧越冬。次年 5 月上旬越冬幼虫开始化蛹，5 月底 6 月初开始羽化与产卵，第 1 代幼虫 6 月中旬开始出现，7 月下旬幼虫陆续老熟结茧化蛹，8 月下旬第 1 代成虫羽化，8 月中下旬出现第 2 代幼虫，大部分幼虫为害至 9 月底 10 月初开始老熟，然后下树结茧越冬。若夏季气温高，气候过于干燥，则有部分第 1 代幼虫老熟后于茧内滞育，到次年才化蛹和羽化，即出现 1 年发生 1 代的现象。

成虫羽化多于 16：00 以后进行，18：00～20：00 为成虫羽化和交尾的高峰期，越冬代成虫的羽化率仅达 8.25%，第 1 代成虫的羽化率达 62.1%。越冬代雌雄性比为 1：1.3；第 1 代雌雄性比则为 1.3：1。隔代羽化率为 50%。

成虫有趋光性，白天常停息于树荫或草丛中，夜间活动、交尾与产卵。雌成虫交尾后的次日即可产卵，卵常产于叶片上，很少产于近中脉处，当密度大时，可 2～3 粒产在一起，单雌产卵量：越冬代为 49～347 粒，平均 109 粒，第 1 代为 4～396 粒，平均 158 粒，隔代羽化的（一年发生 1 代的）为 10～511 粒，平均 268.3 粒。成虫寿命为 4～5 天。

幼虫一共 8 龄，初孵幼虫先取食卵壳，4 龄以前啃食叶肉，残留表皮，4 龄以后将叶片吃成缺刻与孔洞。幼虫为害至老熟后沿树干爬下或直接坠下，寻找适当的场所结茧化蛹或越冬。幼虫主要在疏松的表土层中结茧，入土深度多在 1cm 以内，占总茧数的 80%，最深可达 3.5cm，幼虫还可在草丛间、树叶中及石块土缝处结茧。

防治方法

1. 农业防治 于老熟幼虫下树结茧期间，于清晨扑打下树的老熟幼虫，以减少下一代虫口密度。

2. 物理防治 成虫发生期可利用趋光性于发生林间设置黑光灯或高压汞灯诱杀成虫。

3. 化学防治 幼虫发生期用药防治，所用农药参照枣奕刺蛾，另外也可使用青虫菌粉（每克含孢子 100 亿以上）1 000 倍液，感病率可达 80% 以上，效果甚佳。

小黑刺蛾 | 学名：*Scopelodes ursina* Butler
别名：黑刺蛾

分布与危害

国内分布于河北、江苏、浙江、广东等地；国外分布于印度，寄主有核桃、柿、樱桃等。以幼虫食害寄主叶片，将叶片吃成缺刻与孔洞，或将叶片全部吃光，残留叶脉与叶柄。

形态特征（图 66）

1. 成虫 雌成虫体长 14.5～20.0mm，翅展 34.4～44.0mm，雄成虫体长 14.5～15.0mm，翅展 26.5～33.0mm。头深褐色，触角浅褐色，复眼黑褐色。下唇须发达，呈莲蓬状，褐色，端部黑色，胸部黄褐色，雄虫胸部色较深。前翅似佩刀状，黄褐色，近前缘 1/3 处向

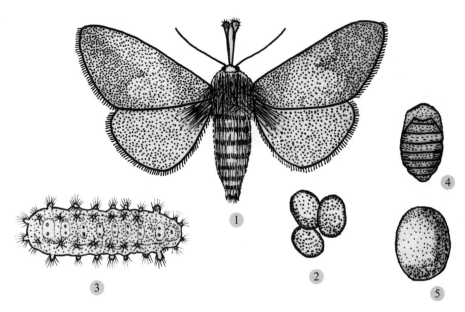

图 66 小黑刺蛾
1. 成虫；2. 卵；3. 幼虫；4. 蛹；5. 茧

顶角有一深色线条。后翅黄褐色。腹部黄褐色，每一腹节背面有黑色条纹直达尾部。

2. **卵** 扁椭圆形，黄绿色，长径 1.2～1.3mm，短径 0.9～1.0mm。

3. **幼虫** 老熟幼虫体长 23～26mm，头黑褐色，体灰绿色，中胸背板具枝刺一对，较长；后胸背、腹侧各具一对枝刺，背侧较发达，腹侧呈刺毛丛状；腹部第 1～9 节背侧各具一对枝刺，第 8～9 节枝刺基部变为黑色长绒球状；腹侧第 1～8 节均具枝刺一对，第 1 节的最发达。腹部体侧各节间具红褐色似菱形斑一对，腹背各节间具一灰绿色斑，斑内有一对黑点，体背侧毛黑色，腹侧除腹部第 1、7 节刺毛呈黑色外，其余多呈灰白色。

4. **蛹** 卵形，灰黄绿色，体长 11.5～12.5mm。

5. **茧** 椭圆形，黑褐色，长 12.0～13.5mm。

生活史及习性

小黑刺蛾在我国南方 1 年发生 2 代，以老熟幼虫于茧内越冬。次年 4 月中下旬化蛹，5 月上中旬成虫开始羽化，羽化后不久即可交尾，交尾后的次日产卵。成虫多于傍晚飞翔、交尾，具趋光性，卵经过 7 天左右孵化，幼虫于 5 月中旬出现，为害至 6 月底 7 月初便开始陆续老熟结茧于内化蛹。7 月下旬第 1 代成虫开始羽化，8 月初为第 2 代卵发生盛期，卵期 5～6 天，8 月上旬末第 2 代幼虫发生，9 月初幼虫陆续老熟结茧越冬。

成虫多将卵数十粒或百余粒呈鱼鳞状产于叶背，卵孵化时间多于早晨 5：00 以后，初孵幼虫不取食，卵孵化后的次日蜕皮变为第 2 龄，即开始群集叶背取食叶肉。幼虫共 8 龄，幼虫历期为 30 天左右，5 龄以前幼虫多于叶背啃食下表皮与叶肉，6 龄以后开始蚕食叶片，幼虫多群集取食，老熟后便沿树枝及枝干爬下或直接由树冠坠落到地面，于树冠附近的浅土层、杂草丛中结茧化蛹或直接进入越冬。

防治方法

1. **农业防治** 消灭越冬虫茧农闲季节可结合清园整地、翻地等农事操作，将收拾的草丛及翻出的越冬茧深埋，可有效地降低次年的虫源基数。消灭老熟幼虫于老熟幼虫下树结茧时，于晚上或清晨扑打老熟幼虫，以减少下一代的虫源基数。

2. **物理防治** 于成虫发生期，每天 19：00～21：00 设置黑光灯，诱杀成虫。消灭低龄幼虫因低龄幼虫具有群集危害的习性，被害寄主的叶片出现纱网状或白膜状症状，可及时摘除有虫叶片，集中消灭，减轻危害。

3. **化学防治** 于成虫产卵高峰期或幼虫孵化初盛期集中喷药防治，杀虫效果可达 90% 以上。常用农药有：2.5% 功夫乳油 5 000 倍液，50% 辛硫磷乳油 1 000～1 500 倍液。20% 速灭杀丁乳油 2 000 倍液、5% 氟虫脲乳油 1 500～2 000 倍液、10% 天王星乳油 2 000 倍液、20% 速灭杀丁乳油 2 000 倍液、1.8% 阿维菌素 1 500～2 000 倍液、吡虫啉 2 000 倍液。

4. **生物农药防治** 幼虫发生危害期可喷青虫菌粉（每克含孢子 100 亿以上）800～1 000 倍液，幼虫感病率可达 80% 以上。

扁刺蛾 | 学名：*Thosea sinensis*（Walker）
别名：扁棘刺蛾、黑点刺蛾

分布与危害

国内分布于黑龙江、吉林、辽宁、河北、山东、河南、安徽、江苏、浙江、江西、湖北、湖南、四川、云南、广西、广东、台湾、福建等地；国外分布于印度及印度尼西亚。寄主有核桃、苹果、梨、樱桃、枇杷、柑橘、枣、柿、桃、李、杏等果树以及多种经济林、观赏植物达 59 种之多。

以幼虫取食为害，低龄幼虫喜欢群集于叶片背面啃食下表皮与叶肉，常将叶片吃成纱网状；幼虫长大后逐渐分散为害，而食量逐渐增大，常将叶片吃成缺刻或孔洞，或仅残留叶柄与叶脉，不仅影响树势，还影响次年果实的产量与品质。

形态特征（图 67）

1. 成虫　体长 13.5～18.0mm，翅展 26.7～39.0mm，体暗灰褐色，前翅灰褐色至浅灰色，内半部及外横线以外的带黄褐色，并稍具褐色雾点；外横线暗褐色，从前缘近翅尖直向后斜伸至后缘中央前方，横脉纹为一黑色圆点。后翅暗灰色至黄褐色。前足各关节处有一白色斑。

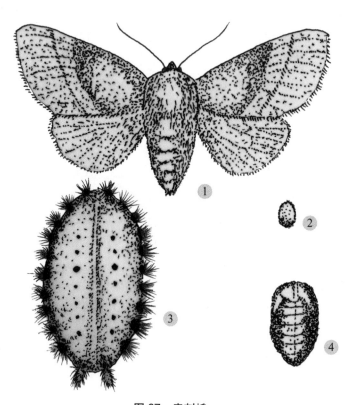

图 67　扁刺蛾

1. 成虫；2. 卵；3. 幼虫；4. 蛹

2. **卵**　扁平，长椭圆形，长径 1.2～1.3mm，短径 1.0～1.1mm，初产卵为黄绿色，后变灰褐色。

3. **幼虫**　老熟幼虫体长 21.5～26.0mm，体扁，椭圆形，背部稍隆起，全体绿色或黄绿色，背线白色，在背线与体两侧各具一列红顶突起，其上生有枝刺。背部各节枝刺不发达，腹部第 1～9 节腹侧枝刺发达，上生许多刺毛，中胸与后胸的枝刺明显较腹部的枝刺短。

4. **蛹**　体长 10.5～15.0mm，前钝后尖，近纺锤形，初化蛹为乳白色，后渐变黄色，近羽化时转为黄褐色。

5. **茧**　椭圆形或近圆球形，暗褐色，质地坚硬，似鸟卵，长 12.0～15.5mm。

生活史及习性

扁刺蛾在北方 1 年发生 1 代，在长江下游地区 1 年发生 2 代，间或 1 年发生 3 代，各地均以老熟幼虫于寄主树下周围土中结茧越冬。在河北省阜平县，越冬幼虫于次年 5 月中旬化蛹，蛹期 15 天左右，6 月初羽化为成虫，6 月上旬产卵，6 月中旬孵化出幼虫。为害至 8 月中旬幼虫老熟开始结茧进入越冬；浙江省越冬幼虫于次年 5 月初开始化蛹，蛹期 15 天左右，5 月下旬开始羽化出成虫，6 月中旬为成虫羽化和产卵盛期，卵期约 7 天左右，6 月中下旬第 1 代幼虫孵化，7 月下旬至 8 月中旬结茧化蛹，8 月间第 1 代成虫开始羽化和产卵，7 天后出现第 2 代幼虫，为害至 9 月底至 10 月初幼虫陆续老熟并结茧越冬。

成虫羽化多在 18：00～20：00 进行，羽化后不久即行交尾，至次日夜间产卵，卵散产于叶面，成虫具有趋光性。幼虫刚孵化时不取食，2 龄幼虫啃食卵壳、下表皮与叶肉，6 龄时开始沿叶缘蚕食叶片。幼虫为害至老熟后于早晚沿树干爬下到树冠附近的浅土层、杂草丛、石缝中结茧。在土壤中结茧处的深度和距树干的远近与树干周围土质有关，黏土地结茧浅而且距树干远，也比较分散；砂壤、腐殖质多的土壤则深且距树干近，也比较密集。

防治方法

1. **物理防治**　利用成虫的趋光性，在成虫发生期设置黑光灯或高压汞灯诱杀成虫。

2. **其余防治方法**　参照小黑刺蛾。

尺蛾科（Geometridae）

体形瘦长，翅大而薄，前、后翅颜色相似并常有条纹连接，静止时四翅平铺，口喙与翅缰一般均存在，只少数例外，前翅 R5 不出自中室而且与 R4 共柄，后翅 Sc+R1 与 Rs 在中室附近有一段并接。少数属、种的雌成虫不具翅或翅极退化。足细长，具毛或鳞片，少数种类的胫节扁宽，有毛刷，腹部细长，具有一个听器，位于腹部的基部下方，此特征是识别尺蛾的可靠证据。

幼虫体表仅被少数次生刚毛或不明显。腹足一对位于第 6 腹节，还具一对臀角，趾钩中带式或缺环，2 序或 3 序。幼虫行动时身体一屈一伸，如同量尺度一样，故名尺蠖。休息时幼虫用腹足固定于树枝，身体前面部分伸直，与所附着的寄主植物形成一角度，拟态成植物的枝条。尺蛾科为一大科，世界已知种类已达 10 000 余种。幼虫多危害果树、林木。

油桐尺蠖

学名：*Buzura suppressaria* Guenée

别名：大尺蛾、洞桐尺蛾

分布与危害

国内分布于河南、四川、安徽、贵州、广西、广东、湖北、湖南、浙江、江西等地，国外分布于日本、缅甸、印度。寄主有山核桃、桃、杏、李、柿、杨梅、板栗、花椒、柑橘、茶、乌桕、扁柏、松、柏、杉、肉桂、刺槐、漆树、麻栎、枣、枇杷等多种果树、林木及园林植物。

以幼虫食害寄主植物叶片，低龄幼虫食害刚发的芽、嫩叶与花蕾，幼虫发育快，食量大，常暴食成灾，严重时可将寄主植物叶片全部吃光。

形态特征（图 68）

1. **成虫** 雌成虫体长 22.5～25.0mm，翅展 60.0～64.5mm，灰白色。触角丝状，胸部密生灰色长毛，翅基片及胸部各节后缘具黄色鳞片。前翅外缘呈波状缺刻，缘毛黄色；基线、中线及亚外缘线为黄褐色波状，有时极不明显；亚外缘线的外侧部分色泽较深，翅面由于散生蓝黑色鳞片多少不匀，因而翅色由灰白色至黑褐色不等。翅反面灰白色，中央具一黑色斑点。后翅色泽及斑纹与前翅相当。腹部肥大，末端具成簇黄毛。产卵器黑褐色，产卵时伸出，长 1cm 左右。雄成虫体长 17～21mm，翅展 52.0～55.6mm。触角双栉齿状。体、翅色纹大致与雌蛾相同。但有的个体，其前翅的基线与亚外缘线甚粗，因此明显区分于雌蛾。腹部瘦小。

2. **卵** 椭圆形，长径 0.6～0.8mm，淡绿至淡黄色，卵孵化时呈黑褐色。卵块较松散。越冬代雌蛾产的卵块表面盖有黄色绒毛，卵粒重叠成堆。

3. **幼虫** 老熟幼虫体长 60.5～72.0mm，体色随环境不同而异，有灰色、青绿色等。头部密生棕色颗粒状小点，头顶具弧形凹陷，两侧角突起，额区下陷，红褐色，前胸背板有两个颗粒状突起，第 8 腹节背面有黑褐色小颗粒，气门紫红色。初孵化幼虫体长 2.5～2.7mm，黑褐色，体侧具 1 条明显的白线，4 龄幼虫体呈绿色。

4. **蛹** 体长 19.5～26.0mm，圆锥形，黑褐色。头顶具角状小突起 2 个，中胸背板前缘两侧各具 1 个角状突，腹部末节具臀刺，末端具细小长分叉，臀刺基部两侧和背方突出物连成大半圆，突出物上有许多凸凹刻点，翅芽伸达第 4 腹节，第 10 腹节背面具齿状突起。

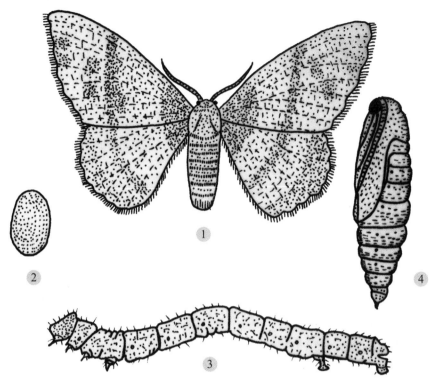

图 68　油桐尺蠖

1.成虫；2.卵；3.幼虫；4.蛹

生活史及习性

油桐尺蠖在河南1年发生2代，湖北、浙江等地1年发生2~3代，各地以蛹于距树干10~50cm范围内的疏松土中越冬。次年4月上旬成虫开始羽化，4月下旬至5月初为成虫羽化盛期，整个羽化期可持续一个多月，第1代幼虫于5~6月间发生危害，幼虫期40天左右，6月下旬幼虫为害，陆续老熟并开始化蛹，蛹历期为15~20天，7月上旬成虫开始羽化与产卵，卵期7~12天，平均8天左右，第2代幼虫于7月中旬至9月中旬发生，幼虫期35天左右，发生2代区，幼虫为害至8月下旬开始入土化蛹越冬。发生3代区，第2代成虫于9月上旬羽化，幼虫发生危害于9月中旬至10月下旬，11月初幼虫开始陆续老熟化蛹进入越冬。

成虫羽化多于傍晚至凌晨进行，但以22：00至凌晨2：00为更多，尤以雨后土壤湿度较大时为最多。成虫羽化后的当夜即可交尾与产卵，但以羽化后的第2夜交尾最多，少数到第3夜才交尾，交尾多于夜间21：00至凌晨5：00进行，尤以凌晨1：00~3：00为最多，雌蛾一生交1次尾，极少数有2次者。成虫交尾当夜即可产卵，卵成块、成堆产于树皮裂缝、伤疤及枝杈下部，越冬代成虫产的卵块，其表面覆盖有绒毛，单雌产卵百余粒至千余粒，每卵块有卵204~1 300粒，平均778粒，排列较松散。

幼虫共6龄，初孵幼虫四处爬行或吐丝随风飘散，2龄幼虫喜于树冠顶部叶尖直立，夜间吐丝下垂悬吊于树冠外围。3龄后幼虫喜于树冠内。阴雨天、夜间食害最甚。1龄幼虫只食害叶肉，残留表皮，2龄后开始蚕食叶片成缺刻，4龄以后幼虫食量增大，可将叶片吃光，仅残留少量主脉与叶柄。幼虫停止取食后，腹足紧抱树枝或树叶、虫体直立、状如枯枝。6龄幼虫在炎热的夏季有沿树干爬下、于树干基部避暑的习性。幼虫为害至老熟后化蛹前，要排泄大量粪便，然后于夜间沿树爬下或直接吐丝坠入土中，于3～7cm的土内化蛹，在树叶丰富、土壤疏松的园内，幼虫多集中于树干附近化蛹，越近树干蛹越多。在食料不足时，幼虫四处爬行寻找食料，因而蛹的分布缺乏规律性。土壤坚实，蛹的分布亦较分散。

油桐尺蠖的天敌有：卵期为黑卵蜂，其寄生率可达23%；幼虫期有尺蛾红眼姬小蜂、大黑蚁及尺蛾强姬蜂；蛹期有尺蛾强姬蜂。尺蛾强姬蜂的寄生率可达10%。

防治方法

1. 农业防治　挖蛹越冬蛹期长达5个月，可结合翻地，挖捡虫蛹，在叶片被害率达80%以上的地块，应普遍挖蛹，叶片被害率为60%～80%的只挖树冠投影范围内，叶被食害50%以下，只挖树干附近即可。诱集虫蛹老熟幼虫未入土前，用农膜铺设于主干周围，上面再铺湿度适中的、厚为3～7cm的松土，等幼虫进入蛹化，挖出蛹将其集中消灭。拍蛾刮卵根据雌蛾白天栖息于树干背风面下部的习性，可于每天早晨或下午人工拍杀或捕捉成虫。产卵盛期可结合拍蛾，刮除树干上的卵块，集中处理。

2. 化学防治　幼虫孵化初期或于3龄前幼虫进行喷药防治，常用农药有：90%敌百虫原药800～1 000倍液，2.5%敌杀死乳油4 500倍液，20%灭扫利乳油4 500倍液，或用每毫升2亿～4亿孢子的苏云金杆菌或白僵菌等生物农药，20%速灭杀丁乳油2 000倍液、5%氟虫脲乳油1 500～2 000倍液、10%天王星乳油2 000倍液、20%速灭杀丁乳油2 000倍液、1.8%阿维菌素1 500～2 000倍液、吡虫啉2 000倍液、1∶100倍液的白僵菌防治效果达80%～100%。

3. 生物防治　保护和利用天敌要注意保护天敌，挖蛹时，将挖到的蛹放于寄生蜂保护器中，使尺蛾强姬蜂羽化后重返林间，将挖得的卵块加以饲养，等黑卵蜂羽化后，将其释放于林间。

木橑尺蠖

学名：*Culcula panterinaria* (Bremer et Grey)
别名：木橑步曲、木橑尺蛾

分布与危害

国内分布于山西、山东、河北、河南、内蒙古、陕西、四川、广西、云南、台湾等地；国外分布于日本、朝鲜。寄主有核桃、苹果、梨、山楂、李、桃、杏、柿、樱桃、酸枣、花椒、杨、柳、桑、桐、柞、榆、椿、槐、木橑以及农作物等30多种植物。

以幼虫食害寄主叶片，大发生时，一颗大树的叶子几天内就被吃光，幼虫对核桃、木

榛为害相当严重。

形态特征（图 69）

1. **成虫**　体长 18.5～22.0mm，翅展 70.5～72.0mm。体及翅白色。头棕黄色，复眼深褐色。雌成虫触角为丝状，雄成虫触角为双栉齿状。胸部背面的后缘、颈板、肩板的边缘以及腹部末端均被有棕黄色鳞毛，胸部背面中央具一条浅黄色斑纹。前、后翅均分布有不规则的灰色或橙色斑点，中室端部的灰色斑点呈不规则的块状。在前翅与后翅的外横线上各有一列橙色或深褐色圆斑，但隐显，往往变异很大，前翅基部有一个近圆形的黄棕色斑纹。足灰白色，胫节、跗节具有浅灰色斑纹。雌蛾腹端粗大，腹末端具有黄棕色毛丛，褐色产卵管稍伸出体外。雄蛾腹部细长，末端鳞毛较少，腹部圆锥形。

2. **卵**　扁圆形，长 0.8～0.9mm，初产卵为绿色，后渐变灰绿色，孵化前变为黑色，卵块上常覆有一层黄棕色绒毛。

3. **幼虫**　老熟幼虫体长 68.5～70.5mm，幼虫体色因环境不同而异，老龄幼虫体同树皮色，初孵幼虫头部暗褐色，背线与气门上线为浅草绿色，以后随着幼虫的发育变为绿色、浅褐绿色、棕褐等色。体上被有灰白色颗粒状小点。头部密布乳白、琥珀、褐色等泡沫状突起，头顶两侧呈圆锥状突起，额面有一个深棕色的倒“V”字形凹纹，每侧具 5 个大小相近的单眼 5 个，呈圆形，其中 4 个排成半圆形，前胸背板前缘两侧各有一个突起。气门椭圆形，褐色，两侧各具一个白点。胴部第 2～5 节各节前缘亚背线处有一个灰白色圆斑。胸足 3 对，腹足 1 对，着生腹部第 6 节上，臀足 1 对。趾钩双序，腹足趾钩 40 个。臀足后侧有刺状突起。

4. **蛹**　体长约 28.0～30.5mm，雌蛹较雄蛹大，初化蛹为翠绿色，以后变为黑褐色，体

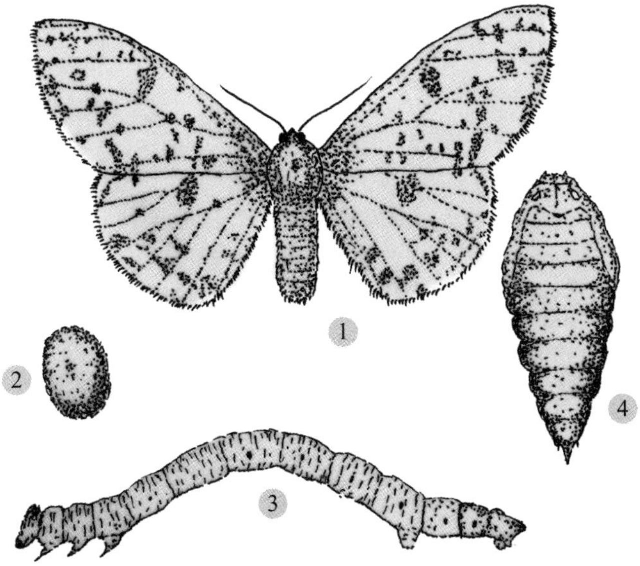

图 69 木榛尺蠖

1. 成虫；2. 卵；3. 幼虫；4. 蛹

表布满小刻点，但光滑。头顶两侧具明显的齿状突起。臀刺与肛门两侧各具3块峰状突起。

生活史及习性

木橑尺蠖在山西、河北、河南三省太行山一带1年发生1代，以蛹于树冠下土中、堰根、梯田石缝内越冬。越冬代成虫于次年5月上旬开始羽化，7月中下旬为羽化盛期，8月下旬为羽化末期。

幼虫发生期为5月下旬至10月下旬，7月间至8月上旬为幼虫孵出盛期，8月下旬为孵化末期，老熟幼虫于8月中旬开始化蛹，9月间为化蛹盛期，10月下旬为化蛹末期。

成虫昼伏夜出，不活泼。羽化最适温度为24.5～25.0℃，以20：00～23：00羽化最多，羽化后不久即可交尾，羽化和交尾多于20：00至午夜进行。交尾后的1～2日内产卵，卵多呈块状且不规则地产于树皮缝隙内或土石块下，单雌产卵量1 000～1 500粒，多者可达到3600粒。成虫有较强的趋光性，白天潜伏于树干、树叶、杂草、梯田壁、作物等处，极易发现。尤其在早晨翅受潮后不易飞翔，容易捕捉，成虫寿命4～12天，平均8天左右。卵期9～10天，平均9.5天。

幼虫孵化最适温度为26.7℃，相对湿度为50%～70%，此间卵孵化率可达90%以上。幼虫孵化后即迅速分散，极活泼，爬行很快，稍惊扰后便吐丝下垂，借风力转移为害。幼虫共6龄，初孵幼虫常于叶尖取食叶肉，留下叶脉，将叶子食成网状。2龄幼虫则分散于叶缘为害，3龄以后的幼虫行动迟缓，通常吃光一片叶再转害另一片。静止时多于叶尖端或叶缘处用臀足攀登叶片的边缘，身体向外直立伸出，状如小枯枝，不易发现，或利用臀足与胸足攀架于两叶或两小枝之间，由于虫体色泽与寄主色泽相似，不易发现。幼虫蜕皮前1～2天即停止取食，头、胸部膨大，静止于叶或枝条上，蜕皮后将皮吃掉。幼虫期约40天。幼虫为害至老熟即坠地化蛹，少数则可吐丝下垂或顺树干下爬至地面，寻找到适当场所化蛹。大发生年份可发生数头乃至数十头幼虫聚集于一起化蛹，化蛹入土深度一般在3cm左右。蛹期为230～250天。

防治方法

1. 农业防治　虫蛹密度大的地方，晚秋或早春农闲季节进行人工挖蛹，集中处理挖出的越冬蛹。

2. 物理防治　成虫羽化初、盛期，于夜间堆火或设置黑光灯诱杀，或清晨、阴雨天人工捕捉成虫。利用幼虫的假死性，人工振树捕杀幼虫。

3. 化学防治　于幼虫幼龄期（一般在3龄以前）进行喷药防治。常用药剂有：2.5%敌杀死乳油5 000倍液、2.5%功夫乳油5 000倍液、20%灭扫利乳油4 000倍液、20%速灭杀丁乳油2 000倍液、5%氟虫脲乳油1 000～2 000倍液、10%天王星乳油2 000倍液、20%速灭杀丁乳油2 000倍液、1.8%阿维菌素1 500～2 000倍液、吡虫啉2 000倍液，均有良好的防治效果。

4. 生物防治　保护和利用天敌。另外，使用苏云金杆菌、杀螟杆菌防治幼虫有防效。

沙枣尺蛾

学名：*Apocheima cinerarius* Erschoff
别名：杨尺蛾、柳尺蛾、春尺蛾、沙枣尺蠖

分布与危害

国内分布于山西、内蒙古、宁夏、新疆、陕西、甘肃、青海、河北、山东等地；国外分布于前苏联，寄主有核桃、苹果、梨、沙果、沙枣、葡萄、杨、柳、榆、槐、桑、胡杨、槭、沙柳、桃、樱桃、橡、桦等多种林木、果树。

沙枣尺蛾危害寄主的特点是发生期早、危害期短，幼虫发育快，食量大，常暴食成灾，往往将刚发芽的寄主的嫩叶、嫩芽吃光；对树势、树木生长及产量均有明显的影响。

形态特征（图70）

1. **成虫** 雌成虫体长为7～19mm，无翅，全体灰褐色，复眼黑色，触角丝状，腹部背面各节有数目不等的成排黑刺，刺的末端圆钝，腹部末端的臀板有突起和黑刺列。雄成虫体长为10～15mm，翅展为28～37mm。触角双栉齿状，前翅淡灰褐色，间或黑褐色，外横线与内横线均明显，中横线较模糊，S_c 与 R_s 分离，M_2 不发达，后翅 S_c 在中室中下部与 R_s 相交，M_2 不发达。雄虫触角卵黄色。

2. **卵** 椭圆形，长为0.8～1.1mm，有亮光泽，卵壳上有整齐的刻纹。刚产的卵为灰白色或赭色，孵化前为深紫色。

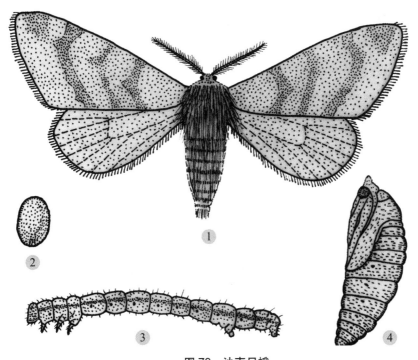

图70 沙枣尺蛾
1.成虫；2.卵；3.幼虫；4.蛹

3. **幼虫** 老熟幼虫体长22～40mm，初龄幼虫为黄黑色，2龄以后的体色变化较大，有褐色、绿色、棕黄色，老龄幼虫为灰褐色，腹部的第2节两侧各有一个瘤状突起，腹线均为白色，气门线一般为淡黄色。

4. **蛹** 体长1.2～2.0mm，灰黄褐色，末端有臀刺，刺的端部分叉。雌蛹有翅的痕迹。

生活史及习性

沙枣尺蛾1年发生1代，以蛹在树冠下的土中越夏、越冬。次年春季2月底至3月初，当地表5～10mm处的地温在0℃左右时成虫开始羽化出土。3月上中旬可见到卵，卵期15～30天不等。4月间孵化出幼虫，5月间幼虫陆续老熟入土化蛹，预蛹期为7天左右，蛹期达9个月左右。

成虫羽化大多在19：00左右进行。雄成虫具有明显的趋光性，白天潜伏于枯枝落叶、杂草内，夜间活动。已上树的成虫，白天潜伏于开裂的树皮下、枝干断枝处、裂缝中以及树枝交错等处。成虫白天有明显的假死性，但夜间不明显。成虫上树一分钟可爬行1～1.5mm。成虫交尾多在黄昏至23：00前进行。交尾历期为4～30分钟。成虫交尾后即寻找适当场所，分2～5批将卵产下。卵大多产在树干1.5m以下的树皮裂缝或断枝皮下，卵成堆块状，常十余粒或数十粒。每头雌成虫可平均产卵200粒左右，最多可产600粒。成虫产卵期约10天左右，产卵大多于夜间进行，尤以24：00前为最集中。

当榆树或桑树芽明显膨大，或杏花盛开时，卵块开始孵化，桑树展叶2～4片时卵块孵化进入盛期。卵的孵化率达80%，未孵化的卵呈干瘪状。幼虫共5龄，龄期为18～32天。刚孵化的幼虫取食危害花蕾，较大龄幼虫取食叶片，叶片被害后呈缺刻或孔洞，重者整枝叶片全部吃光，仅留叶柄。整株或整枝叶片食光后，再吐丝借风力转移到附近的树上为害。幼虫具有一定的耐饥力。幼虫静止时，常以一对腹足和特别发达的臀足固定在树枝上，将头、胸部昂起，遇到意外惊动，立即吐丝下垂，悬于树冠之下，慢慢又以胸足绕丝上升。5月中旬前后，老熟幼虫陆续入土，入土后分泌一种液体，使土壤硬化而形成土室，于内化蛹。蛹以树冠下分布较多，尤以在树冠下较低洼地段的蛹数量更多。蛹的垂直分布由入土深1～60cm，尤以16～30cm土深处为多。蛹的发育很快，8月份便发育成熟，但到次年春季才羽化出土。

防治方法

1. **物理防治** 灯光诱杀在有条件的核桃园，于成虫发生期设置高压汞灯或黑光灯诱杀雄成虫。在密度大的核桃园中，可施放烟雾剂，熏死初龄幼虫。

2. **其余防治方法** 参照桑褶翅尺蛾。

核桃星尺蛾

学名：Opthalmodes albosignaria juglandaria Oberthür

分布与危害

国内分布于北京、河北、山西、山东、河南、云南等地；国外分布于前苏联、日本。寄主有核桃、木橑、苹果等。大发生年分可危害多种果树、林木、油料等各种植物。

以幼虫取食危害寄主植物的叶片，幼龄幼虫将寄主叶片食成缺刻与孔洞，3龄以后幼虫可将整叶或整枝上所有的叶片吃光。使树势受到削弱。严重时出现枯枝影响核桃的产量与品质。此虫在太行山核桃产区发生十分严重。

形态特征

1.**成虫**　前翅长29～32mm。体黄色，间或绿褐色，在前翅与后翅上均有一个星状斑，星状斑中间有钻头纹，尤其翅的反面较白。前翅前缘有3个暗褐色斑。外缘的褐色边宽大，外缘的翅边缘隐约或明显可见数个褐色小点。本种与四星尺蛾相似，但体大于四星尺蛾，4个黑褐色的星状斑也大而显著。触角雌虫丝状，雄虫为双栉齿状，胸部背面、颈板、肩边的边缘腹部末端均被有棕黄色鳞片。

2.**卵**　长约0.8mm左右，扁圆形，卵呈块状。

3.**幼虫**　老熟幼虫体长为55～65mm，头部赭褐色，扁平，身体褐绿色，无显著花纹，胸部的前两节较小，但后胸特别膨大，约为前胸、中胸的一倍半，腹部第2节的末端背面有1对齿状突起，身体常自第2、3节向上拱起。气门黑色，圆形。胸足赭褐色，腹足灰褐色，抓着力极强，很不容易震落或取下。幼龄幼虫体为灰绿色，气门线的色泽较深，腹部第2节背面的齿状突为黑色。

生活史及习性

核桃星尺蛾1年发生2代，以蛹在寄主附近的石缝中、砖块石块下、枯叶层下越冬。次年6月下旬成虫羽化。成虫将卵产于叶背或细枝条上，每卵块有卵百余粒。幼虫7月间和9月间发生，幼虫孵化后即可分散取食，3龄前的幼虫受惊扰后有吐丝下垂习性，幼虫食性杂，主要危害核桃，为害至秋末老熟后以蛹越冬。

防治方法

参照木橑尺蠖防治法。

刺槐尺蛾 | *学名:Napocheima robiniae* Chu

分布与危害

分布于陕西、山西、河北、河南、山东等地。寄主有核桃、枣、苹果、梨、梅、杏、桃、银杏、栗以及刺槐、杨、楸、槲、栎、漆树、皂荚、白蜡树、杜仲、苦楝、臭椿、香椿、黄栌等，也可危害小麦、高粱、玉米、油菜等多种农作物，是一种杂食性害虫。

以幼虫取食危害寄主叶片及嫩叶、花序，严重时将嫩叶、叶片、花序吃光，严重影响树势与结果。初孵幼虫又有吐丝下垂，随风飘扬及扩散的习性，因此核桃附近的农作物、果木或其他植物也常遭受此虫的危害。

形态特征（图 71）

1. **成虫** 雌雄异型，雄成虫体长 12～14mm，翅展 30～45mm。触角双栉齿状，灰

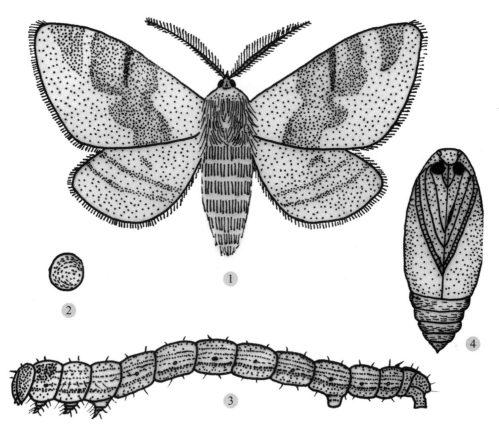

图71　刺槐尺蛾
1.成虫；2.卵；3.幼虫；4.蛹

白色，栉齿为褐色，体棕色。胸、腹部深棕色，具长毛，尤其胸部腹面毛更长，掩盖足部胫节。前翅棕黄褐色，黑色弯曲的内横线与外横线间色更深，形成一弯曲的中带，外横线外缘间有灰黄线，中室上有一小黑点，前翅反面色较浅，斑纹与正面同。后翅灰褐色，有两条褐色横线，在内横线内侧有一黑褐色小斑。雌成虫无翅，全体黄褐色，体长12～17mm，触角丝状，体上密生绒毛，足与触角色较浅。雌、雄蛾后足胫节均各具有两对距。

2. **卵** 圆筒形，暗褐色，接近孵化时为黑褐色。卵长 0.8～0.9mm，宽 0.4～0.6mm，卵壳质地坚硬，表面光滑，卵常成行排列。

3. **幼虫** 刚孵化的幼虫体长为 0.2～0.4mm，头壳橙黄色，胸部及腹部均为暗绿色，老熟幼虫体长 42～47mm，颅侧区有大小不匀、排列不整齐也无规则的黑斑。体浅黄至灰绿色，背线、亚背线、气门上线和上腹线灰褐色或紫褐色，各线边缘为淡黑色，气门线黄白色，腹线淡黄色，气门圆形，黑色，腹部第 8 腹节背面有 1 对红棕色短突起，腹足、臀足各 1 对。前胸盾板黄棕色，胸足红棕色。

4. **蛹** 纺锤形，红褐至棕褐色，各腹节的上半部密布刻点，下半部无刻点，尾节棕褐色常向背面突出。末端有 2 个刺并列，向腹面斜伸。雄蛹棕黑色；翅芽明显突出。长10～17mm，翅芽色泽较蛹体深。雌蛹黑至棕褐色，翅芽平滑，无明显突出，色泽与蛹体相近，雌蛹体长 13～17mm。茧椭圆形，丝质附土，长径 15～22mm，短径 10～15mm。

生活史及习性

此虫 1 年发生 1 代，以蛹于土中结茧过夏与越冬。次年 2 月底 3 月初开始陆续羽化为成虫，3 月下旬至 4 月上旬为成虫羽化盛期，4 月下旬羽化进入末期。卵始见于 3 月初，卵盛期在 4 月上旬，4 月底为产卵末期，成虫寿命平均 13 天左右，卵期 10～15 天。4 月上旬卵开始孵化，4 月中旬进入孵化盛期，5 月上旬仍可见到初孵幼虫。4 月上旬至 6 月下旬为幼虫发生危害期，主要危害盛期在 4 月中旬至 5 月中旬。5 月中旬幼虫开始陆续老熟，沿树爬下或直接坠入土中结茧越夏或过冬。5 月下旬至 6 月上旬为入土盛期，6 月中旬后为末期。经 40 天的前蛹期，于 7 月下旬至 8 月中旬化蛹越冬，蛹期 243 天左右。

成虫羽化受气温影响较大，随气温提高而羽化期缩短。成虫具有较强的耐寒性，地表解冻后便可羽化出土，随海拔的提高羽化期也相应推迟。成虫羽化后，雌成虫沿树干爬至寄主树上部的枝条处，雄成虫则可飞至树上寻找雌成虫交尾，有多次交尾习性，据研究报道，1 头雄成虫可交尾 5～6 次，最多可达 10 次以上。雌成虫羽化当日即可交尾，并且一生只能进行一次交尾，交尾后数小时便开始产卵。卵多产于 1 年生枝条的阴面处，并且当夜即可把卵产完。卵期长短受气温影响较大，温度低于 10℃ 以下时，卵期可持续 1 个月，平均气温在 16℃ 以上时，卵期约 15 天左右。单雌产卵量平均 485 粒，最少为 250 粒左右，最多达 935 粒以上。卵的平均孵化率为 90%，雌、雄性比为 2∶1。

幼虫共 6 龄，1～3 龄幼虫食量小，抗药力弱，是药剂防治的关键期，随龄期增大，食量猛增，抗药力相应增强。初孵幼虫具有较强的耐饿力，48 小时以上不取食仍能生存，危害寄主的叶片常出现不规则的孔洞或缺刻，并有吐丝下垂，随风扩散传播的习性。4龄以上幼虫暴食叶片，常将叶片蚕食，仅留主脉，严重时可全部吃光，幼虫可昼夜取食为害，受惊扰后可假死坠落地面或悬于半空，而后又返至树上继续食害。

刺槐尺蛾卵期天敌有黑卵蜂寄生，但寄生率仅达17%左右；幼虫期天敌有广肩步甲、小茧蜂、寄生蝇、蚂蚁、各种鸟类、白僵菌等，广肩步甲除可捕食幼虫外，还可捕食茧内的幼虫及蛹。

防治方法

1. 农业防治 于成虫羽化前，组织人工于林间挖蛹，可收到良好的防治效果。

2. 物理防治 刺槐尺蛾雄成虫有明显的趋光性，因此在成虫发生期可设置黑光灯诱杀。4龄以上幼虫可利用假死习性，于早晨或下午震树捕杀大龄幼虫。

3. 化学防治 成虫大量出土前，地面喷撒2.5%辛硫磷粉剂，每亩2.5kg，消灭羽化出土的成虫。幼龄幼虫期树上喷药防治，效果很好，常用农药有：2.5%敌杀死乳油5 000倍液、20%速灭杀丁乳油2 000倍液、5%氟虫脲乳油1 500～2 000倍液、10%天王星乳油2 000倍液、、1.8%阿维菌素1 500～2 000倍液、吡虫啉2 000倍液，或其他菊酯类与有机磷农药混用效果更好。阻止雌蛾及初孵幼虫上树，在刺槐尺蛾羽化出土前，在树干基部绑一条10cm宽的塑料薄膜一圈，塑料带下缘用土压实，并用细土做成圆锥状小土堆，土堆基底开小沟，沟内撒1:10的敌百虫毒土或1.5%辛硫磷粉剂，可消灭绝大多数上树雌蛾。当地面卵块即将孵化前，在塑料带上涂一圈黏虫药膏（由黄油1份、机油5份、50%乙基1605乳油1份混配而成），可以黏杀全部上树幼虫。

4. 生物防治 保护和利用天敌，也可于低龄幼虫期喷撒白僵菌或苏云金杆菌（每毫升含1亿孢子）防效也好。

柿星尺蛾
学名：*Percnia giraffata*（Guenée）
别名：柿星尺蠖、大斑尺蠖

分布与危害

国内分布于山西、河北、河南、四川、台湾、安徽等地；国外分布于朝鲜、日本、越南、缅甸、印度、印度尼西亚、前苏联。寄主有核桃、柿树、苹果、黑枣、杏、李、山楂、梨、酸枣、杨、柳、榆、桑、木橑、槐、花椒等多种植物。以幼虫取食寄主叶片，危害严重时，可将叶片全部吃光，影响寄主的生长发育和产量。

形态特征（图72）

1. 成虫 体长21～25mm，翅展72～76mm，雄成虫较雌成虫体小，头部黄色，复眼及触角黑褐色。触角短栉齿状，前胸背板黄色，有一个近方形黑色斑纹。足基节黄色，其余各节灰白色，中足基节有距1对，后足有距2对。前、后翅均白色，上面分布许多黑褐

图72　柿星尺蛾
1. 成虫；2. 幼虫

色斑点，以外缘部分较密，前翅顶角几乎成黑色，腹部金黄色，背面两侧各有1个灰褐色斑纹。腹面各节均有不规则的黑色横纹。

　　2. **卵**　长径约0.8mm，短径约1.0mm，椭圆形，初产卵为翠绿色，孵化前变为黑褐色。

　　3. **幼虫**　老熟幼虫体长53～56mm，头部黄褐色，被有许多白色颗粒状突起，每侧单眼5个。呈黑色。背线宽大成带状，暗褐色；背线两侧各有1条黄色宽带，上有不规则的黑色曲线。气门线下有由小黑点构成的纵带。胴部第3～4节特别膨大。在膨大部分两侧有椭圆形黑色眼状纹1对，纹外各有1个月牙形黑纹，故有"大头虫"或"蛇头虫"之称。臀板黑色。胸足3对发达，腹足及臀足各1对。趾钩双序纵带。初孵化的幼虫，其体长2.0mm左右，全体漆黑色，胸部稍见膨大。

　　4. **蛹**　体长20～25mm，全体棕褐色至黑褐色。胸部背面前方两侧各具一耳状突起，其间有一横隆起线与胸部背面中央纵隆起线相交，构成一个明显的十字纹。尾端有一刺状突起，其基部较宽，端部较尖。

生活史及习性

　　此虫华北地区1年发生2代，以蛹于土中越冬。次年5月下旬，越冬蛹开始羽化，6月下旬至7月上旬为成虫羽化盛期，7月下旬成虫羽化进入末期。成虫自6月上旬并始产卵，7月上中旬为第1代卵发生盛期，6月中旬出现第1代幼虫，7月中下旬为幼虫发生危害盛期。

幼虫为害至 7 月中旬开始陆续老熟化蛹，8 月上旬进入化蛹盛期。第 1 代成虫 7 月下旬开始羽化，8 月上中旬进入羽化盛期，8 月底仍有成虫羽化。第 2 代幼虫出现在 8 月上旬，8 月中下旬为第 2 代幼虫发生危害盛期，危害至 9 月初开始陆续老熟化蛹，进入越冬。

成虫具有趋光性和微弱的趋水性。白天静伏于树干、小枝或岩石上，双翅平放，极易发现。早晨不能远距离飞翔，21：00～23：00 为成虫羽化和活动的最盛时候。成虫羽化后不久即可交尾，卵呈块状地产于叶片背面，每卵块有卵 50 粒左右，卵块上无任何覆盖物，每雌可产卵 200～600 粒，卵期 8 天左右。雄成虫寿命 7 天左右，雌成虫寿命 10 天左右。

刚孵化的幼虫为漆黑色，以后逐渐变为黑黄色。初孵幼虫于叶背啃食叶肉，但不能把叶肉吃穿，稍大后便开始分散取食为害。大龄幼虫食量猛增并可昼夜取食，尤喜欢于树冠的上部及外部为害，受惊扰后则吐丝下垂，尔后又攀丝引体上升，重返原处取食为害。幼虫危害期为 28 天左右，为害至老熟时，胴部膨大部分收缩，吐丝下垂，入土化蛹。老熟幼虫喜欢于树根附近的潮湿疏松的土中、石块下或堰根及阴暗地方化蛹。阳坡及土壤坚硬处很少化蛹。

防治方法

1. **农业防治**　晚秋或早春可结合翻地进行人工挖蛹，消灭在土中的越冬蛹，可收到一定的防效。

2. **物理防治**　利用成虫趋光性，在成虫羽化期设置黑光灯诱杀，同时可兼治其他害虫。幼虫发生危害期，可人工震树捕杀幼虫。

3. **化学防治**　幼虫孵化初盛期喷布 20% 速灭杀丁乳油 2 000 倍液、5% 氟虫脲乳油、10% 天王星乳油、20% 速灭杀丁乳油、1.8% 阿维菌素、吡虫啉、敌杀死乳油或其他各种有机磷或菊酯类农药，以常规浓度，均有明显的防治效果。

苹烟尺蛾
学名：*Phthonosema tendinosaria*（Bremer）
别名：烟色尺蠖、苹烟尺蠖、苹果枝尺蠖

分布与危害

国内分布于东北、华北、河北、内蒙古、四川等地；国外分布于日本、朝鲜。寄主有核桃、苹果、梨、梅、桑、桃、黑枣、香椿、栗、杜鹃、杨栌等多种林木、果树。

以幼虫食害寄主叶片，刚孵化的幼虫喜食嫩叶与叶肉，残留表皮，稍大后将叶片蚕食成孔洞与缺刻，中龄以后的幼虫可将叶片全部吃光，仅残留主脉叶柄。

形态特征（图 73）

1. **成虫**　体长 25～30mm，翅展 68～72mm，体翅灰黄至淡灰褐色，翅面上密被小黑点。雄虫触角双栉齿状，雌虫触角丝状。复眼球形，黑褐色。前翅内外线明显，为棕褐色双条曲线，内线外条与外线内条较细，色深，另一条较宽，色浅；中线与亚端线隐约可

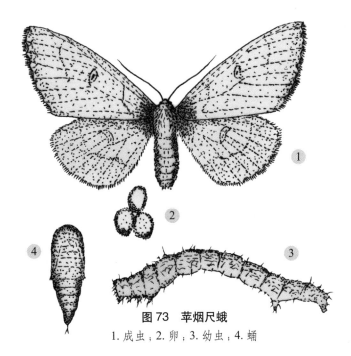

图 73　苹烟尺蛾
1. 成虫；2. 卵；3. 幼虫；4. 蛹

见，均为暗褐色单线，有的个体不甚显，中室端可见一肾纹，与中线相邻。后翅有 2 条暗褐色横线，相当于中线和外线。中线为单线，外线为双条曲线，内条细且色深，外条宽而色浅。前后翅外缘各脉间均有一个新月形棕褐色斑纹。

2. **卵**　椭圆形，草绿色，孵化前色泽深暗。

3. **幼虫**　老熟幼虫体长 55～60mm，全体淡灰褐色至灰褐色，头顶两侧略突起，颊区有由黑点组成的不规则纵纹，个体间斑纹略有变异，多数个体颅中沟两侧各有一个"∩"形黑纹；体被许多不规则、断续或弯曲的黑色细纵线和黄白色短纹。多数个体背线、立背线较明显。为淡色宽线；腹线浅黄白色断续可见，两胸足间为桃红色，前、中足间和中、后足间各具一黑斑，后者长方形，腹足与臀足间灰白色微黑，中央紫色。各节毛突顶端黑色，上生一根黑色短刚毛。气门椭圆形，围气门片黑褐色，前胸气门最大，第 8 腹节气门次之，其余均相似。胸足发达，3 对，黑色；腹足趾钩双序纵带 60 余个。

4. **蛹**　体长 26～30mm，全体黑褐色，疏生黑色粗刚毛。头部、胸部、附肢和第 10 腹节密被皱褶，前、中胸前部的背面中央有一纵脊。腹部第 1～9 节具粗刻点，第 8 节背面中部有 1 对横列的小瘤状突起，尾节两侧各具一齿突，有的齿基部稍上有 1～2 个小齿；臀棘光滑尖伸，端部分 2 叉。

生活史及习性

此虫山西 1 年发生 1 代，以蛹于疏松的土中越冬。次年 6 月底开始羽化，7 月上中旬为羽化盛期。成虫羽化后 1～2 日内开始交尾与产卵，卵成块状产于枝干皮缝、杈口处、伤疤等缝隙处，单雌产卵量约 500 粒左右，每头雌成虫可产 3～5 个卵块，成虫产卵初期为 7 月上旬，7 月中旬为成虫产卵盛期，卵期 6～10 天。

成虫白天潜伏，夜间出来活动，有趋光性。幼虫孵化后分散为害。幼虫共 5 龄。幼虫受惊扰后吐丝下垂。栖息时多以腹足与臀足握持枝干，身体挺直如短枝。幼虫历期为 40 天左右。危害至 8 月底前后则开始老熟入土化蛹、越冬。

防治方法

1. **物理防治**　利用成虫的趋光性，在成虫羽化期于林间设置黑光灯或其他灯光诱杀。利用幼虫受惊后吐丝下垂的习性，可在幼虫发生期震树捕杀幼虫。于成虫羽化前，可集中翻树盘，或进行人工挖蛹，消灭土中越冬蛹。

2. **化学防治**　卵孵化初盛期药剂防治，可收到良好的防治效果，常用农药参照木橑尺蛾。

核桃尺蛾 | 学名：*Zamacra excavata*（Dyar）
别名：桑刺尺蛾、桑褐翅尺蛾

分布与危害

国内分布于北京、河北、山西、陕西、宁夏、河南等地；国外分布于日本、朝鲜。寄主有核桃、苹果、枣、桃、梨、海棠、槐、榆、毛白杨、桑、枫、白蜡、栾树、太平花、刺槐等多种经济林、果树植物。

以幼虫食害寄主叶片，严重时可将叶片全部吃光，树受害后，轻则影响生长，若连续几年受害，则引起树势衰弱，甚至枯死。

形态特征（图 74）

1. **成虫**　雌蛾体长 13～16mm，翅展 40～50mm，全体灰褐色，触角丝状，头部与胸部多毛，胸部腹面毛较长。翅面有赤色和白色斑纹。前翅内、外横线黑色且粗而曲折，在内、外横线外侧各有 1 条不太明显的褐色横线。后翅前缘向内弯，基部及端部灰褐色，近基部灰白色，中部有一条明显的灰褐色横线。后足胫节有距 2 对。尾部有 2 簇毛。雄蛾体长 12～14mm，翅展 38～42mm，体色较雌蛾略暗，触角双栉齿状，腹部瘦小，末端有成撮毛丛。其余特征与雌蛾相似。成虫静止时，四翅皱叠竖起，颇为引人注目。

2. **卵**　扁椭圆形，长径约 0.6mm，短径约 0.3mm，初产卵光滑深灰色，以后卵变为深褐色，略显金属光泽，且卵体中央凹陷，接近孵化时，卵的色泽由深红色变为灰褐色。

3. **幼虫**　老熟幼虫体长 35～40mm，全体绿色或黄绿色；头部黄褐色，两侧色稍淡，前胸盾绿色，前缘淡黄白色，前胸侧面黄色。胸足 3 对，腹足 1 对，着生于第 6 腹节，臀足 1 对，腹足外侧与臀足均为红褐色。腹部第 1～8 节背面有赭黄色刺突，第 2～4 节上的刺突比较长，第 8 腹节背面有褐绿色刺 1 对；腹部第 2～5 节两侧各有淡绿色刺 1 个，背面各有 2 条黄色斜短线呈"八"字形。气门黄色，围气门片黑色。

4. **蛹**　体长 13～17mm，纺锤形，红褐色，腹部第 2～3 节各有 1 对气门，末端具 2 个坚硬的刺。茧长形灰褐色。表面较粗糙。

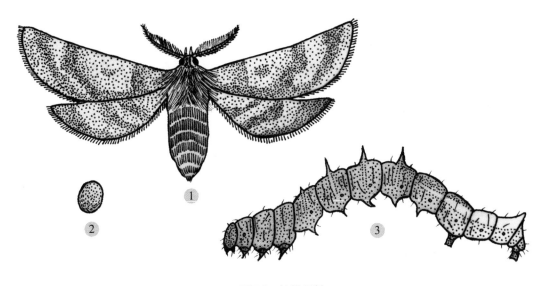

图74　核桃尺蛾
1. 成虫；2. 卵；3. 幼虫

生活史及习性

　　此虫1年发生1代，以蛹于树干基部表土下越冬。次年3月中旬开始羽化，3月下旬进入羽化盛期。成虫羽化出土后的当晚即可交尾，交尾后于夜间在枝梢光滑部位产卵，卵排列成长块状，每头雌成虫平均产卵为900粒左右，雌成虫经2昼夜，分10次左右将体内所有的卵产完。每次产卵量为90粒左右，卵于4月初开始孵化，为害至5月上旬开始老熟。幼虫老熟后便吐丝下垂或沿枝干爬行下树于树干基部地表疏松的土壤下数厘米处化蛹，6月上中旬为化蛹盛期，以蛹于土中越夏过冬。

　　成虫具有假死性，受惊扰后即坠落地上，雄成虫尤为明显。成虫飞翔力不强，寿命1周左右，卵经18~20天左右开始孵化，卵的平均孵化率为89.4%。据观察，成虫前期产的卵，其孵化率明显高于后期产的卵。

　　幼虫共4龄。幼虫孵化后数小时即开始爬行觅食，危害幼芽及嫩叶。1~2龄幼虫一般在晚上活动，取食危害寄主的幼芽及嫩叶，白天则静伏于叶缘。3~4龄幼虫可昼夜取食为害，此时既取食叶片，又危害花蕾，严重发生时可将叶片蚕食，只剩叶柄。幼虫食量随龄期增长而增大，老龄幼虫一个中午的食量即可相当于自身体重。各龄幼虫均有吐丝下垂的习性，当受外界惊扰或在食料不足的情况下即吐丝下垂，并随风飘至其他寄主上为害。幼虫为害至老熟后开始吐丝坠地或沿树干爬行下树入土。据研究，幼虫下树入土化蛹前一天即停止取食。幼虫喜欢在阴天、雾天或夜间下树，夜间20：00~24：00入土。幼虫多集中于树干基部附近3~15cm左右深的土内化蛹，入土后4~8个小时内吐丝作一黄白色椭圆形茧而在内进入前蛹期，经20~40天开始蜕皮化蛹。一些孵化晚、发育不良的2~3龄幼虫，即使入土也不能化蛹。

防治方法

1. **农业防治**　人工挖蛹晚秋或早春组织人工挖掉越冬蛹，减少越冬虫源基数。结合修剪，剪除枝条上成虫的卵块或抹掉卵块，将剪下的枝条集中烧毁。

2. **物理防治**　利用成虫具有假死性，于成虫发生期振树，捕杀成虫，有明显防效。

3. **化学防治**　卵孵化盛期使用有机磷农药或菊酯类农药或混配使用，防治效果可在90%以上。

4. **生物防治**　保护和处用天敌，据观察1头七星飘虫24小时内可取食1~2龄幼虫15条以上。低龄幼虫期于树上喷布苏云金杆菌或白僵菌粉，每亩用量为1.5kg。

毒蛾科 （Lymantriidae）

此科种类多为中等大小，罕有鲜明色泽，雄虫触角为双栉齿状，无单眼。雌蛾尾端常具一大簇毛。复眼发达，口器退化，下唇须短小，3节，向前平伸，向上翻或微下垂，后足胫节具1~2对距。前翅与后翅通常发达，翅面多数种类具鳞片与细毛。在翅脉上本科昆虫很难与夜蛾科昆虫相区别。

卵大而坚硬，常为扁圆形，间或馒头形、鼓形或球形，卵表面光滑或有刻纹，卵孔四周具花瓣状纹。卵块上覆盖有毛。

幼虫为扁筒形或圆筒形，胸部为3节，腹部10节，胸足3对，腹足5对，趾钩单列半环状，体上具毛瘤，其位置与原生刚毛位置相对，毛瘤上的毒毛与翻缩腺是此科幼虫的两个重要特征。翻缩腺常出现于第6与第7腹节上。毒毛由有钩的小针突组成，触人皮肤，会感到痛痒，甚至红肿。

蛹长纺锤形、短圆锥形或背腹扁平的锥形，体背面、腹面有毛束，毛束位置与幼虫期的原生刚毛位置相同，蛹化于地面上的茧内。

毒蛾科在全世界约有2 500种，我国已知360多种，许多种类为果树植物及经济林中的重要害虫，常造成一定的经济损失。

茸毒蛾

学名：*Dasychira pudibunda*（Linnaeus）
别名：苹果毒蛾、苹纵纹毒蛾

分布与危害

国内分布于黑龙江、吉林、辽宁、河北、山西、山东、河南、陕西、台湾等地；国外分布于欧洲、前苏联、日本。寄主有核桃、苹果、山楂、梨、樱桃、李、栗、栎、蔷薇、桦、橡、榛、槭、椴、悬钩子、杨、柳、山毛榉、杏、沙针、鹅耳枥、枫及多种草本植物。

以幼虫取食危害寄主幼芽、嫩叶及叶片，初龄幼虫只食害叶肉，残留表皮，稍大后常将叶片吃成缺刻与孔洞，或把整个叶片吃光，仅剩叶柄，削弱树势，影响产量与品质。

形态特征（图75）。

1. **成虫** 雄成虫体长14~16mm，翅展35~45mm，雌成虫体长15~22mm，翅展45~60mm。头胸部灰褐色，触角干灰白色，栉齿黄棕色；下唇须灰白色，外侧黑褐色，复眼周围黑色，体下面白黄色。足黄白色，胫节具黑斑。腹部灰白色。雄蛾前翅灰白色，并被有黑色与褐色鳞片，内区灰白色明显，中区色较暗，亚基线黑色微波浪形，内横线为黑色宽带，横脉纹灰褐色带黑边，外横线双线黑色，外一线色浅，大波浪形，亚缘线不完整，黑褐色，缘线为一列黑褐色点，缘毛灰白色，有黑褐色斑纹。后翅白色带黑褐色鳞片和毛，横脉纹与外横线黑褐色，缘毛灰白色。前翅反面浅黑褐色，外缘与后缘浅褐色，横脉纹浅褐色，带褐色边，后翅反面浅褐色，横脉纹及外横线黑褐色。雌蛾色浅，内外横线清晰，亚缘线、缘线横糊。

2. **卵** 扁圆形，淡褐色，中央具一凹陷。

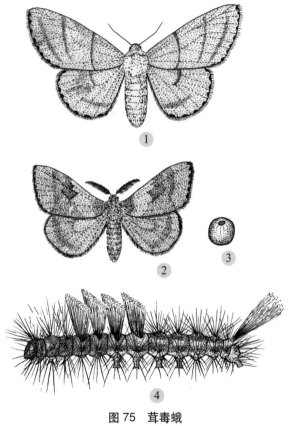

图75 茸毒蛾
1.雌成虫；2.雄成虫；3.卵；4.幼虫

3. **幼虫** 老熟幼虫体长50~54mm，体绿黄色或黄褐色，第1~5腹节间绒黑色，每节前缘红褐色，第5~7腹节间微黑色，亚背线于第5~8腹节为间断的黑带，体腹面黑灰色，中央有一条绿黄色带，带上布有斑点。体被黄色长毛，前胸背板两侧各具有一束向前伸的黄色毛束，第1~4腹节背面各具一红褐色带黄色的毛束，周围具有白毛，第8腹节背面有一束向后斜的紫红色或棕黄色毛。头部、胸足黄色，跗节有长毛，腹足黄色，基部黑色，外侧具长毛，气门灰白色。

4. **蛹** 浅褐色，背面具长毛束，腹面光滑，臀棘短，圆锥形，末端有许多小钩。

生活史及习性

此虫东北1年发生1~2代，山西、河南1年发生2代，以幼虫于枝干缝隙或落叶中越冬。第2年春季寄主萌动露绿时，越冬幼虫开始出蛰活动，危害寄主的幼叶、嫩叶、花叶及叶片。5月中下旬幼虫开始陆续老熟，并于寄主的被害卷叶内结茧化蛹。6月上旬越冬代成虫开始羽化，6月中旬发生第1代幼虫，并继续危害至老熟、化蛹，第1代成虫发生于7月间，第2代幼虫于8~10月间发生危害，并以此代幼虫越冬。

成虫昼伏夜出，有明显的趋光性。成虫羽化后不久即可交尾与产卵，卵多成块状产于树干、树枝或枝条上、每块卵块约有300粒左右的卵。幼虫有蚕食叶片习性，严重时可将叶片全部吃光，仅剩叶柄，初龄幼虫仅食害叶肉，第2代幼虫危害一段时间后，便开始寻找适当场所潜伏于内越冬。

防治方法

1. 农业防治　冬季或早春结合防治其他各种园内害虫，清除园内或林间落叶、杂草、刮除粗翘皮，堵树洞，封闭茸毒蛾幼虫的越冬场所，可降低越冬基数。

2. 物理防治　利用茸毒蛾幼虫期假死习性，在虫害发生时猛击树干，幼虫震落后集中杀灭。用成虫趋光性，在成虫发生期于园内或林间设置黑光灯或频震式等其他灯光诱杀。幼虫出蛰期可施用一次 3~5°Be 的石硫合剂，不仅对此虫防效明显，同时对其他越冬虫害都具有明显的抑制作用。

3. 化学防治　于幼虫出蛰盛期进行喷药防治，常用药剂有：50%敌敌畏乳油1 000倍液；50% 辛硫磷乳油1 000倍液；或2.5%敌杀死乳油，2.5%功夫乳油5 000倍液；50% 杀螟松乳剂或50% 二溴磷乳剂800倍液；2% 锐劲特乳剂3 000倍液；50% 灭幼脲3 000倍液；2.5% 红太阳联苯菊酯水乳；20% 东阳甲氰菊酯和2.5% 大康（三氟氯氰）乳油；2.5% 溴氰菊酯2 000倍液；20% 除虫脲悬浮剂2 000倍液，还可用90% 晶体敌百虫；50% 杀螟松乳油；50% 马拉硫磷乳油；20% 速灭杀丁乳油等药剂，或其他各种有机磷农药或菊酯类农药，以常规浓度喷布，均有明显的防治效果，第1代与第2代幼虫应在3龄前施用，效果更佳，防治效果在90%以上。

4. 生物防治　保护和利用天敌，也可在成虫产卵高峰期释放赤眼蜂，在幼虫发生期可撒施白僵菌、绿僵菌，均可取得较好的防治效果。当在田间普遍发生危害时，可用白僵菌、B.t.、灭幼脲、绿得保生物制剂、核型多角体病毒或质型多角体病毒制剂（很多种类都以商品化生产）等喷药防治。同时，要充分利用自然界的病原微生物资源进行生物防治。

舞毒蛾 ｜ 学名：*Lymantria dispar*（Linnaeus）

分布与危害

国内分布于黑龙江、吉林、辽宁、山西、陕西、宁夏、内蒙古、甘肃、青海、新疆、山东、四川、河北、河南、湖南、安徽、江苏、贵州、湖北、云南、台湾等地；国外分布于欧洲、前苏联、日本、朝鲜、南美洲、北美洲。寄主有核桃、柿、苹果、山楂、杏、李、樱桃、梨、栎、栗、稠李、杨、柳、榆、槐、椴、槭、桑、松、山毛榉、柞、云杉、

水稻、麦类等 500 余种植物。

以幼虫取食危害寄主的幼芽、嫩叶、花叶、叶片，轻者树势衰弱，影响产量，重者可将全树叶片吃光，仅留叶柄。

形态特征（图 76）

1. **成虫** 雄成虫体长 18～20mm，翅展 45～47mm，全体茶褐色，头部黄褐色，复眼褐色，下唇须前伸，后足胫节有 2 对距。前翅暗褐色或褐色，有深色锯齿状横线，中室中央有一个黑褐色点，横脉上有一弯曲形黑褐色纹。前、后翅反面黄褐色。雌成虫体长 25～28mm，翅展 70～75mm。前翅黄白色，翅脉明显有 "<" 形黑褐色斑纹 1 个，其他斑纹与雄蛾近似，前、后翅外缘每两脉间有一个黑褐色斑点。雌蛾腹部肥大，末端着生黄褐色毛丛。

2. **卵** 圆形，直径约 1mm，初期杏黄色，后渐变灰褐色，有光泽。卵块不规则，上被黄褐色绒毛。

3. **幼虫** 老熟幼虫体长 58～72mm，头宽 5.0～7.0mm，黄褐色，具 "八" 字形灰褐色条纹；背线灰黄色，亚背线、气门上线及气门下线部位各体节均有毛瘤，共排成六纵排，

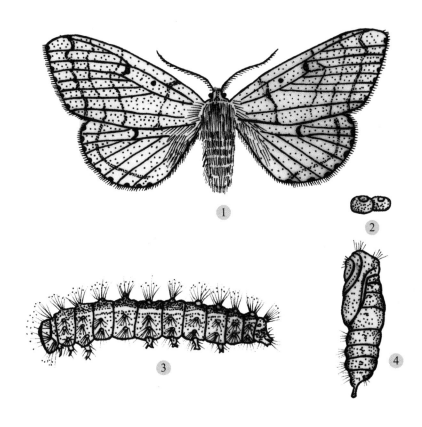

图 76 舞毒蛾

1. 成虫；2. 卵；3. 幼虫；4. 蛹

背面两列毛瘤上的刚毛短，黑褐色，气门下线一列毛瘤上的刚毛最长，灰褐色，背上两列毛瘤色泽鲜艳，前 5 对为蓝色，后 7 对为红色。1 龄幼虫头宽 0.4～0.5mm，体黑褐色，具长刚毛，刚毛中间具有呈泡状扩大的毛，此毛是为减轻幼虫体重，易被风吹进行扩散的构造。2 龄幼虫头宽 0.8～1.0mm，黑色，体黑褐色，胴部显现出两块黄色斑纹。3 龄幼虫头宽 1.7～1.8mm，头黑色，胴部花纹增多。4 龄幼虫头宽 2.7～3.0mm，头暗褐色，出现两条黑斑纹。5 龄幼虫头宽 4.4mm，头黄褐色，两条黑斑纹更鲜艳。

4. 蛹 体长 19～34mm，初化蛹红褐色，后渐变黑褐色，体表原幼虫毛瘤处均生有黄色短毛，背面较多。

生活史及习性

此虫 1 年发生 1 代，以完成胚胎发育的幼虫于卵壳内越冬。次年 4 月下旬至 5 月上旬幼虫钻出卵壳。幼虫出壳后先群集于卵块上或其附近，待气温转暖后再上树取食危害幼芽与嫩叶。由梯田堰缝、石缝中越冬者也相继陆续爬至寄主幼芽或嫩叶上取食为害，随虫龄增大，开始蚕食叶片。幼虫进入 2 龄后，则白天潜伏于落叶及树上的枯叶内或树皮缝隙内，黄昏后爬出食害，以夜间取食为主，将叶片食害成缺刻或孔洞，天亮后又潜伏于隐蔽场所，幼龄幼虫有吐丝下垂的习性，舞毒蛾幼虫具有很强的迁移习性，除幼龄幼虫能借助风传播外，后期幼虫亦可爬行转移为害。幼虫蜕皮常于夜间群集于树上进行，为害至老熟后大多爬至树下于白天潜伏的场所或于枝叶间、树干裂缝处、树洞内吐少量丝缠缀自身化蛹。幼虫历期 45 天左右，一生共 5 个龄期，危害至 6 月中旬开始陆续老熟并化蛹，6 月下旬至 7 月上旬为化蛹盛期，蛹期 12 天左右，成虫于 6 月底开始羽化出现，羽化盛期为 7 月中旬至下旬。

成虫有较强的趋光性，雌成虫羽化后，在交尾前可分泌较强的性信息素，此种性信息素的化学结构式为"顺 7,8-环氧-2-甲基十八烷"。雌成虫体肥大而笨重，不善飞舞。而雄成虫较活泼且善于飞舞，白天常于园内成群飞舞，故称"舞毒蛾"。雌成虫交尾后，常将卵产于树干、主枝、树洞内、石块下、屋檐下或化蛹处及其附近，单雌可产卵 1～2 块，雌成虫产卵量与幼虫期的食量有关，当幼虫期食物充足时，雌成虫产卵量就多，反之卵量则少，单雌一生可产卵 400～1 200 粒。

舞毒蛾是否能大发生，与环境条件有一定关系，据报道，此虫多发生在郁闭度 0.2～0.3 而没有下木的阔叶林或新砍伐的阔叶林中。舞毒蛾的猖獗周期大约 8 年，即准备期 1 年、增殖期 2～3 年、猖獗期 2 年、衰亡期 2 年。在衰亡期常常有发生基地。如果天气干旱，可使增殖期缩短，猖獗期延长，如果遇到某些不利因素也会使整个猖獗周期遭到破坏。如每平方米有 500 粒卵以上，会给园林带来很大的破坏，若每一卵块的卵粒超过 500 粒而多达 1 000～1 500 粒时，可预示舞毒蛾会猖獗发生危害。

防治方法

1. 农业防治 于秋季、冬季或早春人工清理园内的越冬卵块，将收集到的卵块全部烧毁。

于越冬幼虫上树期间，在树干基部涂刷药带或绑扎毒绳，以毒杀上下树的幼虫。

2. 物理防治　成虫羽化期，即在 6 月底开始于园内或核桃林间设置黑光灯或其他灯光诱杀，可消灭大量的抱卵雌成虫，如果能大面积设置黑光灯或高压汞灯、频振式杀虫灯诱杀，会收到更好的效果。利用微波辐射技术防治害虫。

3. 化学防治　于幼虫 3 龄前，在树上喷药防治，可将幼虫杀死 90% 以上，防治效果很好，常用农药有呋喃虫酰肼、3% 高效氯氰菊酯 2 000 倍液、10% 甲氧虫酰肼乳油、50% 杀螟松乳剂，或 50% 二溴磷乳剂 800 倍液、2% 锐劲特乳剂 2 000 倍液、2.5% 敌杀死乳油 2 000 倍液、50% 灭幼脲 3 000 倍液、2.5% 联苯菊酯水乳、20% 甲氰菊酯和 2.5% 三氟氯氰菊酯乳油等，或其他有机磷或菊酯类农药，按常规浓度进行喷雾。还可用 20% 氰戊菊酯 1 500 倍液 +5.7% 甲维盐 2 000 倍混合液，或用 40% 啶虫—毒 1 500 倍液，4.5% 高效氯氢菊酯与 0 号柴油 1∶13 配比，毒死蜱，多杀菌素，还有来自大籽蒿、黄花蒿、猪毛蒿等植物源杀虫剂，也可用 90% 晶体敌百虫、50% 杀螟松乳油、50% 马拉硫磷乳油、2.5% 溴氰菊酯乳油、20% 速灭杀丁乳油等药剂。

4. 生物防治　保护和利用天敌，还可以利用病原微生物如真菌（如球孢白僵菌、竹节虫卵孢白僵菌粉剂和松毛虫卵白僵菌粉剂）、细菌（如苏云金杆菌、多杀菌素）和病毒（如核型多角体病毒）等防治，当害虫在田间普遍发生危害时，可采用以上防治，也可用 B.t.、灭幼脲、绿得保生物制剂或质型多角体病毒制剂等喷施防治，同时，要充分利用自然界的病原微生物资源进行生物防治。利用植物源杀虫剂防治害虫，如印楝素、鱼藤酮、虫菊—苦参碱、桉油精、氧苦—内酯等。

木麻黄毒蛾

学名：*Lymantria xylina* Swinhoe
别名：木毒蛾、相思叶毒蛾

分布与危害

国内分布于广东、福建与台湾等地；国外分布于日本、印度。寄主有核桃、山核桃、梨、枇杷、石榴、无花果、杧果、柿、板栗、木波罗、龙眼、荔枝、梓树、黄金树、番石榴、茶、油茶、梧桐、蓖麻、木麻黄、相思树、紫穗槐、刺槐、南岭黄檀、臭椿、栓皮栎、黑荆树、黄槿、香椿、枫香、枫杨、柳、柠檬桉、白千层、细叶桉、重阳木、泡桐、千年桐、黄椿等 21 科 40 余种果树、林木。

以幼虫取食寄主幼芽、嫩叶及叶片，常将寄主叶片吃成缺刻或孔洞，严重时将树吃成光秃，影响林木的生长发育，影响产量与品质。

形态特征（图 77）

1. 成虫　雌成虫体长 22～33mm，翅展 30～53mm，体黄白色，头顶被有红色及白色鳞毛，后缘中央有一块三角形黑斑，触角栉齿状，黑色，复眼球形黑色，胸部背面被有白色长鳞毛；翅黄白色，前翅亚基线存在，内横线仅在翅前缘处明显，外横线宽，灰棕色，外缘毛灰棕色，与灰白色相间，列成 7～8 个近方形的灰棕斑。后翅的外缘毛亦列成 7～8 个近方形的斑。足被有黑色鳞毛，中足与后足胫节各具有两距，足的基节端部及腿节外侧有红色鳞毛。腹部密被黑灰色鳞毛，仅于第 1～4 腹节背板的后半部及侧面被有红色鳞毛。雄成虫体长 16～25mm，翅展 24～30mm，体灰白色，触角双栉齿状，黑色。前翅前缘近顶角处有三个黑点，中线、外横线明显，内横线明显或部分消失。前足与中足胫节密被有白色长鳞毛，腹部背面被有白色鳞毛。

2. **卵** 扁圆形，长径 1.0～1.2mm，短径 0.8～0.9mm，灰白色至微黄色，卵块长牡蛎形，灰褐色至黄褐色。

3. **幼虫** 老熟幼虫体长 38～62mm，头宽 5.2～6.5mm，体色有两种，一种为黑灰色（灰白色底，密布大量黑斑）；另一种为黄褐色（黄色底，密被有大量黑斑），头部黄色具有黑色斑，冠缝两侧有一个"八"字形黑斑，单眼区有"C"字形黑斑。前、中胸毛瘤蓝黑色，后胸毛瘤黑色，顶端白色，腹部第 1～8 腹节毛瘤紫红色；第 9 腹节的毛瘤牡蛎形，红褐色至黑褐色，胸足黄褐色至红褐色，腹足亦黄褐至红褐色，外侧有红褐色椭圆形毛片。腹足及臀足趾钩为单序中带。气门黄褐色，缘片黑褐色，翻缩腺红褐色，圆筒形，顶端凹入，于第 1～4 腹节背线两侧各具 1 个粉红色圆形腺体，背线白色或黄色，体腹面黑色。

4. **蛹** 雌蛹体长 22～36mm，雄蛹体长 17～25mm。体棕褐色至深褐色，前胸背面有一大撮黑毛及数小撮黄毛，中胸两侧各具有一个黑色绒毛状圆斑，腹部各节均具有数小撮

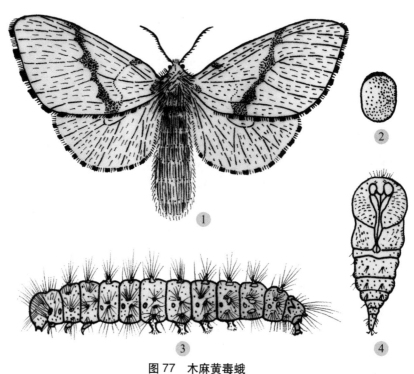

图 77 木麻黄毒蛾

1. 成虫；2. 卵；3. 幼虫；4. 蛹

白毛，腹末延伸，两侧有臀棘 12～13 个，端部有臀棘 19～27 个。

生活史及习性

此虫 1 年发生 1 代。以胚胎发育完成后的幼虫于卵壳内越冬。次年 3～4 月间越冬卵孵化，幼虫出壳后群集于卵块表面及其附近，但若遇强烈阳光或大风时，则潜伏于背光或背风处隐蔽。初孵化的幼虫淡黄色，数分钟后变为金黄色或灰褐色，不取食或仅取少量食物。经过 1 天或数天后，便开始爬离卵块或吐丝下垂，可随风扩散到其他枝条或附近枝条上，开始取食小枝，使被害处出现缺刻，3 龄以后，便开始分散食害，除中午在烈日下停止食害外，24 小时均可为害，4 龄以上幼虫遇到食料缺乏时，即沿树干向下，朝阳光面爬行迁移，并寻找食料。木麻黄毒蛾幼虫具有一定的耐饥性，据研究报道，4 龄幼虫停食 6～10 天才能死亡，5～6 龄幼虫能耐饥 7～14 天。幼虫通常 7 龄，极少数 6 龄或 8 龄，幼虫历期 60 天左右，通常为害至 5 月中旬至下旬，幼虫便开始老熟，然后于寄主枝条上、树干上或枝干分杈处吐丝固定虫体，但不结茧，进入预蛹期，再经 1～3 天后便化蛹，依靠臀棘钩刺勾在丝上使蛹固定，蛹期 5～15 天。

成虫于 5 月底开始陆续羽化，羽化盛期为 6 月上旬，羽化末期为 6 月下旬。雌成虫多在 12：00～18：00 羽化，活动力差，羽化后常静伏于枝干上或作缓慢地爬行，间或可作短距离的飞翔，雄成虫多在 18：00～24：00 羽化，傍晚后很活泼，能长时间飞舞寻偶。成虫有较强的趋光性。羽化后的 1 天左右开始交尾，交尾时间多发生于夜间 20：00 至次日凌晨 2：00 左右，一头雄成虫可与 2～3 头雌成虫交尾，但雌成虫通常只交尾一次，交尾后 20 分钟或数小时便开始产卵，卵多在夜间产出。单雌只产一块卵块，每卵块有卵 350～1 510 粒，卵块大多产于枝条上、少数产在枝干上，成虫寿命 2～9 天。卵产下后，胚胎开始发育，并于当年入冬前变为幼虫，但不孵化出壳，在卵内越冬。

木麻黄毒蛾的天敌有卵跳小蜂、松毛虫黑点瘤姬蜂、红尾追寄蝇、日本追寄蝇、七星瓢虫、澳洲瓢虫以及木麻黄毒蛾核型多角体病毒、芽孢杆菌、白僵菌等。

防治方法

1. **农业防治** 晚秋或早春结合刮树皮、堵树洞进行人工处理卵块，将采到的卵块集中深埋。

2. **物理防治** 利用成虫趋光性强的特性，采用黑光灯诱杀。

3. **化学防治** 越冬幼虫孵化后，集中用药喷雾，常用农药有 50% 杀螟松乳剂 1500 倍液、2% 锐劲特乳剂 3 000 倍液、2.5% 敌杀死 2 000 倍液、50% 灭幼脲 3 000 倍液、2.5% 红太阳联苯菊酯水乳、20% 甲氰菊酯和 2.5% 三氟氯氰菊酯乳油等，或其他各种酯类农药或有机磷农药，按常规浓度进行喷雾，或将两种农药混配使用，均可收到很好的防治效果。另外，幼虫高峰期可使用烟剂熏杀。当大面积发生时，可用飞机超低容量喷施，使用药剂有 2.5% 敌杀死，每亩 20g。

4. **生物防治** 注意保护和利用天敌。还可以利用病原微生物如真菌、细菌和病毒等防治，当害虫在田间普遍发生危害时，可用白僵菌、B.t.、灭幼脲、绿得保生物制剂、核型多角体病毒或质型多角体病毒制剂（很多种类都以商品化生产）等喷施防治，同时，要充分利用自然界的病原微生物资源进行生物防治。

角斑古毒蛾

学名：*Orgyia gonostigma*（Linnaeus）

别名：核桃古毒蛾、梨叶毒蛾、杨白纹毒蛾、亦纹毒蛾、囊尾毒蛾

分布与危害

国内分布于黑龙江、吉林、辽宁、山西、河北、河南、甘肃等地；国外分布于日本、朝鲜、欧洲。寄主有核桃、苹果、梨、桃、杏、樱桃、山楂、梅、栎、榛、花楸、蔷薇、杨、柳、桦、鹅耳枥、桤木、山毛榉、悬钩子、松、唐棣、落叶松、柿、桑等多种林木、果树。

以幼虫食害幼嫩芽、叶片及果实。初孵化的幼虫群集于叶片背面或卵块附近食害叶肉，残留上表皮；2龄幼虫以后开始分散危害花芽叶片及果实，被害的花芽从芽的基部钻成小的孔洞，造成不能发芽与开花，致使花芽早枯死亡；嫩叶常被全部吃光，仅留叶柄，成叶吃成缺刻或孔洞，或仅残留叶脉；果实常被食害成大小不等的小孔或凹斑，幼果被害常引起脱落。由于受此虫的危害，常直接影响果树的生长和果品产量与质量的下降。

形态特征

1. **成虫** 雌雄异型，雌成虫体长12～22mm，翅退化，仅残留痕迹，体略呈卵形，灰色至灰黄色，密被有深灰色短毛和黄色或白色绒毛。头极小，触角纤细，节上有短毛。复眼灰色。足灰色有白色毛，爪腹面有齿。雄成虫体长10～16mm，翅展25～36mm，头、胸、腹部灰褐色触角干锈褐色、双栉齿状、栉齿褐色；前翅黄褐色至红褐色，内区（内线至翅基部）前半部有白鳞，后半部赭褐色；基线白色较细，波浪形；内横线黑色，较直，前半部宽、前缘中部有白鳞；外横线双条黑色，细锯齿形，亚缘线前缘白色，微波浪形，其余部分黑褐色；端线细而黑，翅脉处间断，外线与亚端线间的前缘有1个赭黄色斑点；后缘有1个新月形白色斑；横脉纹黑色白边，中央有1条白色的细线；缘毛暗褐色，有赭黄色斑。后翅栗褐色，缘毛黄灰色。

2. **卵** 直径0.8～0.9mm，倒立的馒头形，卵孔处凹陷，花瓣状；外面有1条环纹，初产卵为白色，以后逐渐变成灰黄色，微带光泽。

3. **幼虫** 老熟幼虫体长33～40mm，头部灰色至黑色，上生细毛，体黑灰色，被有黄色和黑色毛，亚白线上生有白色短毛，前胸两侧各有1束向前伸的由黑色羽状毛组成的长毛，腹部第1～4腹节背面中央各有1簇黄灰色至深褐色刷状短毛；第8腹节背面有1簇向后斜的黑色长毛，亚白线与气门腺淡黄白色。气门黑色。

4. **蛹** 体长8.0～20mm。雌蛹灰色，雄蛹黑褐色。背面有黄白色毛，臀棘较长。

5. **茧** 略呈纺锤形，质地疏松。

生活史及习性

此虫在我国东北 1 年发生 1 代，山西、河北、河南、甘肃等地一年发生 2 代，各地均以 2~3 龄幼虫于树皮缝隙内、粗翘皮下、树干基部附近的落叶下或其他被覆物下越冬。在一年发生 1 代的地区，越冬幼虫于次年的 5 月间开始出蛰取食为害，为害至 6 月底，幼虫开始陆续老熟，吐丝缀叶或于枝杈处皮缝处结茧化蛹，蛹期通常 1 周左右。7 月上旬成虫开始羽化，雄成虫白天活动，雌成虫于茧内栖息，等雄成虫飞来交尾。交尾时间多发生于 16：00~18：00，雌成虫将卵产于茧的表面，分层排列成不规则的块状，卵块上面覆以雌成虫腹末的鳞毛，单雌产卵量为 200~250 粒，卵期 14~20 天。幼虫孵化后分散为害，蜕 2 次皮后陆续潜伏越冬。在一年发生 2 代的地区，越冬幼虫于次年寄主萌动露绿时开始活动，4 月中旬为幼虫活动危害盛期，为害至 5 月中旬，幼虫陆续老熟开始化蛹，蛹期 15 天左右。越冬代成虫于 6~7 月间羽化发生，并开始交配与产卵，每雌成虫产卵 150~450 粒。卵期 10~13 天。第 1 代幼虫于 6 月下旬开始发生，第 1 代成虫在 8 月中旬至 9 月羽化发生。第 2 代幼虫 8 月下旬孵化出现，为害至 2~3 龄时，便寻找适当场所潜伏越冬。据观察，从 9 月中旬前后开始陆续进入越冬状态，此虫害的天敌有 20 种之多，主要有姬蜂、小茧蜂、细蜂、寄生蝇等。

防治方法

1. **农业防治**　秋末、初春结合整形修剪、清除园内枯枝落叶，刮除粗皮、翘皮中的越冬幼虫。于角斑古毒蛾成虫产卵期，结合捕杀其他害虫，捕杀卵块及初孵化的幼虫。

2. **物理防治**　成虫羽化期设置灯光诱杀雄成虫。

3. **化学防治**　药剂防治 3 龄前的幼虫，即在幼虫出蛰期使用 50% 辛硫磷乳油 1 500 倍液，2.5% 的功夫乳油 5 000 倍液（有杀卵作用），20% 灭扫利乳油 5 000 倍液（可兼治叶螨类害虫），阿维菌素等均有明显的防治效果。当害虫大发生时，也可用 50% 杀螟松乳剂、2.5% 敌杀死 2 000 倍液、50% 灭幼脲 3 000 倍液等。

4. **生物防治**　注意保护和利用天敌。还可以利用病原微生物如真菌、细菌和病毒等防治，当害虫在田间普遍发生危害时，可用白僵菌、B.t.、灭幼脲、绿得保生物制剂、核型多角体病毒或质型多角体病毒制剂（很多种类都以商品化生产）等喷施防治，同时，要充分利用自然界的病原微生物资源进行生物防治。

岩黄毒蛾 | 学名：*Euproctis foavatriangulata* Gaede

分布与危害

主要分布于山西的核桃产区。

以幼虫取食危害核桃叶片，严重发生时可将整树的叶子吃光，破坏光合作用，使树体营养不良，树势衰弱；同时还可招引其他害虫前去为害，致使产量下降，甚至出现全株枯死。

形态特征

1. **成虫** 雌成虫体长 8～9mm，翅展 26～28mm。全体棕黄色，头部、胸部及肛门的毛簇均为黄色，体腹面和足均为黄色，腹部棕黑色。前翅黄色，有一棕褐色不规则的大斑，在翅的顶角有一棕褐色圆点。后翅黑褐色，端区黄色。触角栉齿状，触角干黄色，栉齿为棕色。雄成虫体长 7～9mm，翅展 18～23mm，体黄色，较雌虫淡，前翅亦有一棕褐色不规则的大斑块，后翅除前缘棕黄色外，其余均为黑褐色，腹部黑褐色，触角羽状。腹部末端明显要比雌成虫的腹部末端要细而尖。

2. **卵** 扁圆形，直径为 0.5mm，初产乳白色，上面覆有黄色绒毛，接近孵化时为褐色。

3. **幼虫** 老熟幼虫体长 18～22mm，全体褐色，体侧具橘红色点，各节具毛瘤 2 对，第 2 节和第 3 节背面的 2 对毛瘤明显突出，体背中央第 4～8 节为淡黄色。

4. **蛹** 体长 13mm 左右，长椭圆形，黄褐色，头部钝圆，末端尖削，蛹外被有丝质的茧。

生活史及习性

岩黄毒蛾在山西吕梁地区 1 年发生 1 代，以老熟幼虫于树干基部的土缝或杂草、枯枝落叶及田边岩缝中化蛹越冬。次年 6 月中旬越冬幼虫开始羽化，7 月上中旬为羽化盛期，7 月下旬羽化基本结束。6 月下旬成虫开始产卵，7 月中下旬为产卵盛期，8 月上旬仍有成虫产卵，但已接近结束。卵期 7～10 天，7 月上旬幼虫开始孵化出现，8 月上旬为幼虫孵化盛期，此间是岩黄毒蛾幼虫危害盛期，也是林间用药防治的关键期，9 月下旬幼虫基本孵化完毕。此间部分幼虫危害已接近老熟并开始下树化蛹，约 10 月间，大部分幼虫老熟下树，寻找适当场所化蛹，准备越冬。

成虫羽化出蛰多在 8：00 ～ 14：00，出蛰后的成虫通常停息数分至数十分钟开始展翅飞翔，并寻找异性开始交尾，交尾后的次日开始产卵。初孵幼虫喜欢群集为害，到 3 龄开始分散为害，随龄期增大，食量也大增，发生严重的林区或树，幼虫通常把叶片全部吃光，仅留叶柄和主脉。幼虫共 6 龄，历期长达 90 多天，幼虫老熟后不食不动，虫体逐渐收缩进入前蛹期，准备化蛹，蛹期 150 天左右。

防治方法

1. **农业防治** 冬季或早春结合核桃园整地，进行人工挖蛹，将挖出的蛹集中深埋处理，以降低虫源基数。

2. **化学防治** 于幼虫孵化初盛期，田间喷药防治，可收到良好的防治效果。常用农药有：2.5% 溴氰菊酯乳油 5 000 倍液；2.5% 功夫乳油 5 000 倍液；也可用 50% 杀螟松乳剂、50% 灭幼脲 3 000 倍液；还可用 90% 晶体敌百虫、50% 杀螟松乳油、50% 马拉硫磷乳油、20% 速灭杀丁乳油等药剂，按使用说明施用。或上述的菊酯类农药与有机磷农药混配使用，效果更佳。

核桃毒蛾 | *学名：Lymantria juglandis* Chao

分布与危害

分布于北京、河北、陕西等地。主要危害核桃。

以幼虫危害核桃，将核桃叶食成孔洞或缺刻，严重时将整个叶片吃光，仅剩叶脉。幼虫为害有两个高峰期，分别在 5 月上旬和 7 月上旬，发生数量较多，从早春到晚秋均可见到，危害期长。核桃毒蛾食性单一，目前仅发现危害核桃。

形态特征

1. **成虫**　雄成虫体长 10～12mm，翅展 28～33mm，雌成虫体长 13～15mm，翅展 34～38mm。头部白棕黄色，头部与胸部间暗褐色，胸部黄棕色，前半部混浅褐色，腹部白棕黄色，节间有浅褐色带。前翅白棕黄色，稀布褐色鳞片，外观呈微颗粒状分布，内横线不清晰，在前缘与中室间为 1 条褐色斜纹，中室中部有 1 个褐色小点，横脉纹褐色，直角形，在横脉纹上方前缘有 2 个褐色点，横脉纹角内密布褐色鳞，在中室下方 1A 脉位置上，内横线下外横线间有 1 条褐色纵纹，外横线褐色，小波浪形，从前缘至 M_1 脉外斜，M_1 脉与 M_2 脉间有一大幅度内弯，Cu_1 脉与 Cu_2 脉间有 2 个大幅度内弯，但不并进，亚缘线由一列新月形斑组成，外横线与亚缘线间白色，缘线为一列褐色点，缘毛浅棕色，有褐色小点；后翅浅棕白色，外横线浅棕色，缘毛浅棕白色。前翅反面浅棕色，横脉线浅褐色，直角形，浅褐色外横线隐约可见，缘毛浅棕白色，有浅褐色点。后翅反面及缘毛浅棕色，横脉纹为 1 个褐色点，外横线浅褐色。

复眼大，触角双栉齿状，雄虫栉齿很长，中部栉齿为触角干粗的两倍。足浅棕黄色，胫节和跗节有浅褐色斑点，体下面浅棕黄色。雄虫腹部细而短，基半部黄褐色，尾端部暗褐色，雄性外生殖器的钩形突呈钩形，囊形突小，不发达，瓣基部 1/3 愈合，端部的 2/3 呈指状分枝，背突短于腹突，背突端半十分狭长、尖锐、向背面或微向外面弯曲，腹突较直，末端微向腹面弯曲。雌虫腹部粗大，尾部呈暗黄褐色。

2. **卵**　扁圆形，灰色，直径 0.50～0.69mm，卵壳坚硬，有弹性。

3. **幼虫**　老熟幼虫体长 15～20mm，暗褐色，多毛，体短粗，扁平，头的颅侧区从顶部向下黑褐色，唇基色较浅，靠近唇基有较长的毛，背线污黄色，胸部背面毛瘤较大，侧毛瘤较背毛瘤、亚背毛瘤大，腹部 10 节，第 1～10 节的每节均有背毛瘤、亚背毛瘤、侧毛瘤、亚腹毛瘤及腹毛瘤各两个，背毛瘤较短，以侧毛瘤的毛长。胸部第 2、3 节背面和腹部第 5 节背面有淡黄色斑，幼虫老熟时为橘黄色斑。有腹部第 6 节和第 7 节背面各有一个桔黄色透明点，即为翻缩腺，幼虫趾钩为单序中列式。

4. **蛹**　长 14～17mm，红褐色具光泽，前胸隆起高出头部如拱背，胸腹部的各节体表有皱纹状点刻，并有星状长毛簇环绕，蛹体的顶部及前胸部有较为密集的长毛及毛片，腹部第 5 节以后的各节前缘有宽的横皱纹带。第 4 节以后的各节有宽的光滑无点刻带，腹部尖削，有很多臀钩。

生活史及习性

核桃毒蛾1年发生2代，以幼虫在寄主的树皮隙缝内过冬。次年春季开始活动为害，老熟后吐丝结茧于树皮缝或石块下、杂草和落叶中化蛹，蛹期9～14天。越冬代成虫于5月下旬开始出现，6月中旬为盛发期。7月中旬为第1代幼虫危害高峰期，7月下旬第1代成虫开始羽化，8月中旬为第1代成虫羽化盛期。越冬代成虫单雌产卵平均为97.7粒，第1代成虫单雌平均产卵为236.85粒，成虫寿命平均为5.5～10天。

卵多数产在叶片上、寄主的粗皮隙缝处，或产在蛹壳或刺蛾的茧内，卵成堆，每块有卵30～110粒不等，卵期通常为3～7天，幼虫共6龄，间或7龄。幼虫历期28～36天。幼虫喜欢躲在潮湿荫蔽处，或在树干基部周围堆有杂草或土石块下，幼虫为害至老熟后多在上述场所化蛹。9月间幼虫便寻找适当场所如树干皮缝内越冬。

防治方法

1. 农业防治　冬季或早春人工刮树皮，消灭其中的越冬幼虫。也可以人工捕杀成虫，即在6月中旬越冬成虫发生盛期或8月中旬第1代成虫发生盛期，利用成虫不活泼、喜栖息于树皮缝隙的习性，可捕杀到大批成虫。越冬期采取树干涂泥捕杀幼虫，即在8月间，于树干上涂泥，将树皮缝隙填好，在10月间捕杀到此处越冬的幼虫。

2. 化学防治　于幼虫孵化初盛期，喷雾各种胃毒或触杀性农药，可收到良好的防治效果。常用农药有：2.5%功夫乳油或20%灭扫利乳油5 000倍液，50%马拉松乳油1 000倍液，也可用50%杀螟松乳剂、2.5%敌杀死2 000倍液、50%灭幼脲3 000倍液，还可用90%晶体敌百虫等药剂，按使用说明施用，或有机磷农药与菊酯类农药混配使用，效果更佳。

3. 生物防治　保护和利用天敌核桃毒蛾的天敌种类很多，如寄生在蛹内的有舞毒蛾黑瘤姬蜂、广大腿小蜂、日本追寄蝇；寄生于卵中的有黑卵蜂，据调查，黑卵蜂的寄生率可达19.2%～57.1%。捕食性天敌有齿星步甲、瓢虫，寄生于蛹和幼虫的天敌有苏云金杆菌、白僵菌。因此保护和利用天敌，对减轻核桃毒蛾的危害可起到一定的作用。

盗毒蛾
学名：*Porthesia similia*（Fueszly）
别名：黄尾毒蛾、金毛虫、桑毛虫、桑毒蛾、白毒蛾、桑叶毒蛾

分布与危害

国内分布于黑龙江、吉林、辽宁、内蒙古、河北、山西、山东、陕西、河南、安徽、江苏、浙江、湖北、湖南、江西、福建、广西、广东、四川、甘肃、青海、贵州、云南、上海、台湾等地；国外分布于欧洲、前苏联、日本、朝鲜。寄主有核桃、苹果、梨、山楂、李、桃、梅、樱桃、枣、杏、石楠、栎、柿、桑、柳、杨、榆、桦、栗、山毛榉、桤木、刺槐、泡桐、梧桐、枫、忍冬、马甲子、黄檗、榛子等多种林木、果树。

　　以幼虫取食危害寄主的幼芽、嫩叶与叶片。初龄幼虫仅取食危害叶肉、残留表面，稍大后的幼虫便开始蚕食叶片呈缺刻与孔洞，甚至食光，仅剩叶柄，常因此虫危害致使树势衰弱，严重时出现枯叶。

形态特征（图78）

　　1. 成虫　雌成虫体长 18～20mm，翅展 35～45mm；雄成虫体长 14～16mm，翅展 30～40mm。体及翅均为白色，头部、胸部、足及腹部的基半部白色微带黄色，而腹部的其余部分和肛毛簇黄色，触角双栉齿状，触角干白色，栉齿棕黄色，复眼黑色，下唇须白色，外侧黑褐色；前翅后缘近臀角处和近基部各有一个黑褐色斑，但雌成虫翅的基部的斑大多消失。前翅与后翅的反面白色，前翅前缘黑褐色。雌成虫腹部肥大，末端有金黄色毛丛。雄虫腹部较瘦，从第 3 节开始以后各节有稀疏黄色短毛。

　　2. 卵　截锥形，直径为 0.5～0.7mm，中央稍凹陷，淡黄、灰黄或橘黄色，以后卵的颜色逐渐变深，孵化前为褐色。卵常数十粒排成长袋形卵块，卵块表面被覆有雌蛾腹末脱落的黄毛。

　　3. 幼虫　老熟幼虫体长 25～40mm。头部暗褐色，有光泽，体黑褐色、棕褐色或黑色。前胸盾黄色，上有两条褐色纵线：体背面有 1 条橙黄色带，带于第 1 腹节、第 2 腹节和第

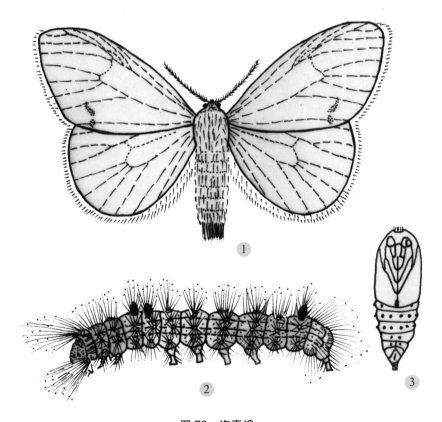

图78　盗毒蛾

1. 成虫；2. 幼虫；3. 蛹

8腹节处中断带的中央贯穿一条红褐色间断的线；背线红色，亚背线白色，气门下线黄色，前胸背板两侧各有一个向前突出的红色毛瘤，上生黑色长毛及白色松枝状毛。中胸、后胸和腹部第1~8节各具有8个毛瘤，其上亦生有长毛及松枝状毛；腹部第11腹节、第2腹节及第8腹节背面中央的1对毛瘤各愈合成1个大瘤，瘤上生有黑色绒状毛撮及黑褐色长毛，并有白色松枝状毛。第5腹节、第6腹节及第9腹节的毛瘤为橙红色；第6、7腹节背面中央各具1个红色盘状翻缩腺。

4. 蛹 体长12~16mm，长圆筒形，黄褐色或棕褐色，被有黄褐色绒毛，前翅的翅芽达第4腹节，胸部及腹部各节有幼虫期毛瘤的痕迹，上生有黄色短刚毛。

5. 茧 长椭圆形，较薄，淡褐色，茧外附有少量幼虫体上的黑色长绒毛。

生活史及习性

此虫在东北、华北地区1年发生2代，华南1年发生5~6代，各地均以2龄、3龄及4龄幼虫于树干裂缝，粗翘皮缝内、树洞中或枯枝落叶层下结灰白色薄茧于内越冬。在1年发生2代的地区，越冬幼虫于次年4月间寄主萌动露绿时，破茧而出，危害嫩叶与叶片，危害至5月中旬前后，幼虫开始陆续老熟，并结茧化蛹，蛹期15天左右，6月上旬陆续出现越冬代成虫，第1代卵于6月上旬开始出现，卵期1周左右，6月中旬第1代幼虫发生为害，7月中旬幼虫陆续老熟并开始化蛹。蛹期10天左右，第1代成虫于7月下旬出现，第2代幼虫为害至10月初进入3龄左右时，便开始爬至树皮缝隙处、枯枝落叶内或其他适当场所结白色薄茧进入越冬。

盗毒蛾成虫昼伏夜出，有明显的趋光性。成虫羽化后不久即开始产卵。卵成块状产于叶片背面或枝干上。每卵块有卵100粒左右，卵块上被覆有黄色绒毛。单雌产卵量为200~500粒。幼虫孵化后先群聚于卵块附近不食不动，稍后则开始取食下表皮与叶肉，2龄幼虫后开始陆续分散为害，幼虫遇到惊扰后，便吐丝下垂或假死坠地，幼虫一般蜕6次皮后即进入老熟。越冬幼虫有结网群聚的习性。

1年发生2代区，5月和6月间为幼虫发生危害盛期，1年发生4代区，各代幼虫发生危害盛期分别在6月中旬、8月上旬、9月中旬和10月上旬。

盗毒蛾天敌已发现有30余种，其中主要有小蜂、小茧蜂、姬蜂、桑毛虫黑卵蜂、桑毒蛾绒茧蜂、敌饰苔寄蝇及核型多角体病毒等。

防治方法

1. 农业防治 于秋季越冬前，在树干上束草，诱集越冬幼虫，冬后幼虫出蛰前，将束草取下，同时注意收集枝干上的虫茧，将收集到的虫茧放入饲养器皿内，待天敌羽化后，把天敌送返田间，再把束草烧掉。于成虫产卵高峰期，组织人工进行摘除卵块或群集的幼虫，集中处理。

2. 物理防治 于成虫发生期，在发生地设置黑光灯或其他灯光诱杀，有明显的防治效果。

4. 化学防治 药剂防治应在幼虫3龄前进行。常用药剂有：50%辛硫磷乳油1 500倍

液，或 2.5% 功夫乳油 5 000 倍液；或 2.5% 溴氰菊酯乳油 5 000 倍液；也可用 50% 杀螟松乳剂、90% 晶体敌百虫、50% 杀螟松乳油、50% 马拉硫磷乳油、20% 速灭杀丁乳油等药剂，按使用说明施用，20% 氰戊菊酯 1 500 倍液 +5.7% 甲维盐 2 000 倍混合液，2% 甲维盐乳油 8 000 倍液 + 丙溴磷 2 500 倍液 + 渗透剂，或 25% 阿维灭幼脲悬浮剂 2 500 倍液 + 马拉硫磷 800 倍液 + 渗透剂，或 48% 乐斯本 1 000～1 200 倍液 + 氟虫脲或杀铃脲 2 500 倍液；将有机磷农药与菊酯类农药混使用，效果更佳。

袋蛾科 （Psychidae）

大多小型至中型，通常为雌雄异型。雌蛾常特化为幼虫型，翅常退化或无翅，有足或足相当退化；头部及胸部退化。腹部第 7 腹节有一圈毛束。雌蛾一生栖息袋囊内。雄蛾复眼小，口器退化，触角双栉齿状，翅发达，翅面上被有鳞片或毛，斑纹简单，中脉在中室可见，前翅 1A 脉退化，2A 脉和 3A 脉在基部分离，端部合并，或 2A 脉与 3A 脉仅在中间有一段合并，两端分开；后脉臀脉 3 条，翅僵发达。

幼虫吐丝形成各种形式的袋囊，囊上面黏附残叶、土粒或断枝芽，栖息于其中，幼虫行动时，将头、胸伸出，背负袋囊而移动。幼虫老熟后，将袋囊用丝悬挂于寄主植物上，然后化蛹于囊中，雄成虫羽化后由囊的下端飞出，雌成虫羽化后仍于袋囊内栖息，交配期间，常将头、胸部伸出等待雄虫前来交配，交配后的雌成虫将卵产于囊内。

袋蛾是林木、果树、行道树、各种农作物和蔬菜上的重要虫害，幼虫不但可以危害树叶、嫩叶、嫩芽、嫩枝梢及树皮外，而且还能危害花蕾、花及果实，甚至有些种类的幼虫还可以捕食寄主植物上的蚜虫。

袋蛾科昆虫全世界已知有 800 余种，大多数种类分布于温暖、潮湿的地区。

按袋蛾 | 学名：*Acanthepsyche subferalbata* Hampson

分布与危害

国内分布于河南、湖北、江苏、安徽、湖南、浙江、江西、福建、四川、贵州、广西、广东、台湾等地；国外分布于日本、斯里兰卡。寄主有核桃、枣、苹果、梨、桃、李、杏、柿、梅、樱桃、石榴、葡萄、枇杷、海棠、山樱桃、榲桲、栗、木莓、木瓜、栀子、洋桃、山楂、豆梨、棕、橄榄、蔷薇、番石榴、柑橘、茶、山茶、山毛榉、相思树、樟、朴、柳、杨、垂柏、黄槐、刺槐、银桦、桧、枫杨、木麻黄、悬铃木、榆、冬青、棉花、向日葵、芦苇等多种园林植物及各种农作物。

以幼虫取食危害寄主的嫩芽、幼叶、叶片果实及树皮。幼龄幼虫食害寄主的叶片表面与叶肉，留下另一层表皮，危害后出现许多不规则的白色斑块，被害部位的表皮不久即破裂，此时白斑即变成孔洞。幼虫稍大后便开始背负袋囊于树冠外围的叶背危害，蚕食叶片呈孔洞和缺刻，严重发生危害时，将叶片全部吃光，仅残留叶片主脉。叶片吃光后，幼虫转移危害树干皮层，破坏了输导组织，致使树枝或全树干枯死亡。危害果实时，常啃食果皮，严重时出现大量落果。

形态特征（图 79）

1. **成虫** 雄成虫体长 3～5mm，翅展 12～18mm，头部、胸部及腹部均为黑棕色，体被有白色毛。前翅与后翅浅黑棕色，后翅反面浅蓝白色或银白色。雌成虫体长 5～8mm，头小，胸部略弯。头部与胸部均为黑棕色，腹部米黄色。

2. **卵** 直径 0.6mm 左右，黄色或米黄色，椭圆形。

3. **幼虫** 老熟幼虫体长 6～9mm，头部淡黄色，散布有深褐色斑点；胸部各胸节背板有深褐色斑 4 个；腹部为乳白色。

4. **蛹** 雌蛹体长 5～7mm，黄褐色，纺锤形，腹部第三节至第六节背面后缘各有 1 列小刺。雄蛹长 4～6mm，体深褐色，腹部第 4 节至第 7 节背面前缘和后缘及第 8 节前缘各有 1 列小刺。

5. **袋囊** 雌囊 15～20mm，雄囊 8～15mm，灰褐色，外面黏附叶屑与树皮屑，化蛹时囊上有 1 条长丝将袋囊悬垂于枝叶上。

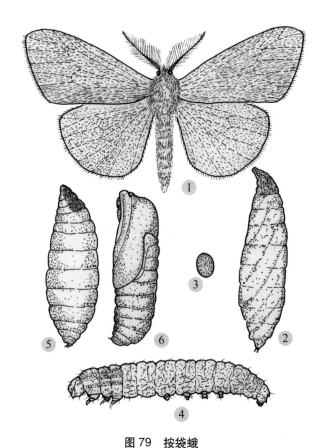

图 79 按袋蛾
1. 雄成虫；2. 雌成虫；3. 卵；4. 幼虫；5～6. 蛹

生活史及习性

此虫 1 年发生 2～3 代，以老熟幼虫于袋囊内越冬。次年早春开始活动为害，5 月中旬开始化蛹，蛹期 10 天左右，5 月下旬至 6 月中旬成虫羽化并产卵，单雌产卵量为 91～245 粒。卵期 15～20 天，雌成虫寿命 15 天左右，雄成虫寿命 2～3 天。6 月中旬至 8 月中旬是第 1 代幼虫危害期。第 1 代蛹期 7 天左右。雌成虫寿命 7 天左右，雄成虫寿命 2～3 天，第 2 代卵期 7 天左右，于 8 月下旬孵出第 2 代幼虫，8、9 月为害最为严重。

幼虫孵化多于白天进行，以 14：00～15：00 孵化最盛。刚孵出的幼虫暂停留于蛹壳

内，吃去卵壳后才从袋囊的排泄口蜂拥而出，吐丝下垂或向袋囊上方转移。接触枝叶后，便吐丝缠绕自身胸部，并咬取枝叶表皮与碎片，黏附于丝上围成一圆圈，以后继续咬取碎片缀连于上，1小时后形成与虫体大小相当的袋囊，虫体隐蔽于其中，随着虫龄的增大，袋囊也不断扩大。

幼虫取食时，将头部伸出袋囊外，用胸足握住叶片，腹部把袋囊竖起，咬嚼食物。幼龄幼虫迁移能力不强，多集中于母体袋囊下方的枝条上食害，此时利于集中防治。随虫龄增大，食量增多。幼虫取食多于早晨、黄昏及夜间进行。为害至4龄即开始分散取食，背负袋囊转移至树冠外围的叶背为害。老熟后的幼虫在袋囊内倒转头向，脱掉最后一次皮而化蛹，蛹头部向着排泄孔，利于成虫羽化出袋囊。化蛹的袋囊内壁光滑，质地坚韧，利于保护蛹体。成虫羽化时间在下午和晚上，羽化高峰期在15：00～17：00，雄成虫羽化时，蛹体向排泄孔蠕动，胸部露出于袋囊外，然后头胸部的脱裂缝开裂，雄成虫脱出蛹壳，稍作休息后，体翅伸展硬健后，便飞到枝叶上停息，蛹壳半露于袋囊外。雌成虫羽化时，从头部到胴部第5节背面纵裂，雌成虫头部伸出蛹壳外，虫体仍留在蛹壳内，也不从袋囊中脱出，在羽化过程中，常有许多黄色绒状物散发于排泄口外，这一现象是识别雌成虫羽化的主要标识。

成虫羽化次日的清晨或黄昏即开始交尾。交尾时，雌成虫将头部伸出袋囊的排泄口，雄成虫找到雌成虫后，即将腹部伸入雌成虫袋囊内开始交尾。交尾持续时间约10分钟左右，通常只交尾一次，间或有交一次以上的个体。交尾后的雌成虫将卵产于蛹壳内。卵聚集成堆，雌成虫产毕卵后，将腹部末端的绒毛脱落下来，覆盖于卵堆之上。然后虫体逐渐萎缩，但仍留在蛹壳内，直至卵孵化为幼虫时才干瘪死亡。

按袋蛾的天敌主要有瓢虫、蚂蚁、蜘蛛、喜鹊、寄蝇、小蜂、姬蜂及病毒等。其中姬蜂与小蜂的寄生率可达30%。

防治方法

此虫的发生特点是比较集中、点片危害、幼虫及雌成虫的迁移扩散力差，因此可集中防治。另外，抗药力也较弱，尤其在3龄前的幼虫。

1. **农业防治**　冬季或早春结合林内整枝修剪，人工摘除越冬袋囊，集中消灭其中的越冬幼虫。初孵幼虫常群集或成片分布于树冠外围的枝梢上为害，可人工剪除虫枝。

2. **化学防治**　使用各种农药防治，效果均很好。常用农药有：90%敌百虫晶体水溶液、80%敌敌畏乳油1 000～1 500倍液、2.5%功夫乳油5 000倍液、20%灭扫利乳油5 000倍液、20%杀灭菊酯乳油2 000倍液、2.5%溴氰菊酯乳油2 000倍液，或者有机磷农药与菊酯类农药混配使用，或使用青虫菌，每毫升含1亿活孢子的菌液喷雾，均有明显的防治效果。

3. **生物防治**　注意保护和利用天敌。可采用释放白僵菌粉剂，也可用苏云金杆菌喷雾。

4. **植物检疫**　种植新园林时，应严格检疫措施。因此虫的远距离传播主要靠风力或人为的携带，因此对苗木应严格检查，确保苗木无虫。

白囊袋蛾

学名：*Chalioides kondonis* Matsumura

别名：橘白蓑蛾、白袋蛾、白蓑蛾、白囊蓑蛾、棉条蓑蛾、白避债蛾

分布与危害

国内分布于山西、河北、河南、江苏、安徽、浙江、江西、福建、湖北、湖南、广西、广东、四川、贵州、云南、台湾等地；国外分布于日本。寄主有核桃、苹果、梨、柿、枣、杏、李、石榴、茶、梧桐、刺槐、白杨、山毛榉、柏树、槭树、柑橘、悬铃木等多种林木、果树。

以幼虫危害寄主的幼芽、嫩叶、叶片、嫩枝、嫩梢、树皮、花蕾、花、果实，发生严重时可将树叶吃光，仅残留叶脉、叶柄与枝条，树上挂满袋囊，幼虫可长时间不取食仍能继续生存，待树第2次发芽后再继续为害。果实被害后引起早期落果。

形态特征（图80）

1. **成虫** 雄成虫体长6～13mm，翅长18～20mm，全体浅褐色，密被白色长毛，尾端褐色，头部浅褐色，复眼黑褐色，球形；触角双栉齿状，暗褐色。前翅与后翅均白色透明，后翅基部被有白色长毛。雌成虫体长10～15mm，蛆形，黄白色至浅黄褐色，微带紫色；无足及无翅；头部小，暗黄褐色；触角小，突出；复眼球形，褐色；各胸节及第1与

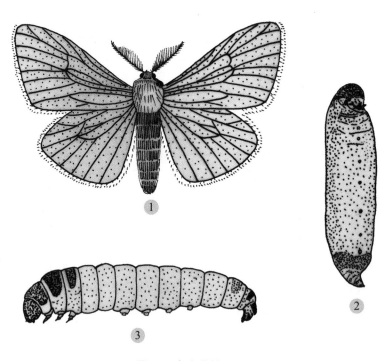

图80 白囊袋蛾

1. 雄成虫；2. 雌成虫；3. 幼虫

第 2 腹节背面具有光泽的硬皮板，其中央具有褐色纵线，体腹面至第 7 腹节的各节腹面中央均具有一紫色圆点，第 3 腹节后的各节均具有浅褐色丛毛，腹部肥大，腹末急剧变细成锥状。

2. **卵**　椭圆形，长径 0.8mm 左右，短径 0.5mm 左右，浅黄色至鲜黄色。

3. **幼虫**　老熟幼虫体长 25～30mm，体黄白色，头部橙黄色至褐色，有暗褐色至黑色云状点纹；各胸节背面有褐色的硬皮板，中胸与后胸背板均分为 2 块，每块上均具有黑色点纹；腹部第 8 节与第 9 腹节背面均具有褐色大斑；臀板褐色；有胸足与腹足。

4. **蛹**　雌蛹长 12～16mm，黄褐色，背面色暗，头部、胸部附属的各器官均退化，头小色淡，各体节背面后缘有细刺列。雄蛹长 8～11mm，色泽同雌蛹。头部及胸部附属各器官均很发达；第 6 腹节与第 7 腹节背面前缘均具有黑色刺列，尾端生有刺状臀棘 1 对。

5. **袋囊**　长 27～32mm，长圆锥形，灰白色，丝质紧密，上具有纵隆线 9 条，状似多棱体，表面无枝叶的附着。

生活史及习性

此虫 1 年发生 1 代，以低龄幼虫于袋囊内在枝干上越冬。次年春季寄主萌动露绿后开始出蛰活动，叶片展开后将其咬成缺刻与孔洞，并可食害枝皮及嫩枝、花蕾，5 月份和 6 月份是幼虫发生危害盛期，6 月间有部分幼虫开始陆续老熟，并于袋囊内化蛹。蛹期 15～20 天，7 月间成虫陆续羽化。

成虫羽化多在 15：00～17：00 进行，羽化次日清晨或傍晚即开始交尾，雄虫找到雌虫后，雄虫将腹末伸入雌虫袋囊内交尾。交尾历时 10 分钟左右。交尾后雌成虫将卵产在蛹壳内。卵聚集成堆，然后雌成虫用腹末尾端的绒毛将卵堆覆盖。产完卵后，雌成虫逐渐萎缩，但仍留在蛹壳内，直到卵孵化为幼虫时，雌成虫才能干瘪死亡。因而雌成虫寿命与卵期相同，间或有些雌成虫产完卵后即脱离袋囊，这类雌成虫的寿命仅 3 天左右。雄成虫寿命通常 2～3 天。每头雌成虫平均产卵为 500 粒左右。卵期通常 10 天左右。7 月下旬幼虫开始陆续孵化。

幼虫孵化多于 14：00～15：00 进行，孵化后的幼虫暂时停留在蛹壳内将卵壳吃掉，而后爬出袋囊，并吐丝下垂，接触枝叶后爬行更为迅速，寻找到适当的场所后便开始吐丝缠缀自身，同时咬取枝叶的表皮与碎片，用丝黏住，营造自己的袋囊，虫体隐居于其中。随着幼虫的取食、蜕皮、长大，袋囊也逐渐加宽、加长。初龄幼虫咬食叶片、表皮与叶肉，留下另一层表皮，扩散、迁移能力不强，多集中于雌成虫的袋囊下方及树冠外围的几个枝条上取食为害。被危害的叶片出现不规则的白色斑块，表皮不久破裂，白色斑块处变成孔洞，症状明显，极易发现，是人工防治及化学防治的极好机会。幼虫取食多于夜间进行，早晨、傍晚及阴天也取食危为害，直到秋末时幼虫才开始陆续向枝梢端部转移，将袋囊固定于小枝上，袋囊口用丝缠绕封闭，进入越冬。

防治方法

防治此虫时应该以人工防治为主，化学防治为辅，在核桃树上防治此虫的同时，还应注意防治核桃园周围其他树木上的此虫，杜绝人为的或自然的传播，同时要避免盲目滥用化学农药，以免杀伤园内或其周围的各种天敌。

1. **农业防治**　于幼虫发生危害初期，虫口比较集中，被害症状明显，此时可集中组织劳力进行人工防治，如摘除袋囊。冬季或早春，树叶脱落时，采集袋囊时目标明显，极易消灭。也可结合园内或林间的其他管理如整枝修剪等，剪除袋囊，并将其集中消灭。

2. **化学防治**　可在幼虫孵化盛期及初龄幼虫脱出袋囊初期进行喷药防治，有极为明显的效果。常用农药有：20% 杀铃脲悬浮剂 300～500ml/hm^2、25% 灭幼脲 3 号悬浮剂 1.5～2.0L/hm^2、20% 米满悬浮剂 1.5～2.0L/hm^2、50% 辛硫磷乳油或 90% 晶体敌百虫 2.5～3.0kg/hm^2、4.5% 高效氯氢菊酯乳油 1.5～2.0L/hm^2, 加水 1500～3 000kg 喷雾、敌敌畏乳油 1 500 倍液，2.5% 敌杀死乳油为 2 000 倍液、50%马拉松乳油、50%杀螟松乳油等农药以常规浓度使用，效果均好。2.5%功夫乳油、20% 灭扫利乳油、2.5% 溴氰菊酯乳油、20% 杀灭菊酯乳油等，以常规浓度使用，防治效果均在 95%以上，或者有机磷农药与菊酯类农药混配使用，效果更佳。喷药时间应以 18：00 以后进行，或者清早 8：00 以前，此时用药，幼虫接触药剂的机会多，因而防治效果明显。虫龄增大时，用药浓度也必须加大，喷药量也相应增多，以便保证防治效果。

3. **生物防治**　保护和利用天敌。

小窠袋蛾

学名：*Clania minuscula* Butler
别名：茶蓑蛾、茶袋蛾、小袋蛾

分布与危害

国内分布于河南、山西、湖南、湖北、安徽、江苏、江西、浙江、福建、四川、广西、广东、贵州、台湾等地；国外分布于日本。寄主有核桃、苹果、梨、山楂、李、梨、杏、桃、梅、柿、樱桃、枇杷、石榴、葡萄、枣、海棠、山樱桃、榅桲、栗、木莓、圆醋栗、栀子、木瓜、洋桃、豆梨、棕、橄榄、蔷薇、番石榴、山茶、茶、柑橘、杨、柳、朴、樟、山毛榉、相思树、垂柏、黄槐、刺槐、银桦、木麻黄、月季、枫杨、冬青、榆、悬铃木、蓖麻、桧、棉花、向日葵、芦苇等多种园林植物及各种农作物。

以幼虫取食危害寄主的叶片、嫩枝、花、果实。幼龄幼虫食害寄主的叶片表面与叶肉，留下另一层表皮。被害部位出现许多不规则的白色斑块，表皮不久即破裂，白斑处变为孔洞。稍大后便可背负袋囊于树冠处围的叶背为害，蚕食叶片呈孔洞或缺刻，严重危害时仅留主脉和叶柄。叶片吃光后，幼虫便开始转移到树干上剥食韧皮，严重影响树势的生长与发育，甚至使被害的枝干或全株树干枯死亡。危害果实时，常将果食的果皮啃掉，严

重时造成大量脱果，影响产量。

形态特征（图81）

1. 成虫 雌成虫体长
10~15mm，翅展22~30mm，
体与翅均为褐色，触角双栉
齿状，复眼球形，黑色；前
翅的翅脉颜色略深，外缘
有长方形的透明斑2个，
M_3与Cu_1脉间比较透明。
胸部背面有两个白色纵纹。
雌成虫尤翅，黄色蛆形，
体长10~16mm，无足，胸
部有显著的黄褐色斑，腹
部肥大，但腹部末端急骤
变细成锥状。腹部第4腹
节至第7腹节周围具有黄
色绒毛。

2. 卵 椭圆形，长径
0.5mm左右，短径0.3mm
左右，黄色或鲜黄色。

3. 幼虫 老熟幼虫体
长25~35mm，头部淡褐色
或深褐色，散布有黑褐色
网状纹，背面中央色较深，
略带紫褐色。胸部背面有
褐色纵纹2条，每节纵纹
两侧各具有1个黑色斑。
腹部各节背面有黑褐色毛

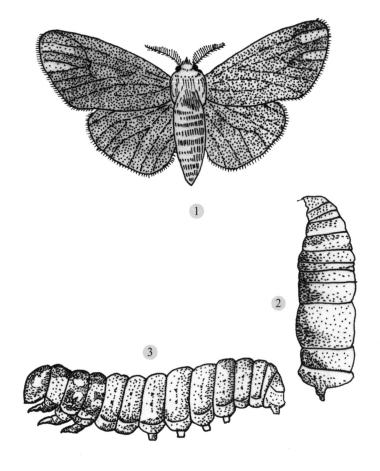

图81 小窠袋蛾
1. 雄成虫；2. 雌成虫；3. 幼虫

片4个，排列成"八"字形，且各生刚毛1根。

4. 蛹 雌蛹体长18~22mm，椭圆形，黄褐色，无触角、无口器，翅与足均退化，腹
部背面第3节后缘、第4腹节至第6腹节的前缘与后缘、第7腹节和第8腹节的前缘各具
有1列小刺。通常前缘的较粗而后缘的较细。雄蛹体长17~19mm，黑褐色、纺锤形，腹
部第4腹节到第7腹节背的前缘与后缘，第8腹节至第9腹节的前缘均具有1列小刺。

5. 袋囊 雄袋囊体长20~23mm，雌袋囊体长30~50mm，袋囊外均黏附有长短不一
的小短枝及树皮与碎片，袋囊灰褐色。

生活史及习性

此虫在河南、浙江、贵州等地1年发生1代，湖南、江苏、安徽1年以发生1代为主，部分地方1年可发生2代，江西与广西1年可发生2~3代。在1年发生1代的地区，以老熟幼虫于袋囊内越冬，次年幼虫不再取食，4月下旬幼虫进入化蛹，5月上旬羽化为成虫，5月中旬为产卵盛期，6月上旬幼虫开始发生危害，6月下旬至7月上旬为幼虫严重发生危害期，为害至10月中下旬便开始陆续老熟，并进入越冬；在1年发生2代的地区，以3~4龄的幼虫越冬。第二年气温回升至10℃左右时，越冬幼虫开始活动取食，为害至5月上旬幼虫开始陆续老熟化蛹，5月中旬出现成虫并相继开始产卵。6月上旬第1代幼虫孵化，并开始发生危害，6月下旬至7月上旬是第1代幼虫危害高峰期。为害至7月中旬幼虫开始陆续老熟，进入化蛹。7月下旬至8月上旬出现第1代成虫，并随即开始产卵，8月中旬开始孵化第2代幼虫，8月下旬为第2代幼虫孵化盛期，9月上旬为末期，9月中下旬出现第2次发生危害的高峰期，为害至11月下旬开始以3~4龄幼虫于袋囊内越冬；在一年发生3代的地区，以老熟幼虫于袋囊内越冬。次年3月上旬为越冬代成虫羽化盛期，3月中旬为产卵盛期，3月下旬第1代幼虫孵化发生，4月中旬为第1代幼虫孵化盛期。4月份至5月份出现第1次危害高峰期，为害至5月底开始陆续老熟化蛹，6月上旬为化蛹盛期，6月中旬为第1代成虫羽化盛期，此时亦是第2代卵发生盛期。6月下旬第2代卵进入孵化盛期，7~8月间出现第二次危害高峰期，8月中旬第2代幼虫开始陆续老熟化蛹，8月下旬是第2代蛹孵化盛期，9月上旬为第2代成虫羽化和产卵盛期。9月中旬第3代幼虫大批孵化为害，出现第3次发生危害高峰期。直到11月中下旬第3代幼虫陆续老熟，于袋囊内越冬。

成虫羽化多在下午和晚上进行。雌成虫羽化时，先从头部至胴部的第5节背面纵裂，然后雌成虫头部伸出蛹壳外，而虫体仍保留在蛹壳中，不脱出于袋囊外。羽化过程常有许多黄色绒状物散出于泄口外，由此可以识别雌成虫是否羽化。雌成虫羽化后的第2天凌晨或黄昏即可开始交尾。卵堆产于蛹壳内，卵期因发生代数不同而异，一年发生1代区，卵期15~20天，1年发生2~3代区，第1代卵期15~20天，第2代与第3代卵期分别均为7天左右。

幼虫孵化多在15：00左右进行。刚孵化出的幼虫暂时停留在蛹壳中，将其卵壳吃掉后再缓缓爬出袋囊，尔后吐丝下垂，寻找适当场所，并将咬取的枝叶表皮及碎片用丝缠缀自身，营造袋囊，虫体便于隐于其中。幼虫的传播方式有2种：一种是靠自身爬行，但扩散范围不远，另一种是靠风吹拂或人为的传播，尤其是人为传播是此虫蔓延的主要原因和条件。

小窠袋蛾的主要天敌有蚂蚁、瓢虫、蜘蛛、喜鹊、寄生蝇、小蜂、姬蜂及病毒等，集中一些姬蜂与小蜂的寄生率可达30%以上。

防治方法

1. **农业防治**　冬季或早春，可结合整枝与修剪，将树上的越冬袋囊人工摘除，集中处理。在发生危害期也可以组织人工摘除袋囊，此种方法简便易行。

2. **化学防治**　幼虫孵化脱离袋囊初盛期用药防治，可使用菊酯类或有机磷农药，以常规浓度，或混配使用，均有明显的防治效果，用药时间在早晨8：00以前和18：00以后，此时虫体接触农药机会较多，极易得到控制。常用农药有：20%杀铃脲悬浮剂、25%灭幼脲3号悬浮剂、20%米满悬浮剂、50%辛硫磷乳油或90%晶体敌百虫、4.5%高效氯氢菊酯乳油喷雾。

3. **生物防治**　保护和利用天敌。

4. **植物检疫**　新植园林时，应严格检疫措施，确保苗木无虫，一经发现应立即消灭。

大窠袋蛾｜学名：*Clania viariegata* Snellen
别名：大蓑蛾、大袋蛾

分布与危害

国内分布于山东、河南、河北、江苏、江西、广西、广东、福建、安徽、湖北、浙江、山西、湖南、云南、贵州、四川、台湾等地；国外分布于日本、印度、马来西亚、斯里兰卡。寄主有核桃、梨、苹果、桃、李、梅、杏、枇杷、柑橘、葡萄、板栗、柿、杨、柳、茶、栎、龙眼、桐、椿、松、榆、桉、咖啡、重阳木、皂角、枫杨、刺槐、相思树、泡桐、法桐、油茶、樟、桑、棉花等多种园林植物及农作物。

以幼虫取食危害寄主的幼芽、嫩叶、树枝或树干的皮层以及花蕾、果实。幼龄幼虫食害寄主叶片表面与叶肉，留下另外一层表皮，被害部位形成许多不规则的白色斑块，残留的表皮不久即破裂，白斑变成孔洞。幼虫进入2龄后则背负袋囊于树冠的外围叶片的叶背取食为害，蚕食叶片呈缺刻或孔洞，或者仅剩主脉。叶片吃光后，便转害剥食树干的皮层，严重影响寄主的生长与发育，甚至出现树枝或全树干枯死亡。危害果实时，常啃食果皮，严重时引起大量早期落果。

形态特征（图82）

1. **成虫**　雌雄异型。雄成虫体长15～20mm，翅展35～44mm，体与翅均为黑褐色，触角双栉齿状。体躯有淡色纵纹，前翅红褐色，有黑色与棕色斑纹，前翅1A脉和2A脉于端部1/3处合并，2A脉于后缘有数条分支。在R_5脉和R_4脉间的基半部、R_5脉下、M_1脉间外缘、M_2脉与M_3脉间各有一透明斑。R_3与R_4脉、M_2脉与M_3脉共柄。后脉黑褐色，略带红褐色，S_c+R_1脉在前缘有几处分支，这些分支和前翅2A脉在后缘的分支一样，在各个体中的数目有差异，后翅S_c+R_1与R_5脉间有一条横脉；雌成虫体长28～36mm，体肥大，淡黄色或乳白色，足与脉均退化，蛆形，头部小，浅红褐色，胸部背面中央有1条黑

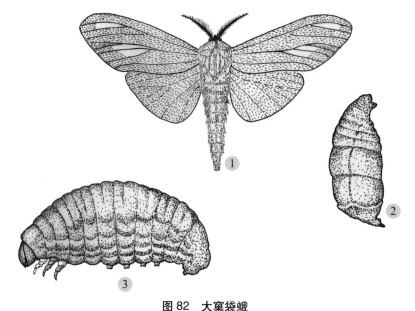

图82　大窠袋蛾
1. 雄成虫；2. 雌成虫；3. 幼虫

色隆脊，胸部与第一腹节有黄色毛，第7腹节后缘有黄色短毛带，第8腹节以下急骤收缩，末端变细成锥形。

2. **卵**　椭圆形，长径为 0.5～0.9mm，短径为 0.3～0.5mm，浅黄色至鲜黄色，有光泽。

3. **幼虫**　雄老熟幼虫体长为 18～25mm，雌老熟幼虫体长 28～38mm。雄幼虫的体躯黄褐色，头部脱裂线及额缝白色。雌幼虫的体躯棕褐色，头部赤褐色，头顶具环状斑。胸部背板骨化强，亚缘线、气门上线附近有大形赤褐色斑，呈深褐与淡黄相间的斑纹。腹部背面黑褐色，各节表面有皱纹。胸足发达，黑褐色，腹足退化，呈盘状，趾钩 15～24 个。

4. **蛹**　雌蛹体长 25～30mm，纺锤形，枣红色。头部与胸部的附属器官均消失。雄蛹体长 18～24mm，赤褐色，有光泽，纺锤形。腹部第 3 腹节至第 8 腹节背板前缘各具一横列刺突，腹部末端具臀棘 1 对，小而弯曲。

5. **袋囊**　雌袋囊长 70～90mm，长纺锤形，质地疏松，外部常附有大量枝叶。雄袋囊长 50～60mm，形状质地与雌袋囊相同。

生活史及习性

此虫华北、华东、华中1年发生1代，华南地区1年发生2代。各地均以老熟幼虫于袋囊内越冬。1年发生1代区，越冬幼虫于第2年的5月上中旬开始化蛹，蛹期24～33天。6月初开始出现成虫，并进行交尾与产卵，6月中旬后期幼虫孵化出壳，并开始取食为害，到11月间幼虫陆续老熟，并于袋囊内越冬；1年发生2代区，越冬幼虫于第2年的3月下旬开始陆续进入化蛹，4月上中旬为化蛹盛期，蛹期为18～23天，越冬代成虫于4月下旬开始出现，4月底至5月初为成虫羽化盛期，羽化期可持续20～26天。第1代幼虫于6

月中旬前后开始孵化，为害至8月中旬以后开始陆续老熟化蛹、羽化及交尾和产卵，至9月中旬发生第2代幼虫，一直为害至秋末老熟后，于袋囊内越冬。

雄成虫羽化多于11：00~13：00进行，雌成虫羽化多在15：00左右进行。羽化后，雌成虫招引雄成虫交尾，雌、雄性比为1.4：1，雄成虫寿命为2~8天，雌成虫寿命为20~26天。雌、雄成虫交尾时间多在13：00~20：00，交尾后雌成虫将卵产在袋囊内，单雌平均产卵量3 000~6 000粒，第1代卵期为15天左右，第2代卵期为7天左右。第2代蛹期亦为7天左右。初孵幼虫有群居习性，幼虫有较强的耐饥性，15天不取食仍可生存。据河北报道，此虫亦可以小幼虫于袋囊内越冬，次年春季寄主萌动露绿后继续危害一段时间才老熟化蛹。大窠袋蛾的主要天敌有蚂蚁、瓢虫、喜鹊、蜘蛛、小蜂与姬蜂。

防治方法

防治园内的同时，还应注意防治周围林木上的此虫，另外应以人工防治为主，化学防治为辅。

1. **农业防治**　在发生轻的年份，可进行人工捕杀，此项工作尤其在晚秋或早春，树叶全部脱落期，极易发现袋囊，也可在发生危害期，结合防治其他害虫或结合其他管理进行人工摘除袋囊。及时剪除病虫枝、徒长枝、枯死枝等，及时清除病残体，减少病虫源，有土传染病源的土壤应及时消毒，增加磷钾肥，不得施用未腐熟的有机肥和植物残体。

2. **物理防治**　利用黑光灯、性诱剂诱杀雄虫。

3. **化学防治**　大发生年分，可于卵孵化盛期和出壳高峰期用药防治，可使用有机磷农药或菊酯类农药，以常规浓度喷雾，也可将有机磷农药与菊酯类农药混配使用，效果更佳。常用农药有20%杀铃脲悬浮剂、25%灭幼脲3号悬浮剂、20%米满悬浮剂、50%辛硫磷乳油或90%晶体敌百虫、4.5%高效氯氢菊酯乳油喷雾。

4. **生物防治**　利用天敌资源、引进繁殖、饲养以及助迁招引优势天敌，主要天敌有衰蛾黑瘤姬蜂、舞毒蛾黑瘤姬蜂、家蚕追寄蝇、筒须追寄蝇、苏云金杆菌、白僵菌、灰喜鹊、大山雀等，可以通过招引益鸟、保护天敌，充分发挥天敌的自然控制作用。推广施用致病细菌、真菌、病毒等微生物制剂和防治害虫的生物制剂，如苏云金杆菌制剂或大袋蛾多角体病毒制剂，加水喷雾。也可喷洒青虫菌1000倍液防治。

灯蛾科（Arctiidae）

小至中型，少数为大型。翅展最小为10~12mm，最大可达128mm，体较粗状。体色多为灰色，褐色，黄色或红色，有些种类色鲜艳丽，甚至具有金属光泽，前翅多具条纹或斑点。单眼有或无。前翅M_2从中室下角或接近下角伸出。前翅M_2、M_3与Cu脉接近，形成Cu脉似4支；后翅S_c+R_1与R_5在中室中部或以外有一长段并接。雌、雄两性在色泽上或花纹上有较大变异。成虫触角线状或梳状，多在夜间活动，有明显的趋光性。有些种类可发音，但其机理目前尚未充分研究。幼虫通常具5对腹足，少数幼虫只有4对，第3腹节上的足缺少。幼虫体多毛，常具有长而色深的毛簇，中胸在气门水平之上具有 2～3 个毛瘤，其上着生稀疏不一的长毛。幼虫背面无分泌腺。蛹有丝质茧，茧上混有幼虫体毛。灯蛾科昆虫几乎分布于所有的动物地理区，但以热带为主。目前已知种类达 3 500 种以上。幼虫除危害果树外还可危害棉花、各种蔬菜以及农作物。

近日污灯蛾 | 学名：*Spilarctia melli* Daniel
别名：核桃毛虫

分布与危害

在山西吕梁核桃产区普遍发生，是一种暴食性食叶害虫，能将整枝或整树的叶子吃光，直接影响核桃树势的正常生长发育。

形态特征

1. **成虫**　雌成虫体长 16～18mm，翅展 28～32mm，全体白色，复眼黑色，腹部粉红色，气门四周围以红边，触角栉齿状；雄成虫略比雌成虫小，体长 14～16mm，翅展 26～28mm，触角双栉齿状。

2. **卵**　扁圆形，直径 0.5～0.7mm，初产卵为乳白色，接近孵化时变为黑色，卵上覆盖一层白色绒毛。

3. **幼虫**　初孵幼虫淡黄色，取食后逐渐变为绿色，各体节上生有两对毛瘤，毛瘤上均着生有毛丛，胸足 3 对，腹足 4 对，臀足 1 对。

4. **蛹**　体长 14～17mm，长椭圆形，棕红色，略有光泽，前端浑圆，尾端稍尖削。

生活史及习性

近日污灯蛾在吕梁地区 1 年发生 1 代，以老熟幼虫于树干基部土石缝隙或枯枝落叶中化蛹越冬。次年 5 月中旬，越冬蛹开始羽化，6 月间为越冬代成虫羽化盛期，7 月上旬仍可见到有羽化蛹的成虫，成虫羽化期可持续 60 天左右。6 月上旬雌成虫开始产卵，据研究报道，每头雌成虫产卵历时 5～7 天。6 月下旬至 7 月上旬为成虫产卵盛期，7 月下旬为成虫产卵末期，卵期 15 天左右。6 月下旬始见孵化的幼虫，7 月中下旬为卵孵化盛期，9 月间幼虫为害陆续老熟并开始逐渐下树化蛹，幼虫危害期为 60 多天，蛹期长达 250 天。成虫羽化后不久即可交尾与产卵，卵大多产在叶片背面主脉的两侧，聚产成不规则的块状，每头雌成虫平均产卵为 900 粒，最多可达 1 200 粒。卵的孵化率达 95% 以上。刚孵化的幼虫不甚活泼，取食卵壳后逐渐向寄主叶片上扩散，幼虫共 7 个龄期。近日污灯蛾在核桃树上的分布为树冠中下部多于树冠上部。

防治方法

1. **农业防治**　人工防治在蛹羽化前的春季，清除树冠下及其周围的枯枝落叶，挖除树

冠下的越冬蛹，可降低近日污灯蛾的虫源基数。成虫产卵初盛期，可组织人力进行人工摘除卵块。

2. 物理防治　可以用黑光灯诱杀成虫。用 20% 灭扫利乳油 50 倍液树干涂环防治。

3. 化学防治　于卵孵化的初盛期喷药防治，常用农药以常规浓度均可收到明显的防治效果。常用农药有：仿生制剂 25% 灭幼脲 3 号、20% 除虫脲、20% 杀铃脲、3% 高渗苯氧威乳油 2 000 倍液，还可选用高效氯氢菊酯乳油、菊杀乳油、辛硫磷、敌杀死等。发生严重时也可用敌敌畏、灭扫利、柴油混合烟雾剂防治。

4. 生物防治　保护和利用天敌。

核桃瘤蛾
学名：*Nola distributa* Walker
别名：核桃毛虫

分布与危害

国内分布于山西、河北、河南、陕西、北京、上海、云南等地；国外分布于印度、缅甸、印度尼西亚。寄主主要为核桃。

核桃瘤蛾主要危害区在山西的东部，河南的北部，河北的邯郸、邢台、石家庄和唐山以及北京市等核桃产区，在 1971 年和 1975 年，陕西的商洛核桃产区核桃瘤蛾大发生。

主要以幼虫取食危害核桃的树叶，是一种突发性暴食虫害。幼龄幼虫啃食叶肉，留下网状叶脉，成长幼虫可将全叶片食尽，仅残留叶脉和叶柄。发生严重的树，一个叶片上可有虫数十头，尤其在 7 月和 8 月间，危害更重，几天之内，可将树叶全部吃光，造成枝条的第二次发芽，由此导致树势极度衰弱，抗寒力降低，导致次年大批枝条干枯，大大影响核桃的寿命。

形态特征（图 83）

1. 成虫　雌成虫体长 9.0～11mm，翅展 21～24mm，雄成虫体长 8～9mm，翅展 19～23mm。全体灰褐色，微有光泽。雌成虫触角丝状，雄成虫双栉齿状。前翅前缘基部及中部有 3 个隆起的鳞簇，基部的一个色较浅，中部的 2 个色较深，组成了前翅前缘基部及中部两块明显的黑斑。从前缘至后缘有 3 条由黑色鳞片组成的波状纹。后缘中部有一个褐色斑纹。后翅浅色，散布暗褐色鳞片。

2. 卵　扁圆形，直径 0.4～0.5mm，中央的顶部略呈凹陷，四周有细的刻纹。初产卵为乳白色，以后逐渐变为浅黄色，孵化时为褐色。

3. 幼虫　老熟幼虫体长为 14～16mm，背面棕黑色，腹面淡黄褐色，体形短粗而扁平。气门为黑色。胸部各体节有背毛瘤、亚背毛瘤及侧毛瘤各 2 个，中胸与后胸的背毛瘤较大，但毛短；亚背毛瘤与侧毛瘤较小，但毛长。腹部 10 节，其中第 1 节至第 9 节每节均有背毛瘤、亚背毛瘤、侧毛瘤。亚腹毛瘤及腹毛瘤各 2 个。其中背毛瘤最大，亚背毛瘤次之，腹毛瘤最小，在没有腹足的几节较为明显，背毛瘤和亚背毛瘤为棕黑色，其余均为黄

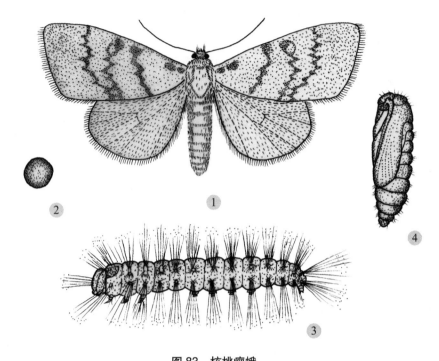

图 83　核桃瘤蛾
1.成虫；2.卵；3.幼虫；4.蛹

褐色，侧毛瘤上的刚毛最长。第 10 腹节较小，臀板的端部有 2 个小毛瘤。腹部第 4 节至第 7 节的背面中央为白色，腹足 4 对，分别着生在第 4 节、第 5 节、第 6 节和第 10 节上。腹足的趾钩为单序中带。

4.**蛹**　体长 8～10mm，黄褐色，椭圆形，腹部的末端为半球形，光滑无臀棘。

5.**茧**　体长 11～13mm，长椭圆形，间或圆形，浅黄白色，丝质细而密。

生活史及习性

核桃瘤蛾 1 年发生 2 代，以蛹在树皮缝隙中、树干周围的杂草落叶中、土石块缝隙等处越冬。据调查，越冬蛹以石堰缝隙中为最多，占总越冬蛹数的 95% 以上，其他场所极少。如树周围没有石堰，则大多数在土坡裂缝中越冬。但数量也不多，通常在向阳的坡上的石堰中越冬蛹最多，存活率也高；阴坡或潮湿的石堰中数量甚少，存活率也低，很多越冬蛹多被菌寄生而死亡。

越冬蛹于次年 5 月下旬开始羽化，6 月上旬末端为羽化盛期，7 月中旬为末期，前后羽化共占 50 天左右。第一代成虫羽化时间从 7 月中旬开始至 9 月上旬结束，历期 50 余天，羽化盛期在 7 月底 8 月初。陕西丹凤及河北涉县成虫羽化比较集中，越冬代成虫羽化盛期集中在 6 月的上中旬，第一代成虫羽化盛期集中在 7 月下旬至 8 月上旬。

成虫羽化时间通常在 18：00～20：00。有明显的趋光性，尤其对黑光灯的趋性极强，而蓝色灯光次之，对一般的灯光几乎没有趋性。成虫白天潜伏不活动，傍晚后至晚上

22：00 前极为活泼。成虫羽化后经过 2 天即可交尾，交尾时刻大多在凌晨 4：00~6：00 时进行，交尾历期为 2 小时左右，交尾后的次日开始产卵。卵通常散产于寄主叶片的背面，主脉和侧脉的交叉处，每处多数只产卵 1 粒，间或可见到 2~4 粒卵的情况。卵有胶质物黏在叶片背面，卵表面光滑，无其他任何覆盖物。

　　第一代雌成虫平均产卵量多于越冬代。第一代每头雌成虫平均产卵量为 264 粒，越冬代成虫平均产卵量为 70 粒左右。未受精的卵不能孵化出幼虫来。雌成虫的产卵前期多为 2 天左右，产卵期多数为 4~5 天。各代雌雄性比为 1：1。第一代卵于 5 月下旬开始产出，6 月中旬为第一代卵盛期，7 月中旬为末期；第二代卵发生于 7 月下旬，8 月上旬末为第二代卵盛发期，8 月下旬以后卵数极少，但 9 月初仍可见到第二代卵粒。第一代卵与第二代卵的发生时间几乎相互重叠，前后持续 100 天左右。第一代卵期为 6~7 天，第 2 代卵期为 5~6 天。

　　初孵化的幼虫首先在叶片背面的主脉和侧脉的交叉处取食，此时只食害叶肉，残留网状的叶脉，食量较小。3 龄以后的幼虫活动能力增强，并可转移为害，可将叶片全部吃光，仅留主脉和侧脉，危害严重的树在后期还可将果皮啃食。此虫夜间取食为害更烈，有暴食性。通常树冠外围的叶片受害重于树冠的内膛。树冠的上部受害重于下部。幼虫为害至老熟后，沿树枝和树干下树，并寻找适当的土缝、石缝、土石块下的隙缝等处作茧化蛹。老熟幼虫昼夜均可下树，但多在凌晨的 1：00~6：00。幼虫历期最短为 18 天，最长为 27 天，多数为 22 天左右。

　　第一代老熟幼虫下树初期在 7 月上旬初，盛期在 7 月下旬，末期在 8 月中旬，盛期在 9 月的上旬和中旬，末期在 9 月底，10 月中旬仍可发现有极个别老熟幼虫下树。在被害严重的树上，第一代老熟幼虫也有少数不下树，而直接在枯叶卷叶中结茧化蛹的；而第二代幼虫则全部下树化蛹越冬。第一代蛹期最短 6 天，最长 14 天，多数 9~10 天；越冬代蛹期多数在 270 天左右。

防治方法

　　1. 物理防治　利用成虫的趋光性，可在成虫发生初期于核桃园内大面积设置高压汞灯或黑光灯诱杀成虫，做到全面联防，效果更好。

　　2. 化学防治　利用老熟幼虫顺树干下地化蛹的习性，可在树干周围半径为 0.5m 的地面上撒施 75% 辛硫磷乳剂，每株 50~60g，杀死下树入土化蛹的老熟幼虫。于幼虫孵化初盛期，树上喷雾 50% 杀螟松乳油 1 000 倍液，20% 灭扫利乳油 5 000 倍液，2.5% 敌杀死乳油 1 500 ~ 2 500 倍液；2.5% 功夫乳油 5 000 倍液或 10% 氯氢菊酯乳剂 2 000 倍液；25% 灭幼脲 3 号、20% 除虫脲、20% 杀铃脲、3% 高渗苯氧威乳油 2 000 倍液、菊杀乳油、辛硫磷、敌敌畏，或有机磷乳油和菊酯类乳油混配，以常规浓度喷布，防治效果均可达 95% 以上。或用青虫菌 200~400 倍液，对核桃瘤蛾的幼虫也有良好的防治效果。

　　4. 生物防治　种仁充实期在树干上绑草诱杀。

姬白污灯蛾 | 学名：*Spilarctia rhodophila*（Walker）
别名：核桃毛虫

分布与危害

国内分布于陕西、浙江、湖北、湖南、江西、四川、云南、福建等地；国外分布于印度、缅甸、日本等。寄主有核桃、李、桑等植物。

以幼虫食叶成缺刻，孔洞，严重时将叶片吃光食尽。

形态特征

1. **成虫**　体长 14~18mm，雄蛾翅展 30~42mm，雌蛾翅展 40~50mm。体白色。下唇须黑色，基部红色，颈板侧面有红色，额两侧黑色，触角黑色，雌成虫触角栉齿状，雄成虫触角羽状，胸足上方有黑带，前足基节、腿节上方均为红色，腹部背面除基节和端节外均为红色，背面、侧面、亚侧面各有一列黑点。前翅前缘常为赭色，在中室的上角具 1 个黑点，内横线暗褐色在中室有时存在；外横线一斜列暗褐点从 M_3 至后缘，有时与翅顶的点线相连；亚缘线暗褐色，从 M_2 至 C_{u1} 有时存在；后翅中室端线点暗褐色，亚缘线暗褐色点位于 M_2 上方和臀角上方。

2. **卵**　扁圆形，淡青色至青色。

3. **幼虫**　老熟幼虫体长 25~35mm，头部红褐色，背面暗褐色，体暗绿至黑褐色，体背面有一列白短带，体侧线褐色，各体节上具有 4 个黄色毛瘤，在毛瘤上簇生棕黄至棕褐色长毛，背面两个较大。

4. **蛹**　长椭圆形，长 15~16mm，有光泽。

生活史及习性

此虫 1 年发生 1 代，以蛹于土中越冬。次年 5 月中旬越冬蛹开始羽化，6 月中下旬为羽化盛期，7 月中旬仍可见到成虫。成虫于 6 月中旬开始产卵，产卵期为 5~7 天，卵期 25~30 天。7 月上旬幼虫开始孵化，并开始取食为害，9 月上旬幼虫陆续老熟，并入土化蛹进入越冬。

防治方法

1. **农业防治**　秋后或早春深耕可消灭部分越冬蛹，同时也可兼治其他于土中越冬虫害。

2. **物理防治**　于成虫发生期设置黑光灯进行诱杀或频振式杀虫灯诱杀，可结合预测预报进行。同样可兼治其他趋光性害虫。

3. **化学防治**　结合防治其他害虫，于幼虫孵化初盛期进行药剂防治，使用农药有各种有机磷或菊酯类农药或其他种类的农药，以常规浓度，均有明显的效果。常用农药有：50% 杀螟松乳油 1 000 倍液、20% 灭扫利乳油 2 000 倍液、2.5% 敌杀死乳油 1 500、20% 杀铃脲悬浮剂、25% 灭幼脲 3 号悬浮剂、20% 米满悬浮剂、50% 辛硫磷乳油或 90% 晶体

敌百虫、4.5% 高效氯氢菊酯乳油喷雾、2.5% 功夫乳油、2.5% 溴氰菊酯乳油 2 000 倍液或 10% 氯氰菊酯乳剂 2 000 倍液；仿生制剂 25% 灭幼脲 3 号、20% 除虫脲、20% 杀铃脲、3% 高渗苯氧威乳油 1 000～2 000 倍液、菊杀乳油、辛硫磷、敌敌畏等。

夜蛾科 （Noctuidae）

中型至大型蛾类，体粗壮多毛，体色深暗。前翅具斑纹。喙多数发达，静止时卷曲，缩入头下，普遍具有下唇须。复眼大多大，半球形，少数肾形，光滑或有毛。大多种类有单眼。额骨化很强，形状多样。触角有锯齿状、栉齿状、线状。胸部有毛或鳞片。中足胫节有距 1 对，后足胫节有距 2 对，间或种类胫节具有刺。前翅中室后缘有脉 4 支，中室上外角常有 R 脉形成的副室。后翅 Sc+R1 与 Rs 在基部分离，有一点接触后再分开。后翅多为灰色或白色。前翅狭，三角形，密被鳞毛。后翅比前翅阔，间或后翅有黄色、红色或橙色。

卵多数圆球形，或略扁，形似馒头，表面常有放射状的纵脊线，白色、灰色或绿色，散产或成堆产于寄主植物上或土面上。

幼虫通常体粗壮，多数光滑、少毛，颜色较深。臀足发达，腹足通常 4 对，少数种类为 2～3 对，第 3 腹节或第 3 与第 4 腹节上的退化。趾钩单序，中带式。如呈缺环式，则缺口很大，占环的 1/3 以上。前胸气门前的毛片上一般有 2 根毛，前胸腹面具有翻缩腺。

蛹长卵形，有臀棘或钩状毛。有的在叶间结薄茧化蛹，有的在地面结茧，有的在土中作土室于内化蛹。

本科幼虫绝大多数为植食性，多数种类且为多食性，一般种类食叶，夜间取食活动，白天蜷曲潜伏于土中；少数种类则昼夜均可取食活动为害；间或种类可蛀食茎杆或果实。

成虫均在夜间活动，所以称之为"夜蛾"，一般于 20：00～24：00 的无风而闷热的天气活动最盛。具有较强的趋光性，对糖、蜜、酒、醋有特别嗜好。间或成虫的喙管末端锋利，能刺破成熟果实的果皮、吮吸汁液。本科世界已知 20 000 多种，我国记载 1 500 余种。

毛翅夜蛾

学名：*Dermaleipa juno*（Dalman）
别名：木夜蛾、木槿夜蛾、红裙边夜蛾

分布与危害

国内分布于黑龙江、辽宁、山西、河北、山东、河南、浙江、安徽、江西、湖北、四川、贵州等地；国外分布于印度、朝鲜、日本。寄主有核桃、桃、苹果、柑橘、李、梨、桦、木槿等多种林木、果树植物。

毛翅夜蛾以幼虫取食危害寄主的幼嫩叶片，被害叶片出现缺刻与孔洞，成虫可从果皮伤口处或腐烂部位刺入果内吸食果汁。

形态特征

1. 成虫　体长 35～45mm，翅展 90～106mm，头、胸、腹及前翅均为灰黄色至黄褐色，前翅近翅的基部和近外缘处具有两条横线，后翅基部 2/3 黑色，端部 1/3 土红色，黑色区具有淡蓝色弯钩形纹，外缘棕黄色，内缘着生许多长毛。

2. 幼虫　老熟幼虫体长为 75～90mm，头部茶褐色，冠缝两侧黄褐色，额的中央有赤褐色斑，头侧眼区至触角有较宽的黄白色纵带，胸部黄褐色至棕褐色，有深浅不同且不规则的纵线，形成较乱的纹状，前胸盾褐白色，并散布有褐色斑，背线有两条淡褐线组成，各节背线两侧有不明显的向后方倾斜的"八"字形棕褐色纹。第 1 腹节和第 2 腹节常弯曲成桥形，第 8 腹节稍隆起，第 5 腹节背面中央有一个明显的黑色眼斑，眼斑外围有两个黄色圈，第 8 腹节亚背面有 2 个淡红色小突起。臀板褐色，体腹面粉黄色，左右腹足之间有紫红色横带，第 1 与第 2 对腹足前缘各有一个黑斑，胸足淡褐色，有赤褐色纵带，内侧灰白色，腹足侧面有橙黄色带，腹足趾钩单序中带。气门筛为橙褐色，围气门片黑色。

3. 蛹　体长 36～40mm，黄褐色至黑色，体表面被有白粉，各体节背面多皱，中胸与后胸背面有一纵脊，腹末宽而扁，着生 4 对红色钩刺。

4. 茧　长椭圆形。

生活史及习性

毛翅夜蛾在我国北方 1 年发生 2 代，以老熟幼虫在土表的枯落枝叶中吐丝结茧化蛹越冬。河南 4～5 月间成虫出现，山西晋中 5～7 月均可见到幼虫危害，6 月下旬幼虫开始陆续老熟化蛹，蛹期 20 天左右。成虫白天潜伏，夜间活动，有趋光性，喜吸食果汁。幼虫白天隐蔽于树枝上不易被发现，晚上活动取食与为害，幼虫为害至老熟后，吐丝缀连 2～3 个叶片后于缀叶中结网状茧化蛹。7～8 月是第一代成虫盛发期。

防治方法

1. 农业防治　清理核桃园于秋后或早春结合核桃园整地，清除各种枯枝落叶，集中烧毁。避免与其他树种混栽新建核桃园时，要避免与苹果、梨、桃或其他树种混植。

2. 物理防治　灯光诱杀在核桃园内，于成虫羽化期设置黑光灯或高压汞灯，诱杀成虫。

3. 化学防治　消灭幼虫于幼虫发生初期喷药防治，0.2% 甲维盐乳油、20% 氰戊菊酯 2 000 倍液、40% 啶虫脒 1 500 倍液、50% 啶虫脒 2 000 倍液、2.5% 功夫乳油或敌杀死乳油 2 000 倍液、25% 爱卡士乳油 1 000 倍液、20% 甲氰菊酯乳油 2 000 倍液、20% 速灭杀丁乳油 2 000 倍液，或有机磷农药与菊酯类农药混配使用均有明显防效。

核桃豹夜蛾 | *学名*：*Sinna extrema*（Walker）

分布与危害

国内分布于黑龙江、山西、江苏、江西、四川、湖北、浙江等地；国外分布于日本。寄主有核桃、枫杨及胡桃属中的其他植物。

以幼虫取食危害寄主植物，将叶片的边缘吃成缺刻，严重时将全叶吃光，仅留叶脉与叶柄，严重影响树势及产量。

形态特征

1. **成虫**　体长 14～16mm，翅展为 32～40mm。头部与胸部为白色。颈部、翅基片、前胸及其后胸均有橘黄色斑。腹部为黄白色，背面微带褐色。前翅橘黄色，有许多白色多边形的斑，外横线为完整的曲折白带，顶角有一块大的白斑，中间有 4 块小黑斑，外缘后部有 3 个黑点；后翅白色，微带淡褐色。

2. **幼虫**　老熟幼虫体长 18～24mm，头部较宽，呈球形。腹部末端比前端细；幼龄幼虫的体色较淡，乳白色，头部与身体有黑色斑点，老熟幼虫头部淡黄色，每侧有 5 个黑色斑点（即毛片），并有颗粒突起。身体淡绿色，两毛突白色，亚背线亦为白色，胸足与腹足淡绿色，臀足端部为黄褐色，气门筛为黄白色，围气门色稍深。

生活史及习性

缺乏系统的观察研究，幼虫危害核桃叶时，日夜均可取食，休息时，常栖息于叶片背面。幼虫为害至老熟后，在叶片上吐丝作黄褐色茧，茧为长圆形或椭圆形，顶端稍隆起，预蛹期 3 天左右，蛹在茧中受惊扰时，腹部弹动茧壁作响，蛹期 7 天左右。成虫昼伏夜出，有趋光性。

防治方法

1. **物理防治**　利用成虫具有趋光习性，在成虫发生期间，于核桃园内设置高压汞灯或黑光灯诱杀。

2. **化学防治**　3 龄前幼虫可用化学防治。常用农药有 2.5% 敌杀死乳油 1 000～2 000 倍液；50% 杀螟松乳油 1 000 倍液，40% 毒死蜱乳油 1 000 倍液；1.8% 阿维菌素 2 000 倍液；20% 杀灭菊酯乳油 2 000 倍液或白僵菌等，均可收到良好的防治效果。

核桃兜夜蛾 | 学名：*Calymnia bifasciata* Staudinger

分布与危害

国内分布于山西、河北、黑龙江等地；国外分布于日本、前苏联。寄主为核桃。

以幼虫取食危害核桃叶片，被害叶片的边缘出现各种缺刻与孔洞，严重影响树势的发育。

形态特征

1. 成虫　体长 12mm 左右，翅展为 31～34mm。头部及胸部为灰褐色，腹部为污褐色，毛簇的端部为灰褐或灰黑色。前翅污褐色，带有霉绿色。基线粗，灰色，只达 A 脉，内横线粗而外弯，环纹与肾纹只见隐约的轮廓，外横线粗，灰色，外伸至 R_3，折角直线内斜，至 A 脉再向内，缘线棕色，内侧衬灰色，缘毛的端半部棕灰色；后翅淡褐色，翅脉黑褐色，横脉纹明显，端区黑褐色成大斑，缘线为黑色，内侧衬灰色，缘毛端部灰白色。

2. 幼虫　老熟幼虫体长为 35～38mm，幼龄幼虫的头部为乳白色，老熟幼虫的头部为乳黄色；体色变化常较大，身体淡绿色，背线与亚背线淡绿色，此两线之间有白色宽带，气门线白色；间或个体的气门线为黑色，气门上线为淡绿色；体表粗糙，腹部基部为颗粒的小刺，刺的大小不一，胸足淡绿色，或外侧具有黑斑，腹足淡绿色或灰色，外侧具有黑斑，气门较圆，黄色。

生活史及习性

关于核桃兜夜蛾缺乏系统的观察研究。核桃兜夜蛾以蛹于土内越冬，次年 5 月间成虫羽化。幼虫危害核桃叶时，多集中于新梢嫩尖上为害，被害叶片残缺不全，叶片的尖端部位常被吃光。幼虫白天隐蔽在叶片背面，不取食，受惊扰后弹跳落地，幼虫为害至老熟后入土结茧化蛹，以蛹过冬。越冬蛹期长达 240 天左右。成虫白天潜伏，夜间活动，有趋光性。

防治方法

参照桃剑纹夜蛾的防治方法。

桃剑纹夜蛾 | 学名：*Acronicta incretata* Hampson
别名：苹果剑纹夜蛾

分布与危害

国内分布于东北、华北、华东、华中、四川、广西、云南等地；国外分布于朝鲜、日本。寄主有核桃、苹果、桃、樱桃、李、杏、梨、梅、柳、杨等多种经济林植物。

以幼虫取食危害寄主幼芽、嫩叶、果实。初龄幼虫多啃食叶肉，被害处呈纱网状，日久出现枯斑，形成孔洞，早期脱落，稍大后的幼虫则沿叶缘取食成缺刻，或于叶面食害呈

孔洞。啃食果实的果皮，被害部位极易感染病害，因而常导致早期落果。

形态特征（图84）

1. **成虫**　体长17～22mm, 翅展40～48mm，头顶灰棕色，下唇须、颈板、翅基片的外缘均有黑纹，腹部褐色。复眼球形，黑色，触角丝状暗褐色，胸部密被长鳞片，腹面灰白色。前翅灰色，基线仅在前缘处出现两黑条，基剑纹黑色，树枝形，内横线双线暗褐色，波浪形外斜，环纹灰色，黑褐色边，斜圆形，肾纹灰色，黑边，两纹间具一条黑线，中横线褐色，外横线双线，外一线明显，锯齿形，在 M_2 与亚中褶处各有一条黑纵纹穿过，亚缘线白色。前缘有7～8条黑色外斜短线。前翅反面肾纹黑色，外线为黑色折线，外缘脉间黑斑明显。后翅灰白色弱薄，外缘较深，翅脉淡褐色。前足短小，中后足近等大，胫节外侧有黑色纵斑；各足跗节为浓淡相间的环纹。腹部背面灰色微褐，腹面灰白色。雄成虫腹部末端分叉，雌成虫较尖。

2. **卵**　半球形，乳白色，近孵化时变为红褐色。

3. **幼虫**　老熟幼虫体长36～42mm，灰色常略带粉红色。体疏生黑色细长毛，毛的端部黄白色稍弯。头部红棕色，布有黑色斑纹。背线宽，淡黄至橙黄色。气门下线灰白色。前胸盾中央为黄白色细纵线，两侧为黑纵线。胸节背线两侧各具一个黑色毛瘤。腹节背面两侧各具一个毛瘤，其毛瘤中间为白色，四周缘为黑色。第2腹节至第6腹节的毛瘤更为

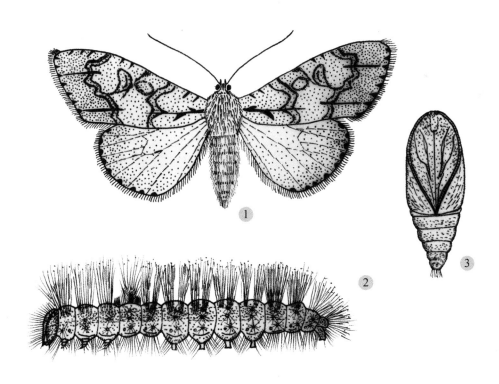

图84　桃剑纹夜蛾

1. 成虫；2. 幼虫；3. 蛹

明显。第 1 腹节至第 6 腹节毛瘤的下侧各具有一个白色点，其前、后各具一个棕色斑纹。第 7 腹节至第 8 腹节毛瘤的下侧无白色点，但具有两个棕色斑纹。第 9 腹节的毛瘤下侧有一个棕色大斑。第 1 腹节的背面中央有一个黑色突起，在突起上生有黑色短毛和零星的长毛，突起的基部两侧各具有一个黑点。突起的后方具有黄白色短毛丛。第 8 腹节背面较隆起，具有四个黑色毛瘤排列呈倒梯形，且后两个较大。臀板上方具有 "8" 字形灰黑色纹。各节气门线处有一个粉红色的毛瘤。胸足为黑色，腹足为暗灰褐色。气门椭圆形，褐色。

4. **蛹** 体长 18~22mm，初化蛹为黄褐色，以后逐渐变为棕至褐色，有光泽。前翅端达第 4 腹节近下缘处，后翅端达第 3 腹节的下缘处。第 1 腹节至第 7 腹节前半部有刻点。臀板有纵皱褶。腹部末端有 8 根刺，且背面两根较大，腹面 6 根由两侧向内逐小。背线黑褐色，两侧有不规则的圆形暗纹。

生活史及习性

此虫在东北、华北 1 年发生 2 代，以蛹在土中或树皮缝隙内越冬。第二年 5~6 月间越冬蛹开始羽化、交尾、产卵，第 1 代幼虫于 5 月中下旬开始孵化出现，并开始为害，6 月下旬第 1 代幼虫开始陆续老熟，并吐丝缀叶于卷叶内结白色薄茧化蛹。7 月下旬第 1 代成虫开始羽化，并随即交尾与产卵，8 月上旬第 2 代幼虫开始出现，并为害至 9 月间开始陆续老熟。老熟幼虫寻找适当的越冬场所结茧化蛹，以蛹越冬。

成虫昼伏夜出，有较强的趋光性，卵多产于叶片正面，间或产于叶片背面，成虫寿命为 13 天左右。第 1 代卵期为 12 天左右，第 2 代卵期为 7 天左右。幼龄幼虫只食害表皮与叶肉，被害部位呈纱网状，长大后的幼虫即可蚕食叶片，将叶片食害成缺刻与孔洞，严重时可将整叶吃光，同时也可啃食果皮。被害果实的部位极易受病害感染，因而常导致被害果的早期脱落，幼虫老熟后结茧于内化蛹。越冬代蛹期为 225 天左右，第 1 代蛹期为 10 天左右。

防治方法

1. **农业防治** 冬季或早春可结合刮树皮、堵树洞及修剪，清除园内及其附近的枯枝落叶和被覆物；深翻树盘，可有效地消灭部分越冬的蛹。

2. **物理防治** 成虫羽化发生初盛期，于发生林间设置黑光灯或其他灯光诱杀成虫，也可和预测预报结合进行。于老熟幼虫下树化蛹前，在树干周围铺草或铺塑料布于树冠四周围下方，引诱幼虫于内化蛹。铺好塑料布后，将其上覆以 10cm 左右的疏土，到冬前将铺草收拾干净或挖除土中的茧，消灭其中的越冬蛹。

3. **化学防治** 于幼虫孵化初盛期或 3 龄前幼虫于树上喷药防治，使用各种常规农药均有明显的防治效果。常用药剂：有 50% 辛硫磷乳油、50% 杀螟松乳油、80% 敌敌畏乳油等均为 1 500 倍液，或 20% 灭扫利乳油、2.5% 敌杀死乳油、2.5% 功夫乳油等均为 2 000 倍液。

小地老虎

学名：*Agrotis ypsilon* Rottemberg

别名：土蚕、切根虫、夜盗虫

分布与危害

全世界均有分布。寄主有各种林木、果树的幼苗，农作物及蔬菜和各种杂草。

以幼虫危害地下部组织，主茎硬化后便可爬至上部或根冠处危害生长点，轻者造成缺苗断垄，严重发生时则可将幼苗毁掉，重新播种。

形态特征（图85）

1. 成虫　体长21～23mm，翅展48～52mm，头部与胸部褐色至灰褐色，腹部黑灰色，复眼灰绿色。雄成虫触角为双栉齿状，雌成虫触角为丝状。额的上缘有黑条，头顶具有黑斑，颈板基部及中部各有一条黑横纹，前翅棕褐色，前缘区色较黑，基线双线黑色，呈波浪形。内横线双线褐色，亦呈波浪形。剑纹小，暗褐色，黑边。环纹小，扁圆形，黑边。肾纹黑边，外侧中部有一条楔形黑纹伸至外横线。中横线黑褐色，呈波浪形。外横线双线褐色，呈锯齿形，齿尖在各翅脉上为黑点。亚缘线微呈白色，锯齿形，内侧 M_3 至 M_1 间有两条楔形黑纹，内伸至外横线，外侧为两个黑点，缘线由一列黑点组成。后翅白色，翅脉褐色，前缘、顶角及缘线褐色，缘毛为白色。腹部背面为灰色。

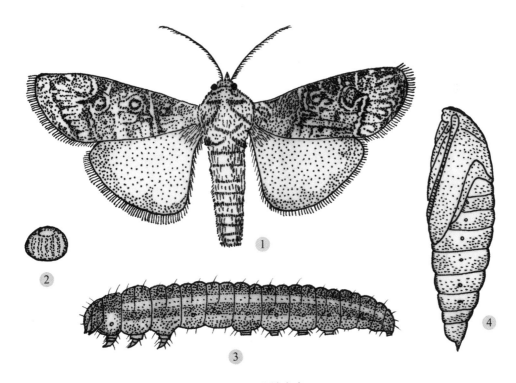

图85　小地老虎

1. 成虫；2. 卵；3. 幼虫；4. 蛹

2. **卵**　馒头形，直径0.5～0.6mm，高为0.3～0.4mm，卵孔不显著，花冠3层，由顶部至底部有纵棱13～15根为二或三岔式，长棱中间夹一短棱，中部中棱达31～35根，横道较细。初产卵为乳白色，以后逐渐变为黄色、棕褐色、灰黑色。孵化前卵的顶端出现黑点。

3. **幼虫**　圆筒形，体长37～50mm，黄褐色至黑褐色。背线、亚背线及气门线均为黑褐色，但不甚明显。头部褐色，具有黑褐色不规则网状纹，额中央亦有黑褐色纹。体表粗糙，满布大小不均匀而被彼此分离的颗粒，这些颗粒稍微隆起。额部为等边三角形。前胸背板赤褐色，密布小黑点。胸足与腹足黄褐色。腹部各节两毛片是一毛片的3倍。臀板黄褐色，上有两条深褐色纵带，腹足俱全，趾钩单序。

4. **蛹**　体长18～24mm，赭色有光泽，口器末端约与翅芽末端相齐，均伸达第4腹节后缘。腹部前5节呈圆筒形，几乎与胸部同粗。第4至第7腹节各节背面的前缘中央为深褐色，且有粗大刻点，两侧尚有细小刻点，延伸至气门附近，第5至第7腹节的腹面前缘也有细小刻点，腹部末端的臀棘短小，具有1对。

生活史及习性

此虫1年发生的代数，随各地的气候不同而异。从地理区域来看，大致为长城以北地区1年发生2～3代，长城以南黄河以北地区1年发生3代，黄河以南至长江沿岸地区1年发生4代，长江以南地区一年发生4～5代，南部亚热带地区一年发生6～7代。据各地发生的情况表明，无论1年发生几代，在生产上造成严重危害的均为第1代幼虫。长江以南地区的以蛹及幼虫于土中过冬。亚热带地区冬季无休眠现象，各虫态全年中均可正常活动，生长与发育。此虫在我国北方的越冬问题至今尚不清楚，有待进一步研究。在海南研究黏虫的迁飞时，发现小地老虎可能也有迁飞为害的习性。了解小地老虎越冬场所及虫态对于作好第一代幼虫发生数量的预测预报，搞好防治工作有着重要的意义，因此值得继续深入研究。

成虫白天潜伏于土缝隙、枯叶、杂草等隐蔽物下，黄昏后开始飞翔、寻找食物，交尾与产卵等活动。其活动规律受气候影响较大，在春季，当夜间气温达到8℃时即有成虫开始出现，但在10℃以下时，活动的成虫数量较少，10℃以上时，随温度升高，出现数量及活动范围增大。微风有助于成虫的扩散，但风力高达4级以上时，成虫很少活动，遇到大风时，成虫完全停止活动。成虫对普通灯光趋性不强，但对黑光灯、高压汞灯极为敏感，有很强烈的趋化性，尤其对酒味、甜味、酸味更为嗜好，故可采用糖醋酒液来诱杀和预测预报。

成虫羽化后的3～5日内开始产卵，卵多散产于低矮叶密的杂草上，少数产在枯叶及土隙中，一般以靠近土面积的叶上产卵最多，卵落的最高部位不超过13cm。所以，清除田间杂草对防治地老虎危害有一定作用。成虫产卵量较大，各代平均产卵量为1662粒，以越冬代成虫产卵量为最多，平均为2409粒，最多可达3012粒，其他各代较少，如第2代平均为2004粒，第3代平均为1236粒，第4代平均为758粒，第5代平均为2167粒，第6代平均为871粒，第7代平均为1374粒。据研究，产卵量大小与补充营养状况有关。卵期

随分布地区及世代不同而异，一般3~7天，但第1代卵期均在10~15天。成虫具有假死性。

幼虫共6龄，个别有7~8龄，2龄前幼虫昼夜均可取食，并群集于幼苗茎叶间取食幼苗嫩叶；3龄以后便开始分散为害，4龄幼虫则于夜间活动为害，白天潜伏于表土的干湿层之间，幼虫有将幼苗植株咬断、拖入土穴中的习性，或咬食未出土的种子。幼苗主茎硬化后，也能危害生长点，林木幼苗因其危害损失很大。在食料缺乏或环境不适时，则发生迁移。幼虫具有假死性，受惊扰后卷缩成团，幼虫期的长短各地间差异很大，第1代幼虫期一般为30~40天。

此虫的越冬代成虫在南方最早在2月份就可发现，全国大部地区发蛾盛期在3月下旬至4月上中旬，宁夏、内蒙古是4月下旬，华南一些地区从10月至次年4月均有发生。发生与环境的关系：

（1）与温度的关系。高温对小地老虎的生长发育与繁殖不利，因而夏季发生数量较少。据室内初步试验表明，温度在30℃以上时，幼虫很难完成发育，感病率与死亡率也高，温度过低时，小地老虎幼虫的死亡率增高，冬季越寒冷，来年春季的发蛾量越少。

（2）与湿度的关系。土壤湿度是影响小地老虎发生数量多少和危害春播幼苗轻重的最主要因素。长江流域各省雨量充沛，土壤湿润，因而危害重。北方地区年降水较小，土壤较干，其严重危害区主要在沿河、沿湖的河川滩地、水涝区和常年灌溉区，丘陵旱地极少发生。一般在发生洪水的地区，次年春季小地老虎常大量发生，发生面积大小和积水面积成正相关，危害程度与退水早晚有关。凡是前一年晚秋至当年早春退水的地区受害则重。退水过早或过迟受害均轻，因为退水早可以秋播者大多已播种，幼苗在小地老虎危害盛期已木质化，因而不易受害；退水晚者，在小地老虎产卵期，尚未退水或刚要退水，土壤湿度过大，不适于其产卵。据测定，严重危害区均在土壤含水量15%~20%的地区。

（3）与降雨的关系。秋季多水，土壤湿润，杂草滋生，小地老虎在适宜的温度条件下，又有充分的食料适于越冬代繁殖，因而越冬基数大，造成次年大发生的基础。早春2月多雨，4月少雨，对小地老虎发育有利，第1代幼虫可能危害严重，相反，4月中旬至5月上旬，遇中雨以上的雨日多，雨量大，将造成1、2龄幼虫的大量死亡，因而危害轻。

（4）与土壤的关系。土质与小地老虎的发生也有关系，一般砂土内虫口密度较小，危害轻微；在砂壤土、壤土、黏壤土内虫口密度大，危害严重。这是因为黏土或黏壤土退水后犁耕不及时，土壤多龟裂，成虫易将卵产缝隙内、土块下，且黏土内湿度较大，有利于卵的孵化。

（5）与杂草的关系。在北方地区，越冬代成虫大多在杂草上产卵，幼虫初期以杂草为食，至幼苗出土后才迁移到田间为害。因此，田间附近的杂草少，或犁地前田中杂草少，危害则轻，否则，危害则重。

（6）与天敌的关系。小地老虎的天敌有步行虫、寄生蝇、寄生蜂、麻雀、知更鸟、蟾蜍、鼬鼠以及真菌、细菌，对小地老虎均有明显的控制作用。

此外，作物的种类、生育状况、前茬作物以及蜜源植物等都直接影响小地老虎的发生和危害程度。

防治方法

1. 农业防治　杂草是小地老虎产卵的主要场所及幼龄幼虫的饲料。因此，在春播幼苗出土前或幼虫1~2龄时及时清除杂草，并及时运出沤肥或烧毁，防止杂草上的幼虫转移到幼苗上危害。

2. 物理防治　成虫盛发期设置黑光灯或高压汞灯诱杀成虫，或使用糖醋酒液诱杀成虫。也可用1.5kg红薯，煮熟倒烂后加入少量发酵粉，发酵至带酸味，再加等量的水调成糊状，然后加醋0.5kg和1% 1605粉剂5g，以此取代糖醋液。即可诱杀成虫，也可为测报提供依据。

4. 化学防治　可用1%的辛硫磷粉剂0.5~1kg加干土30kg，混配成毒土撒于幼苗四周的土面上，或用幼嫩多汁的鲜草25~40kg加1%的辛硫磷粉剂1kg均匀配合，或使用90%敌百虫0.5kg加水5kg左右拌匀，于傍晚撒于苗床上防治4龄以上的幼虫，杀虫效果均好。也可在幼虫期喷洒40%毒死蜱乳油1 500倍液，或20%氰戊菊酯乳油或2.5%溴氰菊酯乳油2 000倍液、10%溴·马乳油乳油2 000倍液、90%敌百虫800倍液、50%辛硫磷乳油800倍液、20%菊·马乳油2 000倍液，还可用3%米乐尔颗粒剂30~75kg/hm²处理土壤。

5. 灌根法防治　将发生小地老虎严重的地块，一边浇水，一边将50%甲拌磷（或称3911）每分钟随浇水滴50~100滴，即每亩使用75~100g，防治效果可达到90%以上。

6. 生物防治　保护和利用天敌。据报道，桐叶对小地老虎幼虫有较强的引诱作用，方法是将刚从泡桐树上摘下的老桐叶于傍晚放于苗圃地上，每亩放60~80张，清晨进行检查，捕杀叶下诱到的幼虫，连续3~5天，防治效果可达95%，为了节省人力，也可将桐叶浸以90%敌百虫100倍液后再放，可取得较好的防治效果。

黄地老虎
学名：*Agrotis segetum* Schiffermüller
别名：土蚕、切根虫、夜盗虫

分布与危害

国内分布于黑龙江、吉林、辽宁、内蒙古、河北、山东、河南、山西、甘肃、新疆、安徽、浙江、贵州、江苏、湖南、湖北、四川、台湾等地；国外分布于亚洲、欧洲、非洲。寄主有核桃、苹果、梨、枣等各种林木、果树的幼苗以及各种农作物，蔬菜、杂草等。

以幼虫危害寄主幼苗的根部，严重时出现缺苗断垄，甚至毁种重播。以春季和秋季为害较重。

形态特征（图86）

1. 成虫　体长15~20mm，翅展32~45mm。全体淡灰褐色，间或黄褐色；触角暗褐

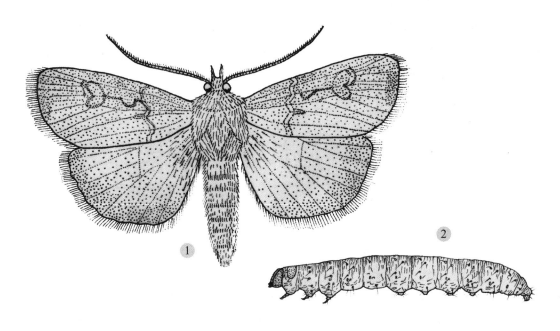

图 86　黄地老虎
1. 成虫；2. 幼虫

色，雄成虫触角双栉齿状，分枝长而向端部渐短约达触角的 2/3 处，端部 1/3 为丝状；雌成虫触角为丝状；复眼灰色，上有黑色斑纹。

前翅灰褐色，基线与内横线均为双线褐色，后者波浪形，剑纹小，黑褐边；环纹中央有一个黑褐点，黑边；肾纹棕褐色，黑边；中横线褐边，前半明显，后半细弱，波浪形；外横线褐色，锯齿形，亚缘线褐色，外线衬灰色，翅外缘有一列三角形黑点。后翅白色半透明，前、后缘及端区微褐，翅脉褐色。雌蛾色较暗，前翅斑纹不显著。

2. **卵**　扁圆形，直径 0.69～0.73mm，高 0.44～0.51mm。顶部较隆凸，底部平直。黄褐色。卵孔不甚显，花冠 3 层，中部有纵棱 38～41 根，为双序式，其中有 13 根从顶部直达底部，其余较短；横纹细呈覆瓦形，中上部中的纵棱与横纹相接处有平薄透明小瘤；顶部到底部有横纹 14～18 道，格纹长方形。

3. **幼虫**　老熟幼虫体长 33～49mm，体色变化较大，通常黄色至黄褐色。头部褐色，具黑褐色不规则斑纹；唇基三角形，直达颅顶，底部大于斜边。体表颗粒不如小地老虎明显，小而不突出成不规则的多角形，体表的皱纹不如大地老虎的多而深；前胸盾暗褐色。背线、亚背线和气门线淡褐色，第 1 腹节的 2 毛片稍大于 1 毛片；气门长卵形，黑色；臀板黄褐色，布有许多小黑点，中央具黄色纵纹，故两侧呈黄褐色大斑。腹足俱全，趾钩单序，第 1 对 10～17 个，第 2 对至第 4 对各 13～21 个，臀足趾钩 19～25 个。

4. **蛹**　体长 15～20mm，黄褐色，下颚达前翅末端稍前，前翅芽达第 4 腹节后缘；中足不与复眼相接，其中足末端约与下颚末端齐平；触角末端达中足末端的前方；后足在下颚的末端露出一部分。第5腹节至第7腹节背面前缘中央至侧面均有比大、小地老虎更密而细的刻点，通常为9～10排，端部的刻点较大，半圆形，腹面也有数排刻点。腹部臀棘稍长，通常生1对粗刺。

生活史及习性

此虫在新疆北部1年发生2代，河北、内蒙古、陕西、甘肃河西等地1年发生2～3代，黄淮地区1年发生3代，山东1年发生3～4代，各地均以老熟幼虫在土中10cm左右深处越冬。个别地区以4～5龄幼虫在田埂上越冬。在内蒙古、山东等地5月至6月是发生危害盛期，在大部分地区则在春季或秋季两季危害严重。

成虫白天潜伏于土缝、枯叶或杂草等处，黄昏后开始活动飞翔、觅食、交尾、产卵等活动，据各地研究报道，当夜间气温达8℃时即有成虫出现活动，温度越高，出现数量及活动范围也越大。微风可助于其虫的扩散，但风大时则可停止活动。成虫对普通灯光趋性不强，但对汞灯及黑光灯极为敏感，有较强的趋化性。尤其对酸味、甜味、酒味更加嗜好。

成虫羽化后4日左右开始产卵，卵大多散产于低矮叶密的杂草上，间或个体产于土隙或枯叶上，但以靠近土面的叶上产卵最多，因此，清除田间枯叶、杂草对防治此虫的发生与危害有明显的作用。每头雌成虫产卵500粒左右，产卵量的大小常与补充营养状况有关，雌成虫产卵期为4天左右，常喜欢产于土质疏松、植株稀少处。通常每个叶片上只产1～2粒，至多达6、7粒，偶也可见到10粒左右的，卵通常产于叶片背面，间或产在叶片正面、叶片嫩尖处、幼茎上。

初孵化的幼虫有食卵壳的习性，常将卵壳吃去一半以上，1龄幼虫通常只取食寄主的叶肉，残留表皮，间或聚于叶片嫩尖处食害。2龄幼虫除咬食叶肉外，还可以咬食嫩尖或顶端分生组织，造成断头苗。3龄幼虫通常在嫩茎处食害。4龄幼虫则转移至近地面处，将寄主的幼茎咬断，造成缺苗断垄。随着虫龄增大，幼虫食量增加。6龄幼虫食量剧增，一夜则可食害2～4株幼苗，多的可达5株或5株以上。茎秆较硬化时，大龄幼虫仍可将茎秆皮层食成环状或缺刻，由于水分和养分的输导受阻，致使整株被害植株枯萎下垂，甚至死亡。至秋季时幼虫进入老熟后，开始深入土中以老熟幼虫或蛹过冬。少数也可以4～5龄幼虫在田埂上越冬。

防治方法

参照小地老虎。

大地老虎
学名：*Agrotis tokinis* Butler
别名：黑虫、地蚕、土蚕、切根虫、截虫

分布与危害

国内分布于全国各地，但以南方发生较重；国外分布于日本、前苏联。寄主同小地老虎。

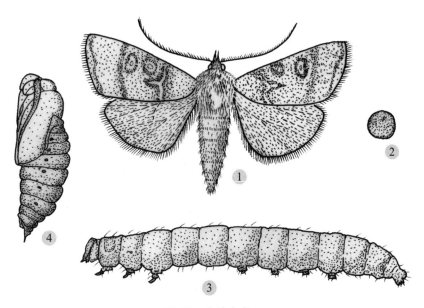

图 87　大地老虎

1. 成虫；2. 卵；3. 幼虫；4. 蛹

大地老虎常与小地老虎混合发生，但仅在长江沿岸部分地区发生较多。常以幼虫危害寄主的地下部组织，严重造成缺苗断垄，在不同地区，秋播后还可危害秋苗，一般蔬菜产地，春秋两季均有危害，但以春季发生多，危害重。

形态特征（图87）

1. **成虫**　体长 21～23mm，翅展 45～60mm。灰褐色至暗褐色。触角雌成虫丝状，雄成虫双栉齿状，分枝较长。复眼灰绿色，有黑色斑纹。头、胸部褐色，下唇须第2节外侧有黑斑，颈板中部有一条黑横纹。前翅褐色，外横线以内的前缘区及中室暗褐色，基线双线褐色，仅达于亚中褶，内横线双线黑色，波浪形。剑纹窄小，黑边。环纹黑色，圆形，黑边。肾纹大，褐色，黑边。外侧有一块黑斑近达外横线。中横线褐色，外横线双线褐色，锯齿形。亚缘线淡褐色，锯齿形。外侧暗褐色，缘线为一列黑点。后翅淡黄褐色，端区较暗，外缘具有很宽的黑褐色边。

2. **卵**　半球形，高 1.5mm 左右，宽 1.8mm 左右。初产卵为浅黄色，以后渐变为褐色，孵化前变为灰褐色。

3. **幼虫**　老熟幼虫体长 40～60mm，体黄褐色，体表面多皱纹，微小颗粒不甚明显。头部黄褐色，中央具一对黑褐色纵纹。唇基为等腰三角形，底边大于斜边。腹部的各腹节 2 片毛与 1 片毛大小相似。气门为长卵形，黑色。腹部末端的臀板除末端的两根刚毛附近为黄褐色外，其余部分为一整块深色斑，并具有全面布满龟裂状的皱纹。腹足趾钩由 9～18 个组成，一般不超过 20 个以上。臀足趾钩间或个体可达 20 个以上。

4. 蛹　体长 23～29mm，宽 10mm 左右。初化蛹为淡黄褐色，以后渐变为红褐色，羽化前为黑褐色。下颚末端约与翅芽末端相齐，伸达第 4 腹节后缘。腹部第 1～3 腹节侧面有明显横沟。第 3～5 腹节明显较中胸及第 1、2 腹节要粗，第 4～7 腹节前缘密布刻点，由背面中央至气门的刻点较大且大小相近，腹部末端的臀棘呈三角形，具有短刺 1 对。

生活史及习性

大地老虎在我国各地均 1 年发生 1 代，各地均以幼虫于表土层或草丛根际越冬。越冬幼虫于次年 4 月间开始活动为害，6 月间老熟幼虫在土下 3～5cm 处筑土室成椭圆形于内越夏，越夏期长达 3 个月左右。8 月下旬老熟幼虫开始化蛹，9 月上旬进入化蛹盛期。9 月中旬末进入末期。蛹期通常 30 天左右，9 月中旬开始羽化为成虫，9 月下旬至 10 月上旬为成虫羽化盛期，10 月中旬进入末期，成虫羽化后需补充养分才行交尾与产卵。通常交尾 2 天后即可产卵。10 月上旬为产卵初期，10 月中旬为产卵盛期，产卵末期为 10 月底，产卵期平均为 8 天左右。成虫寿命 20 天左右。卵期 25 天左右，幼虫于 10 月下旬开始孵化出现。危害至 11 月间越冬。

大地老虎的成虫趋光性不强，但有较强的趋化性，尤其对糖、醋、酒液更加嗜好，喜食花蜜，不善高飞，受惊扰后则飞窜。成虫昼伏夜出，卵多散产于土表或生长幼嫩的杂草上，也可产在植株的茎叶上。单雌产卵 650～1 500 粒。平均产卵为 990 粒。幼虫 4 龄以前不入土蛰伏，常于草丛间啃食叶片，4 龄以后的幼虫白天伏于表土下，夜间出来活动为害。幼虫有滞育越夏的习性。以第 3～6 龄幼虫越冬。如气温上升至 6℃以上时，越冬幼虫仍能活动取食，越冬后的幼虫，由于龄期较大，食欲旺盛，因而是全年发生与危害的最盛时期。

越冬幼虫有很强的抵抗低温的能力，在零下 10℃ 时仍能存活，甚至个别年份在零下 14℃ 时越冬幼虫仍能正常越冬。无一头死亡的现象。越夏幼虫对高温虽有较高的抵抗能力，但由于土壤湿度过干、过湿或土室受耕作等有关农事操作而受到破坏，死亡率很高，这可能是在长江流域一带大地老虎种群受到抑制的主要原因之一。通常大地老虎在绿肥茬或套种棉田的地块发生重，而在冬闲田或棉麦套种地块发生轻。

防治方法

参照小地老虎。

果红裙扁身夜蛾 ｜ 学名：*Amphipyra pyramidea* Linnaeus
别名：黑带夜蛾

分布与危害

国内分布于东北、华北、华中、华南等地；国外分布于欧洲、前苏联、日本、印度、伊朗。寄主有苹果、核桃、梨、桃、樱桃、葡萄、栎、胡桃、枫、杨、柳、榆、榛、桦等

多种林木、果树。

　　以幼虫取食寄主的叶片与果皮，初孵化的幼虫啃食叶肉，残留表皮，被害叶片常呈现纱网状，幼虫稍大后则蚕食叶片，被害处呈缺刻和孔洞，幼虫也可取食危害果皮，被害果的果面呈现许多坑凹不平的伤痕。被害寄主树势受到影响，果品质量下降。

形态特征（图88）

　　1. 成虫　体长20～27mm，翅展50～63mm。头部及胸部为棕褐色。下唇须外侧色较深。腹部黑褐色。触角丝状。前翅暗赭色，常带有紫色。基线双线黑色，内一线粗，色浓。内横线双线黑色，锯齿形，外一线粗。环纹白色，扁圆，有一黑条伸至外横线。中横线模糊，黑棕色。外横线双线黑色，后半锯齿形，线间灰黄色。前缘外侧有一条灰黄纹。亚缘线灰黄色，内侧黑棕色。缘线为一列灰黄点。后翅红赭色，顶角处带棕色，前缘暗棕色，翅的反面暗褐带黄色，横脉纹及外线暗褐色。

　　2. 卵　半球形，淡黄色，近孵化时为深红色。

　　3. 幼虫　老熟幼虫体长40mm左右，青绿色，头部黄绿色。头顶、前头与上颚青白色。背线白色，亚背线黄白色，中胸之后各节呈斜细纹，其左右具小黑点。气门线青白色，具黄白色小点，中胸与第1腹节常消失。气门椭圆形，白色，围气门片黑色。第8腹节背面有一个锥形大突起，状似尾角，向后斜倾，尖端硬化为红褐色。胸足3对，发达。腹足4对。臀足1对。

　　4. 蛹　体长26～30mm。赭色。茧呈椭圆形，质地疏松。

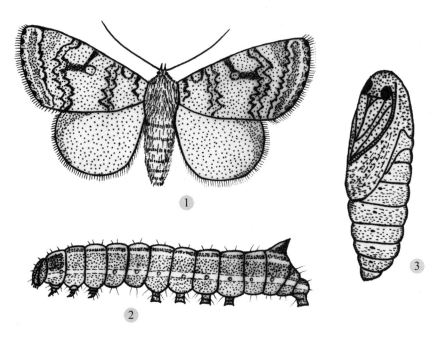

图88　果红裙扁身夜蛾

1. 成虫；2. 幼虫；3. 蛹

生活史及习性

此虫1年发生1代，以幼龄幼虫于寄主的树皮缝隙处、剪锯口处、树杈皱缝内以及伤疤等处越冬。越冬幼虫于次年春季寄主萌动露绿后，开始陆续出蛰活动与为害。取食寄主的幼芽、嫩叶、花蕾及花，长大后的幼虫则蚕食叶片的叶缘，被害部位出现缺刻与孔洞，并可啃食果实的果皮。幼虫危害至5月下旬开始陆续老熟，并吐丝缀叶于卷叶内结薄茧化蛹，蛹期通常为10天左右。6月间陆续出现成虫。

成虫白天潜伏，夜间活动，有明显的趋光性，尤其对高压汞灯及黑光灯的趋性更强。成虫也具有趋化性，对糖液、酒液、醋液极为嗜好。成虫交尾多在下午至夜晚12：00前进行。交尾前需要经数日的营养补充。交尾后通常1天即开始产卵。卵大多数产于叶片背面靠近主脉的附近，但叶片也有卵粒。卵经过7天左右即开始孵化。孵化后的幼虫取食为害至秋后便开始寻找适当的场所越冬。

防治方法

1. 农业防治 冬季或早春，结合园内管理和防治其他病虫害，进行人工刮树皮、堵树洞、封闭剪锯口等伤疤处，并将刮下的树皮集中处理，消灭其中的各种越冬虫害。

2. 物理防治 于成虫羽化初盛期，结合预测预报，于林间设置高压汞灯或黑光灯，诱杀成虫。也可于成虫发生初盛期，于林间设置各种糖醋盆，诱杀成虫，也有一定的防治效果。

3. 化学防治 于次年4~5月间幼虫出蛰活动初盛期及7月间幼虫孵化、初盛期，结合防治林间其他害虫，于树上喷药，有明显的防治效果。常用药剂有：50%辛硫磷乳油、50%杀螟松乳油、80%敌敌畏乳油均使用1 500倍液，或20%灭扫利乳油（可兼治叶螨）、2.5%敌杀死乳油、2.5%功夫乳油、20%速灭杀丁乳油均以常规浓度对此幼虫均有明显的毒杀能力。另外，50%辛硫磷乳油及2.5%功夫乳油对卵有特效。

大蚕蛾科（Saturniidae）

体型粗大，翅展为150~210mm，是蛾类最大的一类，成虫体色鲜艳，五彩缤纷或粉翠缟素。有些种类两条尾带可长达70~85mm。因而有"凤凰蛾"之称。成虫触角栉齿状，翅中通常有透明的眼斑。喙不发达，无翅缰，但后翅的肩角发达，某些种类的后翅上有飘带形燕尾。通常雄蛾比雌蛾的个体稍小些。前翅M_2基部在M_1与M_2中间或接近M_1，后翅$S+R_1$与R_s彼此不相连接。

成虫通常白天栖息于枝叶间，夜间出来活动。幼虫体型肥大，圆筒形，色泽鲜艳。体被长短相仿的枝刺或具有小毒刺。幼龄幼虫有吐丝下垂、随风飘荡、转换寄主的习性。老熟幼虫能吐丝结茧。

本科昆虫在亚洲有50余种，目前我国已记载有28种，其中有些种类是林木、果树的主要害虫。

绿尾大蚕蛾

学名：*Actias selene ningpoana* Felder

别名：水青蛾、长尾月蛾、大水青蛾、燕尾水青蛾

分布与危害

国内分布于黑龙江、吉林、辽宁、河北、北京、山西、河南、陕西、江苏、浙江、湖北、湖南、广西、广东、福建、台湾等地；国外分布于马来西亚、印度、斯里兰卡、缅甸、日本。寄主有核桃、苹果、枣树、梨树、沙果、海棠、杏、樱桃、葡萄、栗、杨、柳、枫、乌桕、喜树、榆等多种园林植物。

以幼虫取食危害寄主植物，常以幼虫蚕食寄主的叶片，将叶片吃成缺刻与孔洞，严重发生时，可将叶片吃光，仅残留叶柄，严重影响树体的生长与发育。

形态特征（图89）

1. **成虫** 体长32～38mm，翅展90～150mm。体白色，间或豆绿色。触角为显著的双栉齿状，分支以雄蛾的最长。触角为黄褐色，触角间具一横带。复眼球形黑色。体表具有浓厚白色绒毛。头部、胸部及肩板基部的前缘有暗紫色横切带。翅粉绿色或豆绿色，翅的基部有白色绒毛。前翅前缘暗紫色，混杂有白色鳞片，翅的外缘黄褐色，中室末端具有眼斑一个，中间有一条长透明带。外侧黄褐色，内侧内方橙褐色，外方黑色，翅脉较为明显，灰黄色。后翅于中室端有一块眼斑，形状、颜色与前翅中室末端的眼斑相同，后翅臀角特化为长40mm左右的尾状突。后翅尾角生有浅黄色鳞片，间或个体的鳞片略带紫色。足为紫红色，腹面稍浅，间或近褐色。

2. **卵** 近球形，稍扁平，直径为2mm左右，初产卵为绿色，以后渐变为褐色。

3. **幼虫** 老熟幼虫体长80～100mm，淡红色或黄绿色。体粗壮，近六角形，各体节上生有5～8个毛瘤，前胸5个毛瘤，中、后胸各8个毛瘤，腹

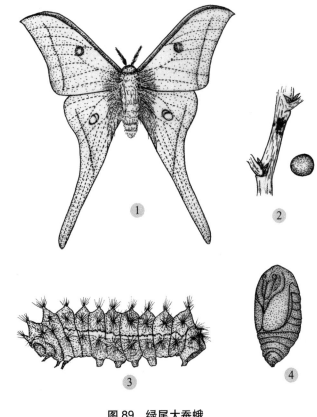

图89 绿尾大蚕蛾

1. 成虫；2. 卵；3. 幼虫；4. 蛹

部各节均为6个毛瘤。每个毛瘤上生有数根褐色短刺和白色刚毛。中胸、后胸与第8个节背面的毛瘤稍大于其他部位的毛瘤，其顶端均为黄色，基部褐色，其他部位的毛瘤基部棕褐色，端部蓝色。

头部绿褐色，头较小，宽仅为5.5mm，第1～8腹节的气门线上边赤褐色，下边黄色，气门筛淡黄色，围气门片橙褐色，外围有淡绿色环。体腹面为褐色，臀板中央及后缘有紫褐色斑，胸足棕褐色，尖端褐色。腹足端部棕褐色，上部有黑色横带。1～2龄幼虫为黑色，第2～3龄胸节及第5～6腹节橘黄色，前胸背板黑色。3龄幼虫全体为橘黄色。4龄幼虫开始逐渐变为嫩绿色。

4. 蛹　体长40～50mm。卵形，初化蛹为赭色，以后渐变为紫褐色。额区具一块浅黄色三角斑。

5. 茧　长径50～55mm，短径25～30mm。灰褐色，长卵形，全封闭形，质地疏松。茧外常附有寄主叶片。

生活史及习性

此虫1年发生的代数各地不一，东北地区1年发生1代；河北、山西、山东、河南等地一年发生2代；江苏个别地区1年发生3代；广西、广东、云南等地分别有不完全的4代，各地均以蛹于茧内越冬。越冬茧常分布于树皮裂缝或寄主附近的地被物下。各地各代成虫发生期分别在5月、7月、9月和10月间。

1年发生2代区，越冬蛹于4月中旬至5月上旬羽化和产卵。第1代幼虫于5月上中旬孵化，6月上旬开始老熟化蛹，6月中旬达化蛹盛期，第1代成虫于6月下旬至7月初出现。第2代幼虫7月上旬开始孵化，为害至9月底10月初开始老熟结茧化蛹。

成虫羽化不久即开始交尾与产卵。羽化时间常在中午前后及傍晚，羽化前分泌棕色液体溶解茧丝，然后由此溶角处钻出。羽化后的当天20：00～21：00至凌晨2：00～3：00交尾。交尾历时2～3时不等。次日夜晚即开始产卵，产卵历期6～9天。产卵量为250～300粒，一般无遗腹卵。雄成虫平均寿命为6～7天，雌成虫平均寿命为10～12天。

卵常成堆状或平排数粒地产于寄主的枝干上、枝杈上、叶背面，间或也产于树下土块、草丛等处，卵的孵化率很高，但不整齐，同一天产的卵可相差2～3天孵化。卵期7～15天不等。通常第1代卵期为15天左右，第2代为10天左右，第3、4代卵均为7天左右。

1龄幼虫与2龄幼虫具有群集危害的习性，并较活泼，3龄以后开始分散为害，且食量增大，行动迟缓，取食完一片叶子后再转害相邻叶片，逐叶逐枝取食为害，仅残留叶柄，极易发现。幼虫共5龄，历期35～45天，可取食100余个叶片，幼虫为害至老熟后寻找适当的场所结茧化蛹，非越冬蛹历期为15～20天，越冬蛹历期为180天左右。越冬茧与非越冬茧的部位略有不同，非越冬茧多数在树枝条上，少数在树干下部；越冬茧基本在树干下部分杈处。

成虫有明显的趋光性，白天潜伏，夜间活动，飞翔力强。

防治方法

1. 农业防治　果树休眠期防治寄主落叶后与发芽前清理林间的枯枝落叶，同时结合修剪摘除树上的越冬茧蛹，并集中烧毁或深埋，消灭其越冬蛹。幼虫发生期防治结合园内或林间管理，进行人工捕杀幼虫，由于此幼虫初龄时有群集危害的习性，稍大后有逐枝取食的习性，因此极易发现。

2. 物理防治　成虫发生期防治结合防治其他有趋光性的害虫，于林间设置高压汞灯、黑光灯，诱杀成虫；或利用性激素诱杀雄蛾；或进行人工捕杀成虫及其所产的卵块。

3. 化学防治　药剂防治结合防治其他食叶或卷叶性害虫，于幼虫孵化初盛期树上喷药防治，常用农药为 B.t.、阿维菌素、灭幼脲 3 号、敌百虫、杀螟松、赛丹以及有机磷农药、菊酯类农药等，混配使用效果更佳。

4. 生物防治　保护和利用天敌此虫卵期的天敌有赤眼蜂，其寄生率高达 50% 以上，因此有条件的地方可于卵期释放赤眼蜂，每次 5 万头左右。

柞蚕 ｜ 学名：*Antheraea pernyi* Guérin-Meneville

分布与危害

分布于东北、华北、华东、华中等地区。寄主有核桃、栎类、苹果、山荆子、栗、山楂、胡桃、柞树、樟树、蒿柳、桦、枫、法桐等多种林木、果树。

以幼虫取食危害寄主植物。以幼虫蚕食寄主叶片，将叶片吃成缺刻或孔洞，严重时可将叶片吃光，仅残留叶柄，严重影响寄主的生长与发育。

形态特征（图 90）

1. 成虫　体长 30～45mm，翅展 110～130mm。体翅黄褐色，复眼球形，黑褐色。触角短羽状，各节上具有暗色环，肩板及前胸前缘紫褐色。前翅前缘紫褐色，间杂有白色鳞毛。顶角突出较尖，稍向下弯。前、后翅内横线白色，外侧褐色或紫褐色，以中室后缘为界分为不相联的两段。外横线黄褐色，通过眼状斑。亚端线褐色或紫褐色，外侧有白边，斜向伸达顶角变的模糊。顶角部位白色极显，中室末端有较大的透明眼斑，眼圈外围有白色、黑色、紫红色的轮廓。后翅斑纹和横线与前翅相似，但后翅中室末端的透明眼斑，其四周的黑色轮廓明显，内线前半端不明显且不易看出白边。翅反面的亚端线很细，其外侧具有一列灰褐色半月形斑纹。

2. 卵　扁椭圆形，长径 2.9mm 左右，短径 2.4mm 左右。卵壳乳白色至灰白色，外面被有浅色至深褐色胶质物。

3. 幼虫　老熟幼虫体长 80～97mm。浅黄绿色至绿色。头部褐色，密布小黑点。上唇缺刻极显。各体节均具有 3 对瘤状突，各瘤状突的末端膨大，上生有数根刚毛，瘤状突以亚背线上的为最大。腹部气门上线为褐色或紫红色纵线，间或也有白色纵线。腹线紫红色，气门圆形，气门筛浓褐色。围气门片无色。胸足与腹足俱全。初孵化的幼虫，其头部为红褐色或褐色，体黑色。2龄体色多变。

4.**蛹**　体长35～45mm。椭圆形，初化蛹为浅绿色，以后逐渐变为褐色或黑褐色。头小，顶端乳白色，复眼被触角覆盖，前翅芽伸达第4腹节后缘。

5.**茧**　长40～50mm。长椭圆形，黄褐色。

生活史及习性

　　此虫1年发生2代，以茧蛹于树干粗皮裂缝处、枝杈处、枯枝落叶下及地被物处、杂草丛内越冬。次年4月间和7月间成虫羽化，5月间、6月间为第1代幼虫发生危害期，8～9月间为第2代幼虫发生危害期。危害至秋末，以老熟幼虫在适当的场所进行越冬。

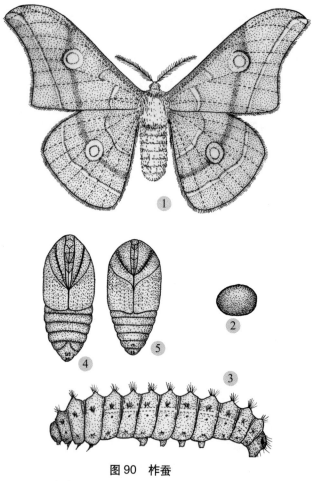

图90　柞蚕
1.成虫；2.卵；3.幼虫；4.雄蛹；5.雌蛹

　　成虫白天潜伏夜间活动，飞翔力不强，羽化后的次日即开始交尾和产卵。卵常数粒或几十粒无规则地排列于寄主的枝干或叶片上，雄成虫寿命6～7天，雌成虫寿命10～12天。第1代卵期为12天左右，第2代卵期为8天左右。

　　刚孵化的幼虫有取食卵壳的习性，幼虫喜光，尤其以1龄幼虫更为明显，常栖息于或取食活动于枝干或树顶等易见阳光的部位，取食时先食寄主顶端，而后逐渐由上向下取食危害，并且有取食蜕皮壳的习性，即刚蜕皮的幼虫先食掉蜕皮后再取食寄主叶片，幼虫大多为5龄，间或有6龄者，幼虫历期50～60天。蛹期15天左右。卵的孵化率极高，但不整齐，同日内产的卵的孵化期可相差2天左右。

防治方法

1.**农业防治**　冬季或早春可结合清理果园、修剪等，人工摘除和捡拾越冬茧，然后

集中烧毁。于成虫产卵高峰期及卵孵化高峰期，人工摘除卵块或初孵幼虫，可收到一定的效果。

2. 化学防治 幼虫发生初期，可结合防治其他卷叶类害虫进行用药，均可起到明显的防治效果。

3. 生物防治 保护和利用天敌，此虫的天敌资源丰富，幼虫期有步行虫、螽蟖、螳螂、蜂类及食虫螨类，另外还有柞蚕饰腹寄蝇和寄生蜂，此外还有病毒、细菌及线虫等寄生，对此虫的控制均能起到一定的作用，应加以保护和利用。

银杏大蚕蛾 | 学名：*Dictyoploca japonica* Butler
别名：白果蚕、白毛虫、核桃楸大蚕蛾

分布与危害

国内分布于东北、广西、四川、云南等地。寄主有核桃、银杏、核桃楸、栗、苹果、梨、栎、李、胡桃、柳、樟、楸、榛、杨、板栗、榆、瑞木、枫等多种林木、果树。

以幼虫取食危害寄主植物。将寄主的叶片吃成缺刻与孔洞，严重危害时仅残留叶柄。

形态特征（图91）

1. 成虫 雌成虫体长 32～40mm，翅展 90～150mm。体灰白色、灰色、灰褐色、黄褐色或紫褐色。触角栉齿状。前翅内横线赭色，外横线暗褐色，两线的近后缘处相接近，中间形成较宽的银灰色区，中室端部有半圆形透明斑，在翅的反面透明斑成眼珠形，周围有白色或暗褐色轮纹。顶角向前缘处有黑色斑。后角有白色半月形纹。后翅从基部到外横线间有较宽的红色区，亚外缘区橙黄色，外缘线灰黄色。中室端有一大圆形眼斑，中间黑色

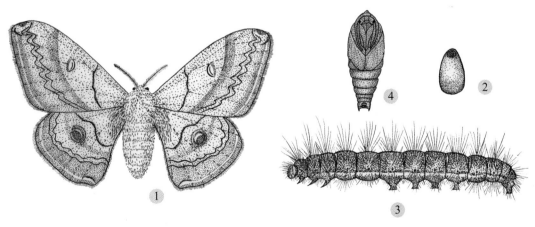

图91 银杏大蚕蛾
1. 成虫；2. 卵；3. 幼虫；4. 蛹

（在翅的反面无珠形），外围有一灰橙色圆圈及银白色线两条。后角有一半月形白斑，外侧暗褐色。前翅与后翅的亚外缘线由两条赭色的波状纹组成。雄成虫体长 25～40mm，翅展 90～125mm，触角羽状，颜色较雌成虫深，其余特征与雌成虫相仿。

2. 卵　卵圆形，似柱状。长径 2.0～2.4mm，短径 1.3～1.6mm。灰褐色，卵壳表面有明显的褐色花纹，在卵的一端有圆形黑斑，当幼虫孵化时，即由此处爬出壳外。

3. 幼虫　初孵幼虫体长 5.0～8.0mm，体背黑色，胸部与腹部各节均有 3 对毛瘤，分别位于亚背线、气门上线与气门下线，毛瘤上有 4～8 根黑色刺状刚毛，气门线灰白色。2 龄幼虫体长 14～16mm。体背面黑色，胸部及腹部各节的毛瘤均为黑色，瘤上生有黑色短刺状刚毛，间或有 1～2 根白色长毛，气门线为淡绿色。3 龄幼虫体长为 20～30mm，体上出现散生的白色长毛，其余特征与 2 龄幼虫相同。4 龄幼虫体长 35～45mm，多数体背面为黑色，少数体背面出现白色斑块，间或个体的背面为全白色，毛瘤变为白色，体上白色长毛显著增加，气门上线为绿色，气门下线黄色。5 龄幼虫体长 55～75mm，体背面为白色，气门下线以下至腹面黄绿色，间或有黑斑。体毛多为白色长毛，毛瘤上的白色长毛中间有 1～2 根黑色长毛及 4～6 根黑色短刺状刚毛。6 龄幼虫体长 80～110mm，头部黄褐色，体背灰白色，腹面绿色，间或有不规则的黄黑斑，腹线白色，体毛多为白色长毛，毛瘤上的长毛与刚毛同 5 龄幼虫的相同，气门下线的毛瘤周围呈深黄色。

4. 蛹　体长为 30～55mm。黄褐色，雄蛹通常较雌蛹小。第 4 腹节至第 6 腹节后缘有黑褐色环带 3 条，彼此相互间隔。

5. 茧　长为 60～80mm，长椭圆形，质地疏松，呈网状，黄褐色，结茧处常黏附有寄主的枝叶与碎片。

生活史及习性

此虫 1 年发生 1 代，以卵越冬。我国北方越冬卵于 5 月上旬开始孵化，5 月间和 6 月间为幼虫发生危害期，6 月中旬至 7 月上旬幼虫陆续老熟，开始结茧于内化蛹，8 月中旬和下旬成虫开始羽化。1 年发生 2 代区，越冬卵于次年 3 月下旬至 4 月上旬开始孵化，7 月间发生第 1 代成虫，11 月间发生第 2 代成虫。

成虫羽化多在 17：00～20：00 进行，少数于清晨 5：00～6：00 发生。展翅后的当晚或次日夜间开始交尾，交尾历期为 24 小时左右，交尾后的 15 小时开始产卵。卵通常产于茧内，老树皮下或缝隙处。卵聚集成堆，每头雌成虫产卵量为 200～300 粒，平均 250 粒左右，卵期 10～15 天。成虫有明显的趋光性，昼伏夜出，有较强的飞翔能力。雄成虫寿命平均 7 天左右，雌成虫寿命平均 10 天左右。

初孵化的幼虫常群集于或栖息于茧内外及枝干缝间，白天气温适宜时爬上枝干取食新叶，常数十头或十余头群集一个叶片上食害，气温高时则停止取食。1 龄和 2 龄幼虫只能从叶片边缘咬食，被害叶片出现缺刻，但食量甚微，3 龄与 4 龄幼虫开始分散取食，食量明显大于 1、2 龄幼虫，快要蜕皮时，常数头幼虫挤压在一起。5 龄和 6 龄幼虫分散危害，且食量大增，被害状极为明显，中午炎热时，有沿树干爬下至荫凉处停息或喝水的习性。

幼虫共 6 龄，历期 30~50 天，老熟后转移至枝叶间或下树于杂草间与灌木丛中缀叶结茧化蛹。

防治方法

1. **农业防治** 冬季和早春可结合刮树皮、清理果园或林间杂草，消灭越冬卵，可收到明显的防治效果。秋、冬季在树干基部（从地面到树干 1.5m 处）用石灰浆或石硫合剂涂干，可消灭卵块。

2. **物理防治** 成虫发生期，于园内或林间设置黑光灯、高压汞灯或其他灯光诱杀成虫，可收到明显效果。

3. **化学防治** 幼虫孵化初盛期，结合防治其他园内食叶性害虫进行化学防治，采用无公害农药进行防治，可用 5% 杀铃脲悬浮剂 1 500~2 000 倍液、1.8% 阿维菌素乳油 2 000~3 000 倍液、质量浓度为 1.2% 的苦·烟乳油 1 000 倍液、质量浓度为 3% 的高渗苯氧威乳油的 500 倍液喷雾；采用生物防治效果也很好，如用白僵菌、苏云金杆菌（B.t.）混合粉剂林间撒施；用敌敌畏、敌杀死、天王星、灭扫利、有菊酯类农药、有机磷农药或混配使用，以常规浓度均有明显的防治效果。

4. **生物防治** 注意保护利用天敌，此虫的卵和蛹有多种寄生蜂和寄生蝇寄生，越冬卵的寄生蜂有赤眼蜂和黑卵蜂。

樟蚕

学名：*Eriogyna pyretorum* Westwood
别名：枫蚕

分布与危害

此虫我国有 3 个地理亚种：*Eriogyna pyretorum pyretorum* Westwood 分布于东北及华北一带，以蛹越冬；*Eriogyna pyretorum cognata* Jordan 分布于华东一带，以蛹或卵越冬；*Eriogyna pyretorum lucifera* Jordan 分布于四川等地，以卵越冬；国外分布于前苏联、印度、越南等地。寄主有核桃、板栗、喜树、沙梨、番石榴、银杏、枇杷、麻栎、樟、枫杨、枫香、野蔷薇、乌桕、槭、漆树、冬青等多种园林植物。

以幼虫危害寄主植物，常将叶片吃成缺刻和孔洞，同时还可食害叶柄与嫩茎，严重影响树体的生长与发育，初龄幼虫危害不甚明显。

形态特征（图 92）

1. **成虫** 体长 29~34mm，翅展 95~105mm。体翅灰褐色，前翅基部暗褐色，呈三角形。前翅与后翅上各有一纹，外层为蓝黑色，内层外侧有浅蓝色半圆形纹，最内侧为土黄色圈，其内侧为棕褐色，中间为新月形的透明斑，前翅的顶角外侧有紫红色纹 2 条，内侧有黑褐色短纹 2 条。内横线为棕褐色。外横线为棕色，双锯齿形。亚缘线呈断续的黑褐斑。缘线为灰褐色，两线间为白色横条。后翅与前翅略相同，但色泽稍浅，眼纹也较小。

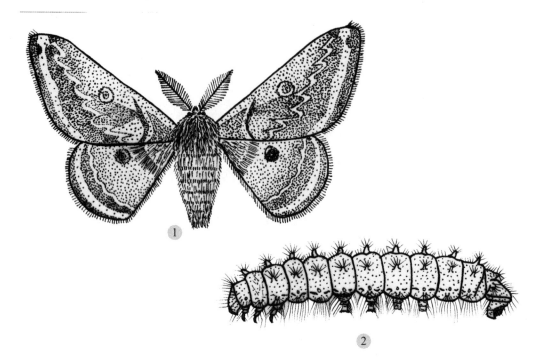

图92　樟蚕
1. 成虫；2. 幼虫

胸部的背面及腹面与末端密被有黑褐色绒毛。腹部的各节间有白色环状毛纹。

2. **卵**　乳白色，圆筒形，长径为 2mm 左右，短径为 1mm 左右。常数粒或数十粒紧密排列成块，卵面上覆盖一层厚厚的灰黑色雌成虫腹部末端的毛片。

3. **幼虫**　共 8 龄。老熟幼虫体长 85～100mm。头部绿色。身体为黄绿色，背线、亚背线、气门线的颜色较淡。腹面为暗绿色。背线及亚背线、气门上线、气门下线以及侧腹线部位每体节上有枝刺，顶端平、中央下凹，四周围有褐色小刺 5～6 根，各体节之间的颜色较深；胸足为橘黄色，腹足略呈黄色，气门筛为黄褐色，围气门片为黑色。各龄幼虫体长分别为：第 1 龄为 5～7mm；第 2 龄为 10～13mm；第 3 龄为 16～24mm；第 4 龄为 31～35mm；第 5 龄为 36～39mm；第 6 龄为 43～46mm；第 7 龄为 52～58mm；第 8 龄为 62～65mm。

4. **蛹**　体长 27～34mm，深棕褐色，稍带黑色。纺锤形，全体坚硬，额区具有一个不太明显的近方形浅色斑；腹部末端具臀棘 16 根。

5. **茧**　长椭圆形，灰褐色。

生活史及习性

此虫 1 年发生 1 代，以蛹于茧内越冬。第二年 2 月底 3 月初成虫开始羽化，3 月中旬为成虫羽化盛期，3 月底为成虫羽化末期。3 月上旬成虫开始产卵，卵期为 10 天左右，但也有 30 天的个体。3 月中旬到 7 月间为幼虫发生危害期。在广西，各龄幼虫的历期分别为：

第 1 龄 6～11 天；第 2 龄 3～9 天；第 3 龄 5～10 天；第 4 龄 8～13 天；第 5 龄 9～15 天；第 6 龄 10～14 天；第 7 龄 11～14 天；第 8 龄 11～18 天，幼虫历期 52～78 天，在浙江为 80 天左右，6 月份开始结茧化蛹。

成虫羽化一般多在傍晚或清晨进行，羽化期可持续 25～35 天。成虫白天通常栖息于隐蔽的枝叶或灌木与草丛中，夜间出来活动。有很强的趋光性，尤其对黑光灯与高压汞灯，上灯数量以夜间 21：00 左右为最多，所诱得的成虫，其雌雄性比接近 1：1，间或雌成虫略多于雄成虫。成虫飞翔力弱，一次飞行距离不足 10m，然后稍作休息后再飞。成虫交尾多于夜间进行，交尾历时通常为 5 小时左右。大多可交尾持续到天亮。交尾后 1～2 天开始产卵，产卵时间多发生在清晨，间或个体也可在白天进行。卵大多成堆产于树干或树枝上，少数也见散产。每卵块通常有卵 50 粒左右，每雌成虫可产卵 250～420 粒。卵块上密被有雌成虫腹末脱落下来的绒毛。

幼虫孵化多在 8：00～16：00 进行，幼虫孵化时先咬破卵壳钻出，钻出的幼虫先在卵壳上或卵壳附近稍作休息后，再爬行至叶片上，并栖息于叶片背面主脉两侧，约经过 4～5 个小时后（少数则需经一天多）即开始取食为害，1～3 龄幼虫具有群居性，4 龄后的幼虫便开始分散为害。1～2 龄幼虫取食时，常用腹足与臀足攀握叶片，用胸足抱住叶缘，把叶片吃成缺刻，最后只剩主脉与叶柄，3 龄与 4 龄幼虫则用腹足与臀足固着于叶柄上取食。5 龄幼虫则一般固着于小枝上，然后伸长体躯以胸足抓住叶片取食，叶片吃光后，还可吃叶柄与嫩茎。幼虫在蜕皮前通常停止取食，并在固着处吐少量丝再蜕皮。幼虫身体长大，叶片无法支撑时，则爬至叶柄或枝条上，受惊时虫体紧缩，但不假死落地。幼虫经常中午前后在树干上爬行活动，间或转移取食。老熟幼虫先在树干或分权处作茧，结茧通常在傍晚或午后开始，从吐丝到作成茧一般需要 24～48 小时。经过 8～12 天的预蛹期，幼虫即进入化蛹。

防治方法

1. **物理防治** 成虫发生期于林间设置高压汞灯，黑光灯或其他灯光诱杀，此项工作可结合预测预报进行。产卵高峰期或幼虫孵化初盛期，可结合捕杀其他害虫进行人工摘除卵块或初孵幼虫。冬季或早春可结合刮树皮，采拾茧蛹。如果做得细致，可大大降低虫口密度。

2. **化学防治** 于幼虫 3 龄前用药防治，其效果可达到 90% 以上。常用农药如菊酯类农药或有机磷农药等，以常规浓度使用即可。4 龄后可用 90% 敌百虫晶体 500 倍液、10% 氯氰菊脂 800～1 000 倍液喷洒，也可用 50% 马拉硫磷乳油、80% 敌敌畏乳油 1 000～1 500 倍液喷洒，吡虫啉粉剂按 12kg/hm^2 以上用药量进行机动喷粉。如混配使用，效果更佳。

3. **生物防治** 保护和利用天敌，樟蚕的天敌在卵期有赤眼蜂，幼虫期有 2 种姬蜂，一种为松毛虫黑点瘤姬蜂，另一种为松毛虫匙鬃瘤姬蜂。另外，还有家蚕追寄蝇及白僵菌，对此虫的自然控制作用显著，应加以保护和利用。

樗蚕

学名：*Philosamia cynthia* Walkeret Felder

别名：乌桕樗蚕蛾

分布与危害

在国内分布于黑龙江、吉林、辽宁、北京、河北、山西、山东、江苏、浙江、江西、四川、福建、台湾以及华南各地；国外分布于日本、朝鲜。寄主有核桃、柑橘、乌桕、臭椿、梧桐、槐、花椒、泡桐、悬铃木、含笑、香樟、冬青、盐肤木、枫杨、蓖麻等多种园林植物以及一些农作物。

以幼虫危害寄主植物，常将叶片吃成缺刻，严重危害时，还可食害叶柄和嫩茎，严重影响树体的正常生长与发育。

形态特征（图93）

1. **成虫**　体长20～30mm，翅展115～125mm，头部四周、颈板前端、前胸后缘、腹部背线、侧线及末端均为白色。前翅褐色，顶角圆而突，粉紫色，具一黑色眼状斑，斑的上边白色弧形，前、后翅中央各具有一个新月形斑，新月形斑上缘深褐色，中间半透明，下缘土黄色，外侧具一纵贯前、后翅的宽带，宽带中间粉红色，外侧白色，内侧深褐色，基角褐色，其边缘有一条白色曲纹。

2. **卵**　扁椭圆形，长径1.3～1.5mm，短径1.0～1.2mm左右，灰白色，卵壳上具褐色斑。

3. **幼虫**　老熟幼虫体长55～60mm，体粗壮，青绿色，被有白色粉末。头部、前胸与中胸及尾端较细，各体节的亚背线、气门上线与气门下线部位各具有一排显著的枝刺，亚背线上的枝刺较其余部位均大，在亚背线与气门上线间、气门后方、气门下线、胸足及腹足的基部有黑色斑点。气门筛浅黄色，围气门片黑

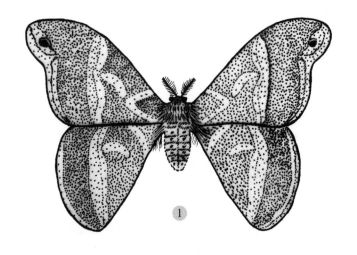

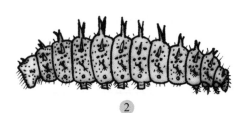

图93　樗蚕

1. 成虫；2. 幼虫

色，胸足黄色，腹足青绿色，端部黄色。

4. **蛹** 棕褐色，体长 26～30mm，宽 12～14mm，头顶与背面黑褐色。

5. **茧** 长 48～52mm，茧柄长 40～130mm。灰白色，橄榄形，上端开孔，常以一寄主叶包着半边茧。

生活史及习性

此虫 1 年发生 2 代，以蛹于树上（发生代为主）或树下灌木丛上（越冬代或发生代）结茧于内越冬。次年 5 月的上旬和中旬成虫发生羽化，第 1 代幼虫发生危害期为 5 月中旬至 6 月中旬，6 月下旬于寄主树干结茧化蛹。幼虫历期为 35 天左右。8 月间发生第 1 代成虫，第 2 代幼虫发生危害期为 9～11 月间，以后陆续老熟化蛹越冬。第 1 代蛹期为 35～45 天，第 2 代蛹期（越冬代），为 150～170 天。

成虫有趋光性，有较强的飞翔力，单雌产卵量为 300 粒左右。雄成虫寿命为 5～7 天，雌成虫寿命为 10～12 天。雌成虫在交配前能分泌较强的性信息素，用以引诱雄成虫前来交配。据研究，将雌成虫的双翅剪掉后，能提高雌成虫的交配率。

卵成堆产于寄主叶片背面，但排列不规则，初孵化的幼虫有群集危害的习性，3～4 龄幼虫开始分散为害，此间昼伏均可取食，并且由下而上逐叶逐枝为害。此虫有转移危害的习性。幼虫蜕皮后可将所蜕的皮全部食掉。幼虫老熟后于树上缀叶结茧于内化蛹，发生下一代，或由树上爬至树冠下及其附近的灌木丛内越冬。

防治方法

1. **农业防治** 冬季或早春结合清理园林杂草，将灌木丛中的越冬茧集中消灭，可压低虫口基数。

2. **物理防治** 成虫发生初盛期于园内或林间设置高压汞灯或黑光灯，诱杀成虫，也可和预测预报结合进行。

3. **化学防治** 采用药剂防治的关键是选择喷药的时间点。一般可以选择在幼虫的孵化盛期里，或者是幼虫的初龄阶段进行施药。在樗蚕幼虫为害初期，可以通过向树冠喷洒 1.2% 的烟参碱 800～1 500 倍液，0.5% 楝素杀虫乳油 600 倍液，或 25% 灭幼脲 3 号胶悬剂 1 500 倍液，或苏云金杆菌 800～1 000 倍液，或 10% 氯氰菊酯乳油 1 000～1 500 倍液，或 2.5% 溴氰菊酯乳油 2 000 倍液，或 20% 氰戊菊酯 2 000 倍液，或 90% 敌百虫 1 500～2 000 倍液，或 50% 辛硫磷乳油 1 000～1 500 倍液，或 30% 乙酰甲胺磷乳油 2 000 倍液，或 1% 阿维菌素乳油 2 000～3 000 倍液，或 5% 高效氯氰菊酯 2 000～3 000 倍液，或 80% 敌敌畏乳油 2 500 倍液等药剂来防治。

4. **生物防治** 注意保护和利用天敌。幼虫的天敌有绒茧蜂及喜马拉雅聚瘤姬蜂、樗蚕黑点瘤姬蜂、稻苞虫黑瘤姬蜂，应加以保护和利用。

枯叶蛾科 （Lasiocampidae）

中型至大型蛾类。身体粗壮，并且全体被有鳞片，大部分种类的后翅肩角发达，静止时形状很似一片枯叶，为此称之为枯叶蛾。雌成虫体粗而笨，雄成虫体略小而且活泼，且有较强的飞翔能力。大多种类为白天潜伏，夜间活动，有少数种类则在白天活动。触角为双栉齿状，但雄成虫触角较雌成虫粗。眼通常有毛，单眼通常退化或消失。喙不发达或退化，下唇须向前突出如喙。足通常多毛。胫距明显短，中足缺胫距。翅通常很大或普通，但缺翅僵。前翅 R$_4$ 分离很长，或与 R$_{2+3}$ 同柄，R$_5$ 与 M$_1$ 间或共柄，M$_2$ 出自中室下角，基部接近 M$_3$ 而远离 M$_1$，间或无 M$_2$。缺 Cu$_2$ 和副室。后翅前缘有小翅室（或称亚前缘室）和短脉（或称肩脉）。后翅的 2A 达外缘角。

卵光滑，圆形或鼓形，间或卵形。常在枝梢、针叶、小枝条等处产成带状圈（或似顶针状）、块状，卵上盖一层胶质物或鳞毛。卵通常夏季产下，次年春季寄主体液流动后开始逐渐孵化。或于秋季产下，次年孵化出壳。

幼虫中型至大型，多长毛，俗称毛毛虫。胸部第 2 背板与第 3 背板具有深色闪光的毒毛（触及人体肌肤会引起肿痛）。幼虫体色及花斑与蛾子翅面斑纹的变化均较大。前胸在足的上方有 1 对或 2 对突起。幼虫腹足发达，5 对。趾钩 2 序，中列式。

蛹光滑，没有臀棘，幼虫化蛹前，吐丝结茧，于茧体内化蛹。

本科种类分布广泛，尤以热带地区更为丰富。大都为果树与森林等多种园林植物的重要食叶性害虫。本科已知 2 000 种以上。

杨枯叶蛾

学名：*Gastropacha populifolia* Esper
别名：柳星枯叶蛾、柳毛虫

分布与危害

国内分布于东北、华北、华东、西北、西南等地；国外分布于欧洲、前苏联、朝鲜、日本。寄主有核桃、苹果、梨、杏、桃、樱桃、杨等多种园林植物。

以幼虫食害寄主植物。将寄主叶片咬成缺刻与孔洞，严重时将叶片吃光，仅剩叶柄和主脉。大发生年份，常将整个树的叶片吃光，导致树势衰弱，甚至枯死。

形态特征 （图 94）

1. 成虫　雌成虫体长为 30～40mm，翅展为 54～96mm；雄成虫体长为 25～35mm，翅展为 38～65mm。全体黄褐色，腹面色浅。头部与胸部的背面中央具暗色纵线 1 条。口器退化。复眼黑色，球形。触角双栉齿状，雄成虫的栉齿较长。前翅狭长，被有稀疏的黑色鳞毛。前翅的外缘与内缘呈波浪状弧形。前翅有 5 条黑色波浪状斑纹，近中室端具有 1 个黑色肾形小斑，前缘长，后缘短。后翅宽短，外缘弧形波状，翅上具有 3 条明显的黑色斑纹，前缘橙黄色，后缘浅黄色。后翅的翅面也均匀分布有黑色鳞片。体色及前翅的斑纹

图94　杨枯叶蛾

1. 雌成虫；2. 雄成虫；3. 蛹

变化较大，呈深黄褐色或黄色，翅面的斑纹间或模糊或消失。静止时极似一片枯叶。

2. **卵**　椭圆形或近球形。长径2.0~3.0mm，短径1.5~1.7mm。灰白色，卵的表面有绿色至黑色不规则斑纹。卵块上覆盖有灰黄色绒毛。

3. **幼虫**　老熟幼虫体长80~85mm，间或也有100mm左右的个体。头部为棕褐色，较扁平。体躯灰褐色，生有灰长毛，腹部两侧生有灰黑色毛丛。中胸与后胸背面有蓝黑色斑一块，斑的后方有赤黄色横带，斑上生有黑色刷状毛簇，且中胸者大而明显。第8腹节的背面中央有一较大的瘤突，四周黑色，顶部灰白色。第11腹节的背上有圆形瘤状突起。背中线为褐色，侧线为倒"八"字形的黑褐色纹，体躯侧面每节各有大小不同的褐色毛瘤一对，毛瘤的边缘呈黑色，上生有土黄色毛簇，各瘤的上方为黑色"V"形斑纹。气门为黑色，围气门片为黄褐色；体腹面扁平，浅黄褐色。胸足与腹足灰褐色，腹足间有棕色横带。

4. **蛹**　椭圆形，体长35~40mm，初化蛹为淡黄色，以后逐渐变为黄褐色，羽化前变为棕褐色至暗褐色，并被有白色粉末，翅芽伸达第4腹节的近后缘，触角伸达中足胫节的端部。

5. **茧**　长椭圆形，长40~55mm，丝质疏松，灰白色，略显黄色。

生活史及习性

杨枯叶蛾东北地区1年发生1代；华北地区1年发生1~2代；华东、华中1年发生2~3代；河南1年发生2代，少数地区3代。各地均以低龄幼虫于树皮缝隙、枯枝落叶、剪锯口、树洞等处越冬。在第二年的3月中旬至下旬，当日平均气温在5℃以上时，越冬幼虫开始出蛰活动，取食寄主的幼芽、嫩叶。4月中旬至5月中旬幼虫老熟后，吐丝缠缀叶片或于枝干缝隙内结茧化蛹，蛹期通常为10天左右。1年发生1代区，成虫于6~7月间发生；1年发生2代区，成虫发生期分别在5~6月间和8~9月间；1年发生3代区，成虫发生期分别在5月上旬至6月上旬、6月下旬至7月下旬、9月上旬前后。

成虫白天潜伏于寄主叶片下或其他荫蔽场所，夜间外出活动。成虫有明显的趋光性，静止时极似一片枯叶。成虫羽化后不久即开始交尾、产卵。卵常成堆且不规则地数粒或数十粒产于寄主的枝干或叶片上，亦有个体单产的。每头雌成虫产卵量为400~700粒左右，卵期为10天左右。成虫寿命为8天左右。

初孵化的幼虫停息于卵壳的附近不食不动，经过2~3个小时后便开始群集取食，3龄以后便开始分散为害，幼虫共8龄，幼虫历期30~40天左右。1年发生1代区，幼虫发生危害期为7~8月间；1年发生2代区，幼虫发生期分别在6~7月间和8~10月间；1年发生3代区，幼虫发生期分别在5月中旬至6月中旬、7月上旬与中旬和9月中旬至秋末。各地幼虫为害至秋末后，以3~6龄幼虫于适当场所越冬。越冬幼虫体色与越冬部位的体色相近，体扁平，因之潜伏于越冬场所不易发现。

防治方法

1. **农业防治**　结合冬季修剪、刮树皮、堵树洞，消灭越冬幼虫，可收到明显的防治效果。于成虫产卵盛期和卵孵化期，结合人工防治其他害虫，进行摘卵块与初孵化的群集幼虫。

2. **物理防治**　于成虫发生期在园林内设置高压汞灯或黑光灯诱杀成虫，也可结合预测预报进行。

3. **化学防治**　药剂防治3龄前的幼虫，常用农药有50%辛硫磷乳油、50%杀螟松乳油、80%敌敌畏乳油均为1 500倍液于树上喷药防治效果较好。或使用地亚农乳油1 000倍液、40%毒死蜱乳油1 000倍液、2.5%敌杀死乳油、20%杀灭菊酯乳油、2.5%功夫乳油、20%灭扫利乳油、10%联苯菊酯乳油各使用2 000倍液，防效均为显著，残效期均在1周以上。另外，50%辛硫磷乳油、2.5%功夫乳油、敌杀死乳油对卵均有特效。

李枯叶蛾
学名：*Gastropacha quercifolia* Linnaeus
别名：苹大枯叶蛾

分布与危害

国内分布于东北、华北、华东、华中、西北、中南、台湾等地；国外分布于欧洲、日

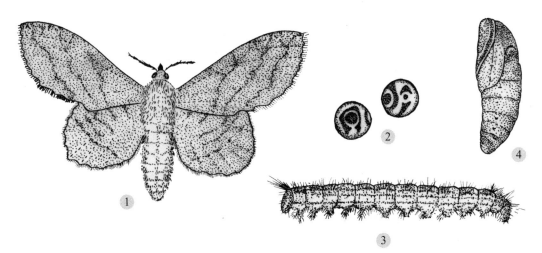

图 95　李枯叶蛾
1. 成虫；2. 卵；3. 幼虫；4. 蛹

本、朝鲜、蒙古、前苏联。寄主有李、梨、苹果、沙果、梅、桃、核桃、杏、樱桃、杨、柳等多种林木、果树植物。

以幼虫危害寄主植物，将树叶咬成缺刻与孔洞，严重危害时将叶片吃成光秃，仅剩叶柄与主脉。大发生年份，常将整个树枝上的叶片吃光。由此常导致树体衰弱，甚至干枯死亡。

形态特征（图 95）

1. **成虫**　雌成虫体长 40～45mm，翅展 60～84mm；雄成虫体长 30～35mm，翅展 40～68mm。身体与翅的色泽有多种多样，如茶褐色、深红褐色、黄褐色、褐色等各种颜色。头部色略淡，中央具有一条黑色纵纹。复眼球形，褐色。触角蓝褐色，双栉齿状。下唇须向前伸出，蓝黑色。前翅外缘波浪状较长，后缘较短。缘毛蓝褐色。前翅的中部有波浪状横线纹 3 条，外横线色浅，内横线黑褐色。中室具有十分明显的黑褐色斑点。后翅有 2 条蓝褐色斑纹，前缘处橘黄色。成虫静止时，后翅肩角与前缘部分突出，前翅呈屋脊状合拢，从外表看，极似一片枯叶。雄成虫腹部较雌成虫细。

2. **卵**　近圆形或球形，直径 1.2～1.5mm，绿色至绿褐色，卵壳表面具有白色花纹。

3. **幼虫**　老熟幼虫体长 90～105mm，暗灰色至暗褐色，疏生长、短毛，头部黑色，疏生有黄白色短毛。各体节的背面有两个红褐色的斑纹。胸部的第 2 节和第 3 节背面各生有一簇明显的黑蓝色横毛，第 8 腹节背面有一角状小突起，上生有许多毛丛。各体节均生有毛瘤，头部与胴部两侧毛瘤较大，毛瘤上簇生有黄色和黑色的长、短毛。

4. **蛹**　体长 35～45mm，初化蛹为黄褐色，以后逐渐变为黑褐色。

5. 茧 长 50~60mm，长椭圆形，丝质疏松，暗褐色至暗灰色，茧上附有幼虫体毛。

生活史及习性

李枯叶蛾在东北 1 年发生 1 代，华北 1 年发生 1~2 代，各地均以幼龄幼虫潜伏于枝干皮缝处、树洞、剪锯口处越冬。第 2 年春季寄主萌动露绿后，越冬幼虫开始出蛰活动，食害幼芽、嫩叶以及叶片，常将寄主的叶片吃成缺刻与孔洞。幼虫白天栖息于寄主枝叶间，夜间开始取食活动与危害。幼虫老熟后于枝条下侧结茧化蛹。1 年发生 1 代的地区，成虫于 6 月下旬至 7 月上中旬羽化发生；幼虫危害期发生在 7~8 月间；1 年发生 2 代区，成虫分别于 5 月下旬至 6 月间和 8 月中旬至 9 月间出现，幼虫发生危害期在 6~7 月间和 8~10 月间。

成虫白天潜伏于荫蔽处，夜间活动，有明显的趋光性。成虫羽化后不久即可交尾与产卵。卵大多成堆地、不规则地产在寄主的枝条上，间有散产或产于叶片上的卵．卵期为 10 天左右，幼虫历期 35~50 天，越冬代幼虫历期则为 200 天左右，蛹期 15 天左右，成虫寿命 6~8 天。幼虫危害至老熟后，寻找适当的场所结茧化蛹，发生下一代，或以幼龄幼虫于适当场所越冬。

防治方法

1. 农业防治 产卵高峰期及幼虫孵化初盛期进行人工捕杀，可收到明显的防治效果。可结合冬季管理，如刮树皮，可消灭越冬幼虫，同时还可增强树势。

2. 物理防治 于成虫发生期，在园内或林间设置高压汞灯或黑光灯诱杀成虫，也可和预测预报结合进行。

3. 化学防治 春季越冬幼虫出蛰危害期及 3 龄前幼虫于树上喷药防治，效果很好。

黄褐天幕毛虫
学名：*Malacosoma neustria testacea* Motschulsky
别名：天幕毛虫、带枯叶蛾、天幕枯叶蛾

分布与危害

分布于黑龙江、吉林、辽宁、内蒙古、河北、山西、陕西、甘肃、山东、河南、江苏、安徽、湖北、湖南、浙江、江西、四川等地。寄主有核桃、山楂、苹果、梨、李、杏、桃、海棠、樱桃、沙果、黄波罗、栎、杨、榆、松、山杏等多种园林、经济林植物。

以幼虫取食危害寄主植物。幼虫常将寄主的叶片吃成缺刻与孔洞，大发生年份常将整株树上的叶片吃光，仅残留主脉与叶柄。影响寄主的正常生长发育。

形态特征（图 96）

1. 成虫 雌成虫体长 18~22mm，翅展 37~43mm，全体棕黄褐色。复眼黑褐色，触角为双栉齿状。前翅中部具有 2 条深褐色横线，两线间形成深褐色的宽带，宽带的外侧有

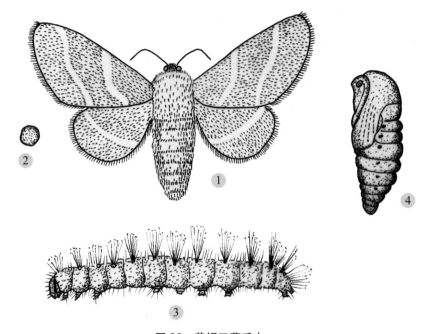

图 96　黄褐天幕毛虫
1. 成虫；2. 卵；3. 幼虫；4. 蛹

黄褐色镶边，翅的外缘色略浅。后翅基部的 1/2 为赭色，端部色浅，足除跗节外均密生有细长的鳞毛。腹部较肥大。雄成虫体长 14～16mm，翅展 24～33mm，体翅为黄褐色，复眼为黑褐色。触角双栉齿状，但栉齿明显长于雌成虫的栉齿。前翅中部具有 2 条深褐色的横线，两横线间色稍深，形成上宽下窄的横带，外缘的毛黑白相间，呈现出明显的花斑状。后翅亚端线为褐色，但不甚明显，翅展时与前翅的外线近相拼。腹部细而瘦。

2. **卵**　圆筒形，直径 0.7～0.9mm，高 1.2～1.4mm。越冬后的卵为深褐色。顶部中央略凹入，并杂有暗褐色小点。卵产于寄主的小枝上，呈环状排列，极似顶针。

3. **幼虫**　老熟幼虫体长 50～55mm，头部为暗绿色，被有小黑点及黄白色细毛。体侧面有鲜艳的蓝灰色、黄色或黑色带。体背面有明显的白色带，两边有橙黄色横线。气门黑色，气门线较宽，浅灰色，各腹节背面有数个黑色毛瘤，其上生有许多黄白色的长毛及 4～6 根黑色长毛。体腹面暗灰色。胸足与腹足的外侧以及臀板均为黑褐色。腹足趾钩为双序缺环。

4. **蛹**　体长 17～20mm，雌蛹期明显大于雄蛹。体被有淡褐色短毛，初化蛹为黄褐色，以后逐渐变为黑褐色。

生活史及习性

黄褐天幕毛虫 1 年发生 1 代，以胚胎发育完成后的幼虫于卵壳内越冬。第二年的 4 月中旬，亦即梨树开花前后，幼虫爬出卵壳，并在卵壳附近的叶片取食为害。幼虫为害至 5

月下旬后陆续开始化蛹，6月上旬为化蛹盛期，蛹期10天左右。6月上旬末始见成虫羽化，6月中旬为羽化盛期。

成虫白天潜伏，夜间活动，有较强的趋光性。羽化后不久的成虫即可以交尾与产卵。卵常产于寄主小枝的四周，呈环状排列，极似顶针，故有"顶针虫"之称。每头雌成虫平均产卵量为450粒左右，卵期为8～10天。

幼龄幼虫常群集于卵块附近的小枝上食害嫩叶，以后逐渐向枝杈转移。并有吐丝张网的习性，白天群集潜伏于网巢内，呈天幕状，故称此虫为"天幕毛虫"。幼虫夜间取食。幼虫通常蜕皮于丝网上，大龄幼虫开始分散为害。具有假死习性，受惊扰后即可假死落地。白天则群栖于巢内，夜间分散于树冠上取食，并且随虫龄增长，食量增加。容易暴发成灾。幼虫历期40～50天。幼虫老熟后，多爬至树干的缝隙处或用丝缠缀一张至数张叶片，于内吐丝结茧化蛹。

黄褐天幕毛虫的天敌种类很多：卵期有松毛虫赤眼蜂、大蛾卵跳小蜂；幼虫期的寄生性天敌有背颈姬蜂、双色瘦姬蜂、喜马拉雅聚瘤姬蜂；寄生于蛹的天敌有黄足黑瘤姬蜂。

防治方法

1. 农业防治 结合冬季管理、修剪，彻底检查和剪除有卵枝梢，并集中烧毁或深埋。春季幼虫出蛰活动危害期，可结合园内或林间其他害虫的防治，进行人工摘除群集于网幕上且尚未分散危害的幼虫，可收到明显的效果。

2. 物理防治 在成虫羽化初期，可在园内或林间设置高压汞灯或黑光灯或其他灯光，诱杀成虫，还兼治其他园林中有趋光性的害虫，此项工作可结合预测预报进行。

3. 化学防治 于幼虫孵化初盛期或3龄幼虫前，用农药喷洒叶片，常用药B.t.乳剂、灭幼脲、阿维菌素、多杀菌素、绿色威雷和高渗苯氧威等无公害杀虫剂，或混配使用，以常规浓度喷施，防治效果可达95%以上；在黄褐天幕毛虫幼虫3龄期左右可利用苦参烟剂防治。

4. 生物防治 注意保护和利用天敌。

栎黄枯叶蛾
学名：*Trabala vishnou gigantina* Yang

别名：蓖麻枯叶蛾、绿黄枯叶蛾

分布与危害

分布于陕西、山西、河南、河北等地。寄主有核桃、苹果、山荆子、海棠、栎、栗、石榴、蔷薇、槭、沙棘、胡颓子、杨、柳、榆、蓖麻、锐齿栎、栓皮栎、槲栎、辽东栎、香泡树、榛子、月季花、山杨、水桐等多种林木、果树及观赏植物。

以幼虫危害寄主植物的幼芽、嫩叶与叶片，初龄幼虫常将叶片食成缺刻与孔洞，稍大后的幼虫则蚕食叶片，仅残留主脉与叶柄，严重发生年份常将全树叶片吃光。

形态特征（图 97）

1. 成虫 雌成虫体长 25～38mm，翅展 70～95mm。头部黄褐色，触角短，双栉齿状，深黄色。复眼球形，黑褐色。胸部背面黄色，翅黄绿色微带褐色。外缘线黄色，波浪状。缘毛黑褐色，前翅的内横线黑褐色，外横线绿色波浪状，仅达第 2 条肘脉处，内横线与外横线之间为鲜黄色，中室处有一个近三角形的黑褐色小斑。第二中脉以下直到后缘和基线到亚外缘间，有一个近于方形的黑褐色大斑。后翅靠后缘基部处为黄白色。内横线与外横线均为黑褐色，波浪状。体黄色，腹面略显褐色，腹端有明显的黑色长毛束。

雄成虫体长 22～27mm，翅展 54～62mm。头部绿色，触角明显长于雌成虫触角，双栉齿状。胸部背面绿色，略带黄白色。翅为绿色，外缘线与缘毛黄白色，其毛的端部略带褐色。前翅韵内横线与外横线均为深绿色。在其内侧各嵌有白色条纹，中室有一个黑褐色的小点，点的周围色浅。亚外缘线呈黑褐色波状。

2. 卵 椭圆形或卵形，灰白色，长径 0.30～0.35mm，短径 0.20～0.25mm。聚产，常呈两行排列，卵壳上具有浅的点刻，构成细的网状花纹，卵粒外黏有灰白色的细长毛与黄褐色的片状长毛。

3. 幼虫 老熟幼虫体长 65～84mm，头部黄褐色，两颊的下端各有单眼 6 个。触角 3 节，甚小，上唇的基片为长方形，黄褐色。前胸背板中央有黑褐色斑纹，其前缘的两侧各有一个较大的黑色瘤状突起，上面生有一簇黑色长毛，常向前伸达头的前方，其他各节于

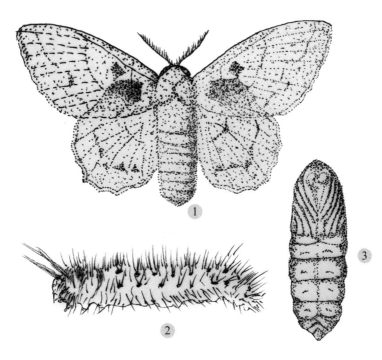

图 97　栎黄枯叶蛾
1. 成虫；2. 幼虫；3. 蛹

亚背线、气门上线与下线及基线处各具有一个黑色瘤状小突，其上各生有一簇刚毛，上两者上面的刚毛为黑色，下两者上面的刚毛为黄白色。第 3～9 腹节背面的前缘各有一条中间断裂的黑褐色横带纹，其两侧各有一斜行的黑色纹，背面观如"八"字形，均为黄褐色，趾钩双序横带。腹面为黄褐色，腹中线为褐色。雌幼虫体密生有深黄色长毛，雄幼虫则密生灰白色长毛。

4. **蛹**　体长 28～32mm，纺锤形，赤褐色或黑褐色翅芽伸达第 3 腹节中部以下，自背面可见 9 节，两侧可见气孔 7 对。末端圆钝，中央处有一纵行凹沟，靠近沟上方则密生沟状刺毛。

5. **茧**　状似驼背，长 40～70mm。黄色或灰黄色，表面附有稀疏的黑色短毛。

生活史及习性

此虫我国北方 1 年发生 1 代，以卵于枝干及树皮缝内越冬。次年 4 月下旬幼虫开始孵化，爬出卵壳。5 月中旬为孵化盛期，幼虫为危害至 8 月上旬开始老熟，并寻找适当场所结茧化蛹。8 月中旬出现成虫，9 月上旬为成虫羽化盛期。

成虫羽化时间多在夜间，活动时间亦在晚上，白天很少活动，交尾多于夜间进行，交尾后的当晚或次日晚上开始产卵。卵大多产在树干、枝杈、枝条或茧上，每头雌成虫产卵量为 300～380 粒。成虫有明显的趋光性。寿命平均在 3～7 天，初产的卵通常为暗灰色，孵化前呈浅灰白色，卵的孵化多于夜间进行。卵的孵化率大多在 98.7%左右。

刚孵化的幼虫有明显的群聚性，常聚集于卵壳周围取食卵壳，经一天后才开始取食叶肉，3 龄前的幼虫均具有群集习性，但食量较小，受惊扰后吐丝下垂，随风飘移。3 龄后的幼虫开始分散为害，食量也随之增大。5～7 龄的幼虫，其食量最大，危害也最重，受惊后则迅速昂头，左右摇晃，每日的上午 5：00～8：00 及晚上的 20：00 以后，爬至树冠上取食，中午高温时则离开树冠，爬至树干的背阴处栖息，幼虫历期为 80 天左右。幼虫老熟于树干侧枝、树杈、灌木的枝条、杂草上、岩石上等处结茧化蛹。蛹期为 15 天左右。

防治方法

1. **农业防治**　冬季结合管理如刮树皮、涂白，可将越冬卵块清除掉从而压低次年的虫口基数。

2. **物理防治**　成虫发生期于园内或林间设置高压汞灯、黑光灯或其他灯光诱杀成虫，同时可结合预测预报进行。

3. **化学防治**　在 3 龄幼虫前，可结合防治其他食叶性害虫，于树上喷药防治，可收到良好的防效。用 90% 敌百虫晶体 1 000～1 500 倍液，或 21% 氰·马乳油 2 000～3 000 倍液喷施，防治栎黄枯叶蛾幼虫。用 50% 螟松乳油 1 000 倍液，或 50% 辛硫磷乳油 1 000 倍液喷杀 4～5 龄幼虫。

4. **生物防治**　注意保护和利用天敌，此虫的天敌有：寄生于蛹的寄生蝇，其寄生率可达 24%以上；幼虫期有食虫蝽，食虫率可达 2%～3%。

栗黄枯叶蛾 | 学名：*Trabala vishnou* Lefebure

分布与危害

国内分布于陕西、四川、云南、广东、浙江、江西、福建、台湾等地，国外分布于印度、缅甸、斯里兰卡、印度尼西亚、巴基斯坦、日本等地。寄主有核桃、苹果、石榴、毛栗、洋蒲桃、肖蒲桃、桉树、栗、海棠、山楂、柑橘、咖啡、相思树、枫、栓皮栎、榄仁、槲栎等多种林木。

以幼虫危害寄主植物，常将叶片吃成缺刻与孔洞，严重时可将叶片吃光，残留叶柄。

形态特征

1. **成虫**　雌成虫体长 25~30mm，翅展 60~95mm，雄成虫体长 20~25mm，翅展 50~55mm，雌成虫全体橙黄色，头部黄褐色，杂生有褐色短毛。复眼球形，黑褐色。触角短，双栉齿状。胸部背面黄褐色。翅黄绿色，外缘波状，缘毛黑褐色。前翅近三角形，内横线与外横线黄褐色，中线在近翅的内缘部分十分明显，亚外缘线为 8~9 个黄褐色斑点组成的波状斑纹，前翅中室斑纹近肾形，黄褐色。由中室至内缘为一大型黄褐色斑纹。后翅后缘黄白色，中线与亚外缘线为明显的黄褐色波状横纹。腹部末端密生黄褐色毛。雄成虫较小，黄绿色至绿色。前翅内横线与中线明显，深绿褐色，内侧嵌有白色条纹，亚外缘斑纹绿褐色，不甚明显，外缘线与缘毛褐色。中室处有一个褐色小斑，其外缘白色。后翅中线的前半部明显，后缘灰白色缘毛褐色。腹部较细小，末端有绿白色毛丛。

2. **卵**　圆形或椭圆形，直径 1.6~1.7mm，灰白色，卵壳表面具有明显的网状花纹。

3. **幼虫**　老熟幼虫雄体长 50~56mm，雌体长 55~63mm。雌长毛深黄色，密被体上。雄灰白色。全体黄褐色。头部紫红色，具不规则深褐色斑纹，沿颅中沟两侧各有一个黑褐色纵纹。前胸盾中部具黑褐色"×"形斑纹，前胸前缘两侧各有 1 个较大的黑色瘤突，上生有一束黑色长毛。中胸后的各体节亚背线、气门上线和气门下线以及基线处各生有一个较小的黑色瘤突，上生一簇刚毛。亚背线与气门上线的瘤上有黑毛。其余均为黄白色毛。第 3~9 腹节的背面前缘各有一条中间断裂的黑褐色横带，在其两侧各具有一个黑斜纹。气门为黑褐色。腹足为红褐色，结茧前幼虫的刚毛颜色逐渐变为粉红色至黄褐色。

4. **蛹**　雄蛹体长 19~22mm，雌蛹体长 27~30mm。长椭圆形，背面红褐色，腹面为橙黄色，气孔为黑色，胸部背面具有 2 个黑色毛束。

5. **茧**　长 40~45mm，灰黄色，略呈马鞍形。

生活史及习性

栗黄枯叶蛾在山西、陕西、河南等地 1 年发生 1 代；在长江以南 1 年发生 2 代；在海南省 1 年可发生 5 代，无越冬现象。1 年发生 1~2 代区以卵越冬。次年寄主萌动露绿时，越冬卵开始孵化，初孵化的幼虫群集于叶片的背面取食叶肉，受惊扰后则吐丝下垂。2 龄后的幼虫开始分散危害，7月间幼虫逐渐老熟，并于枝干上结茧化蛹，蛹期为9～20天。7月下旬至8月间成虫羽化。在一年发生2代的地区，成虫于4～5月和6～9月间羽化发生。

成虫白天潜伏隐蔽，夜间出行活动，有明显的趋光性。成虫羽化多于夜间进行，羽化当晚即可以交尾，但只交尾一次，历时22～24小时。雄成虫羽化早于雌成虫，最早者可提前8天。交尾后的次日夜间开始产卵。卵大多产在枝叶上，常成两行排列，每头雌成虫产卵量为281～366粒，平均为320粒。产卵期最长可达6天，以第1天产卵最多，约占总卵量的70%左右，成虫有较强的飞翔力。雄成虫寿命3～8天，雌成虫寿命5～10天。

幼虫龄期：雄幼虫为5龄，雌幼虫为6龄。两性各龄的历期明显不同，自5龄开始，雄幼虫历期30～40天，雌幼虫40～45天。在3～6月间，雄性完成一代历期58～65天，而雌性则需要66～72天。各龄幼虫历期分别为：1龄6～7天；2龄4～6天；3龄6～7天；4龄6～7天；5龄雄虫8～14天，雌虫7～10天；6龄幼虫为11～13天。幼虫老熟后在树枝上结茧化蛹。茧后端有一裂缝，末龄幼虫的蜕皮由此缝推出茧外。

卵的孵化率平均为69.9%，同一雌成虫在不同日子里产的卵，孵化率不同，以第1天产的卵孵化率最高，可达90%以上，以后逐渐下降。幼龄幼虫不取食时，头部相对呈放射状，围成一圈。

防治方法

1. **农业防治**　于冬季或早春，结合刮树皮、堵树洞、涂白等管理措施，将越冬卵清除和消灭。

2. **物理防治**　成虫羽化的初盛期，于园内或林间设置高压汞灯、黑光灯或其他灯光诱杀，也可与预测预报结合进行。

3. **化学防治**　幼虫孵化初盛期或于3龄幼虫期间，于园内或林间于树上喷药防治。常用农药有：菊酯类农药或有机磷农药，或两类农药混配以常规浓度使用，均可收到良好的防治效果，杀虫率可达90%以上。另外，2%甲维盐1 000倍液、23%香茅精油1 000倍液和1%香茅增效甲维盐1 000倍液对栗黄枯叶蛾均具有一定的杀虫活性。

4. **生物防治**　栗黄枯叶蛾的天敌有：多刺孔寄蝇、黑青金小蜂等，应加以保护和利用。

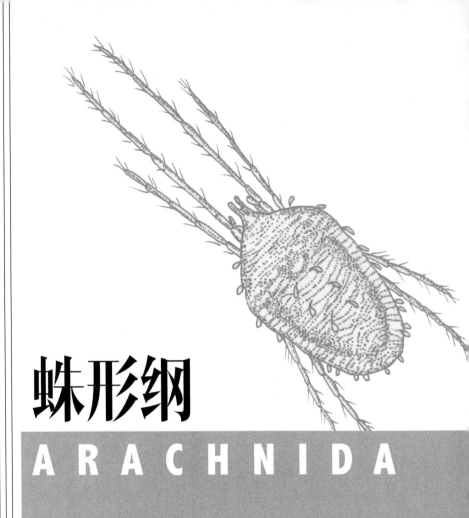

蛛形纲
ARACHNIDA

核桃害虫及其防治
WALNUT PESTS AND THEIR CONTROL

蜱螨目
ACARINA

蜱螨目为节肢动物门（Arthopada）蛛形纲（Arachnida）中的一个目，外形似蜘蛛，但体型极小，体的分段不甚明显，头、胸、腹愈合为一体。口器特化，着生于颚体前端，无翅、无眼或只有1~2对单眼，有足4对，少数只有2对；一生经过卵、幼螨、若螨与成螨。幼螨足3对，若螨足4对。多数种类为卵生，间或有卵胎生者。蜱螨目种类繁多，约110个总科，全世界已记录种达30 000个，分布极广泛，遍及于地面、高山、土下、水中等处。生活方式也各异，有的食害植物，对农业造成很大的危害，如叶螨类害虫，有的为捕食性的，是某些农业害虫的天敌，如植绥螨、长须螨等，生活在土壤中和水中的螨类，可作为监测环境污染的生活指标。

叶螨科 （Tetranychidae）

体小至中型，多数种类体微小，均在0.2~0.6mm。体为圆形或椭圆形。体色多变，如红色、橙色、褐色、黄色或绿色等，体侧常有黑色斑点。螯肢呈弯曲的针状，由螯肢端节特化而成，位于口针鞘中。后者由螯肢的基节愈合而成。须肢5节，其胫节具有1个粗壮的爪，跗节具有6根或7根刚毛。气门沟发达，位于颚体基部。体壁柔软，表面具线状、网状或颗粒状的表皮纹或褶皱，背面的背毛一般不多于16对。躯体的腹面具有刚毛。生殖孔横列，雌螨的生殖区具有明显的表皮皱纹。

成螨第1对足的跗节有2对毗联的双毛，第2对足的跗节上有1对双毛。跗节端部有1对垫状的爪，其上着生1对黏毛。中垫有不同的形状。没有生殖吸盘。叶螨一生经过卵、幼螨、前期若螨、后期若螨和成螨五个阶段。幼螨具有3对足，成螨具有4对足。叶螨的繁殖方式主要为两性生殖，也可以行孤雌生殖。

该科已记录的种类在800个以上，隶属于60多个属，我国目前已记录有130余种。其中有数种为经济林中的主要害螨。

山楂叶螨

学名：*Tetranychus viennensis* Zacher
别名：山楂红蜘蛛、山楂红叶螨、樱桃红蜘蛛

分布与为害

国内分布于北京、黑龙江、吉林、辽宁、内蒙古、宁夏、甘肃、河北、山西、山东、陕西、河南、江苏、江西等地；国外广泛分布于亚洲、欧洲与大洋洲。主要寄主有核桃、苹果、杏、李、梨、桃、樱桃、山桃、榛子、橡树、栎、椴、刺槐、臭椿、柳、泡桐、梧桐、加拿大杨、毛白杨、柿、枣、花石榴、木槿、沙果、黑莓、刺花李、槭叶枫、樱桃李等多种林木、果树。

山楂叶螨在早春危害幼芽、花蕾，以后逐渐危害幼叶和叶片，猖獗年份也可危害幼果。芽严重被害后，不能继续萌发而死亡，危害叶片时，常以小群体在叶片背面主脉两侧吐丝结网，多于网下栖息、产卵与为害，受害叶片常从叶背面近叶柄的主脉两侧出现黄白色至灰白色小斑点，继后叶片变成苍灰色，严重时全叶焦枯而脱落。大发生年份，在7～8月间会使寄主的叶片部分或大部分脱落，甚至造成第二次开花，受害严重的寄主树势衰弱，甚至出现干枯现象。

形态特征（图98）

1. 雌成螨　体长0.54～0.59mm，宽0.32～0.36mm。椭圆形，背部隆凸，尾端钝圆、全体深红色，体前半部的背面隆起，后半部的背面有纤细横纹。背毛细长，长短均一，白

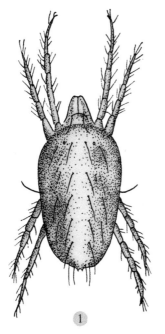
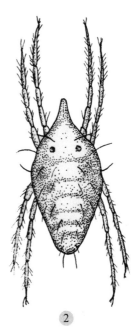

图98　山楂叶螨
1. 雌螨；2. 雄螨

色，24 根，其排列次序为 2+4+6+4+4+4=24，不着生在瘤突上。内腰毛和内骶毛之间的肤纹不成菱形状。腹毛 32 根。足 4 对，黄白色。足的跗节爪为条状，端部生有粘毛 1 对，爪间突端部分裂成 3 对刺；足Ⅳ跗节刚毛有 10 根。气门沟端膝膨大，分裂成束状，形成数室，位于口针鞘两侧。须肢有胫节爪、跗节锤突较大，端部较圆。雌成螨分为冬型与夏型，其区别在于：夏型体大，紫红或暗红色，体躯的背面两侧各有一块黑色斑；冬型体小，鲜红色或朱红色，有光泽，体背的两侧无黑色斑块。

2. **雄成螨**　体长 0.31～0.43mm，体宽 0.20～0.21mm。末端略尖。初呈黄绿色，取食后变为绿色，老熟时变为橙黄色。体背的两侧有黑色斑块。体呈菱形，自第 3 对足后方收缩。阳茎钩部几乎曲成直角，端锤小，须部端长而尖，向上伸。

3. **卵**　圆球形，半透明，初产卵为黄白色或浅橙黄色，孵化前呈橙黄色，即将孵化的卵呈现出两个红色斑点，且往往悬挂在蛛丝上。

4. **幼螨**　初孵幼螨体近圆形，体长平均 0.17～0.19mm，未取食前淡黄白色，取食后变为黄绿色，体侧有深绿色颗粒斑，眼红色。经过一次蜕皮后就变成若螨。

5. **若螨**　卵圆形或椭圆形，平均体长 0.21～0.43mm，背毛开始出现，淡橙黄色至淡翠绿色，体两侧有明显的黑绿色斑纹，并开始吐丝，后期若螨体形与成螨相似，可辨别雌雄，体色为翠绿色，雌若螨体呈卵圆形，雄若螨末端尖削。

生活史及习性

山楂叶螨在我国北方 1 年发生 3～10 代，如辽宁省的兴城 1 年发生 3～6 代；河北省 1 年发生 3～7 代；山西省 1 年发生 6～9 代；陕西关中 1 年发生 6～10 代；甘肃河西走廊 1 年发生 4～5 代；山东青岛 1 年发生 7～8 代；济南地区 1 年发生 9～10 代；河南一年发生 12～13 代。在同一地区内，1 年发生代数的多少与营养条件有关，如在陕西调查结果表明，营养条件差的果园中，每年仅可发生 5～6 代，而在营养条件好的果园中一年则可发生 8～9 代。

山楂叶螨以受精雌成螨数个或数十个群集于树干的各种缝隙中及树干基部的土缝内越冬。大发生年份，雌成螨也可在落叶下、杂草根际、土石缝内或其他各种隐蔽的场所内越冬。次年花芽膨大时开始出蛰活动，树芽露顶时爬至芽上取食，若遇阴雨或春寒，便会迁回至附近的隐蔽处或隙缝内潜藏不动，出蛰盛期与花序分离皮初花期相吻合，整个出蛰时间可延续 40 天，但以前面 20 天为主。出蛰雌成螨取食后不久，一般在 4 月上中旬便开始陆续产卵，其产卵高峰期与苹果、梨的盛花期吻合。当年第 1 代成螨于 5 月中下旬开始出现，第 2 代于 6 月中旬左右，第 3 代于 6 月下旬，第 4 代于 7 月上旬，第 5 代于 7 月中下旬，第 6 代于 8 月上中旬，第 7 代于 8 月下旬，第 8 代于 9 月上中旬，第 9 代于 9 月下旬至 10 月中旬，第 10 代于 10 月下旬，并开始越冬。春季卵期为 10 天左右，夏季卵期为 5 天左右。幼螨期为 2 天左右，静止期为 1 天左右，前期若螨和后期若螨各为 2 天左右，雌成螨产卵量与其寿命长短有关：越冬代和春秋代的寿命最长，平均达 24 天左右，故产卵量为 70 粒左右，夏季代寿命短，产卵量仅达 30 粒左右。日平均产卵量为 6 粒左右，最多

可产 9 粒。

　　山楂叶螨不甚活泼，常成小群在叶片背面为害，雌成螨有吐丝结网的习性，卵多产于叶片背面主脉的两侧，或蛛丝上下。第 1 代卵的孵化期比较集中，一般在 10 天左右，到落花已基本孵化完毕，因此虫态比较整齐。从第 2 代开始，各世代出现重叠现象，同一时期内可见到不同世代或同一世代不同虫态的个体。刚孵化出的幼螨比较活泼，雄若螨行动敏捷，前若螨已具吐丝结网习性，从雌幼螨发育到成螨要蜕 3 次皮，但雄螨仅蜕 2 次皮，无后若螨期，故发育较雌若螨快。羽化为雄成螨后则守候于老熟静止的雌若螨周围，待雌成螨羽化后立即与之交尾，交尾时间平均 2～3 分钟，一头雄成螨可和 5 头雌成螨交尾，最多可与 68 头雌成螨交尾。除主要进行两性生殖外，也可进行孤雌生殖。据报道，两性生殖的后代，雌雄性比为 3：1～5：1，而孤雌生殖的后代全部为雄性个体，可与两性生殖产生的雌个体交配而繁殖出雌雄两性个体。

　　凡果树位于向阳、背风、干燥的地方，越冬雌成螨常出蛰早，反之则较晚。在同株树上，树干基部及其周围土中的最先出蛰，主干、主枝和侧枝、背阳面翘皮、树杈处出蛰较晚。山楂叶螨多栖息为害于树冠的中下部和内膛的叶背处，据调查，树冠上部占 10%，中部占 17.7%，下部占 40%，内膛占 32.3%。其传播方式有爬行、风力传送及随人、畜、果实及树苗而传带的。越冬雌成虫螨出蛰上树后，先潜伏在芽鳞上，芽一开绽便爬至芽的绿色部位为害，继而为害花丛、叶丛，取食 1 周后，便开始产卵，因此，冬型雌成螨绝大多数出蛰上树，即奇主开花前至初花期是药剂防治的第一个关键期，即为"花前药"；寄主落花后的 7～10 天是药剂防治的第二个关键期，即"花后药"。7～8 月份是山楂叶螨发生最高峰期，这个时期是全年药剂防治的最关键期，因此称为"关键药"。越冬雌成螨出现的早晚与寄主被害程度有关，被害重则 7～8 月间出现，否则 9～10 月间出现，因此，雌成螨越冬前也是药剂防治的一个关键期，即"秋防药"，这次用药可压低当年越冬基数和次年早春发生的数量。发生与环境条件的关系：

　　1. 温、湿度的影响　越冬雌成螨的抗寒能力较强，据测定，在 −30℃下经过 24 小时才能全部死亡；在 −10～−15℃的条件下，持续 3 天死亡率仍很低。次年春季当平均气温上升至 9～11℃时，越冬雌成螨开始出蛰活动为害。在气温 18.3℃时，卵、幼螨、前若螨、后若螨的发育时间分别为 10 天、3 天、4 天和 4 天；26℃时则为 5 天、2 天、3 天和 3 天。据测定，其发育的起点温度为 9.2℃，完成一个世代的有效积温为 250±42.8 日度。当气温为 18～20℃时，雌成螨的寿命为 40 天左右，平均产卵日数为 13.1～22.3 日，平均产卵总数为 43.9～83.9 粒，最多可达 146 粒。当恒温为 27℃时，完成一代只需 6.8 天，当 5 月份的平均气温 18℃左右时，每月只能完成 1 代，7 月份的平均气温 24～26℃时，每月可完成 2～3 代，每头雌成螨则可繁殖 124～160 个后代，可见，在一定的温度范围内，随着温度上升，发育与繁殖速度加快。山楂叶螨适宜的相对湿度为 72%～90%，因此。长期的阴雨与高湿不利于山楂叶螨的发育，夏季的急风暴雨会迅速降低种群数量。但遇到高温与干燥的天气，便有猖獗发生与为害的危险。

　　2. 药剂的影响　药剂对山楂叶螨的直接影响是使其产生抗药性，间接的影响是杀伤大量的天敌，生态平衡受到严重破坏。

（1）山楂叶螨产生抗药性已经证明，山楂叶螨对内吸磷、对硫磷、三氯杀螨砜等农药均具有不同程度的抗性，对类似农药也有不同程度的交互抗性。据试验报道，连续喷用对硫磷、内吸磷 10 次的，其抗药性增加 1～4 倍，仍为感性种群，如连续用药在 30 次左右，其抗药性增加 15 倍，连续用药在 40 次以上的，其抗性可增加 60 倍，若连用 50 次以上时，则抗性可增加 80 倍左右。据西北农业大学报道，果园自 1956 年开始使用对硫磷，到 1980 年已累计用过 70 次，山楂叶螨的抗药性增加了 75.69 倍。对用过 4 次的敌敌畏增加了 51.41 倍，对从未用过氧化乐果的也有 29.93 倍的抗药性。由此可见，在山楂叶螨发生的果园，盲目增加用药次数，提高药剂浓度，其结果是适得其反的。

（2）杀伤大量天敌农药对山楂叶螨的间接作用表现在：杀伤大量天敌，破坏了生态平衡。山楂叶螨的自然天敌种类繁多，数量不少。据研究观察，深点食螨瓢虫（*Stethorus punctilium* Weise)的成虫、幼虫的日捕食量均在 30 头左右的成螨，束管食螨瓢虫(*Stethorus shengi* Sasaji）在 20 头左右，陕西食螨瓢虫（*Stethorus shaanxiensis* Pang et Mao)、小黑花蝽（*Orius minutus* L.）的成虫和若虫，其日捕食量均在 18～40 头左右，中华草蛉（*Chryopa sinica* Tjeder）的幼虫日捕食量为 132～249 头。另外，塔六点蓟马（*Scolothrips takahashii* Priesner)、晋草蛉（*Chrysopa shanxiensis* Kuwaya）、东方钝绥螨（*Amblyseius orientalis* Ehara)、普通盲走螨（*Typhlodromus vulgaris* Ehara）、西方盲走螨［*Typhlodromus occidentalis*（Nesbitt)］、拟长毛钝绥螨（*Amblyseius pseudolongispinosus* Xin et Liang）等对山楂叶螨均有较大的控制作用。由此可见，在防治山楂叶螨时，应特别注意保护天敌以便保持生态平衡，达到利用天敌控制害虫的目的。

螨情测报

1. 冬型雌成螨出蛰期测报在发生山楂叶螨的地块，棋盘式固定 5 株树，当寄主萌动露绿时，每 3 天调查一次，每株树分别在内膛、主枝中段各随机抽查 10 个生长芽，5 株树共检查 100 个，当发现有冬型雌螨上芽时，应每天检查 1 次，同时发出山楂叶螨出蛰的预报，当每芽累计有 2 头左右时，发出出蛰盛期预报，并立即组织进行防治。

2. 花后田间发生量测报从寄主开花期到冬型雌成螨产卵期间，仍按 5 点取样法每周检查一次，调查内膛和主枝中段各 10 个叶丛枝上取近中部一张叶片，5 株共 100 张叶片，统计其上卵及活动螨和天敌的数量，随山楂叶螨外移，取样部位应移至主枝中段和冠外围叶丛散中部的叶片。从落花后到 7 月中旬，当活动螨每叶平均达到 4 头或叶有螨率在 30% 以上时，如果天敌与山楂叶螨之比为 1∶40 时，则不需要防治，如果比例较大时，应采取防治措施。

防治方法

1. 物理防治　结合诱集其他害虫，秋末可在寄主树干束草诱集冬型雌成螨前去越冬，在山楂叶螨出蛰前妥善处理；冬闲时可结合刮树皮清除树皮及老翘皮下的冬型雌成螨；或

于出蛰前树干及其越冬场所喷布 0.5～1.0°Be 的石硫合剂；翻晒根颈周围的土层，或用无冬型雌成螨的新土埋压树干周围地下叶螨，防治出土上树为害。清理枯枝落叶，消灭其中冬型雌成螨。

2. **化学防治** 抓住药剂防治关键期，彻底消灭早期危害，控制后期猖獗危害。

（1）休眠期防治。在寄主发芽前，结合防治其他病虫害，于树上及其越冬场所喷布 3～5°Be 的石硫合剂，其中兑 0.2%～0.3% 洗衣粉，随兑随用，或喷布 5% 蒽油乳剂、0.04% 氯杀乳剂，均有良好的防治效果。

（2）花前、花后期防治。花序分离期至初花期（即花前期）喷布 0.5°Be 的石硫合剂，落花后一周（即花后期）喷布 0.3°Be 的石硫合剂，为增加展着性能，石硫合剂中可加入 1%～2% 的生石灰水，此间主要消灭冬型雌成螨及第 1 代活动螨。

（3）生长期防治。高温来临前（华北地区在麦收前）和山楂叶螨产冬卵前是生长期的两个药剂防治关键期。主要杀螨剂有 1.8% 阿维菌素乳油 2 000～3 000 倍液、15% 哒螨酮（哒螨灵、螨必死、扫螨净、速螨酮、螨净、牵牛星）乳油 1 500～2 000 倍液、20% 四螨嗪可湿性粉剂 2 000 倍液、240g/L 螺螨酯悬浮剂 3 000 倍液、5% 唑螨酯悬浮剂 2 000 倍液、57% 炔螨特乳油 2 000 倍液、16% 螨全治（哒螨灵·三唑锡）可湿性粉剂、15% 杀螨特效乳油、110g/L 乙螨唑悬浮剂、5% 尼索朗（噻螨酮）可湿性粉剂 2 000 倍液、20% 三唑锡悬浮剂 1 000～1 500 倍液、20% 螨死净（阿波罗）乳油 2 000 倍液、20% 螨克（双甲脒）乳油 1 000 倍液等。这两个时期可选用 0.02～0.08°Be 的石硫合剂，对活动螨有特效，但无杀卵作用。73% 克螨特乳油混合 20% 杀灭菊酯乳油或灭扫利乳油 2 000～3 000 倍液，对山楂叶螨的卵及活动螨均有特效。25% 三苯锡可湿性粉剂 2 000 倍液对捕食性螨杀伤力小。5% 尼索朗乳油 1 500 倍液对螨卵均有特效。另外防治山楂叶螨时，应选择专一性较强的农药，并注意轮换农药，做到测报准确，不随意提高浓度和增加打药次数，以减慢抗药性的产生。

3. **生物防治** 保护和利用天敌。在园内种植开花蜜源植物，亦可种植各种绿肥植物，稳定天敌的活动场所及存活。选择打药时机，减少用药次数。当益害之比在 1：（20～25）以下时，应视情况尽量减少用药量和次数，甚至可不用药。

苹果全爪螨
学名：*Panonychus ulmi*（Kock）
别名：榆全爪螨、苹果红蜘蛛、苹果红叶螨、欧洲红蜘蛛、褐红蜘蛛

分布与为害

国内分布于北京、辽宁、河北、山西、山东、陕西、内蒙古、甘肃、宁夏、青海、河南、江苏、湖北等地；国外分布于印度、日本、加拿大、前苏联、美国、阿根廷、新西兰、英国、德国、瑞典、芬兰、澳大利亚和黎巴嫩。此虫的垂直分布可达海拔 950～1 950m。主要寄主有核桃、苹果、梨、沙果、杏、李、桃、樱桃、山楂、海棠、扁桃、柑橘、桑、朴、枫、赤杨、刺槐、榆树、椴、乌荆子等多种林木、果树。

以成螨、幼螨、若螨吸食叶、芽、果实的汁液。叶片被害初期出现许多灰白色失绿斑点，严重时叶片变为黄褐色或苍灰或淡绿相间的花斑，甚至焦枯，但很少出现早期落叶现象，幼果被害后常萎缩。

形态特征（图99）

1. **雌成螨**　体圆形或椭圆形，体长0.34～0.45mm，体宽0.29～0.38mm，体背隆起，橘红色或暗红色，体表有横皱纹，背毛刚毛状，上生有绒毛，体背有粗而长的13对刚毛着生在黄白色瘤状突起上（其中不包括2对肛后毛），排列次序为2+4+6+4+4+4+2=26根。臀毛短于骶毛，外骶毛的长度约为内骶毛的2/3，但与顶毛几乎等长。内眼毛（又称胛毛）比顶毛长3倍，比肛毛长5倍。须肢跗节上的锤突着生在跗节的端部，明显而宽大，轴突稍短于锤突，刺突则长于锤突。气门沟端部膨大成室。爪间突的爪较宽而短，其腹面生有刺簇。

2. **雄成螨**　体长0.27～0.31mm，近卵圆形，狭长，末端略尖，初蜕皮时为浅橘黄色，取食后为深橘红色，眼红色，阳茎端部稍微弯曲。其他特征与雌成螨相近。

3. **卵**　近圆形，其顶端有一小茎，似洋葱状，两端略显扁平，直径0.13～0.15mm，卵表面有放射状的细凹陷。越冬卵色较深，为深红色，夏卵色较浅，为橘黄色。

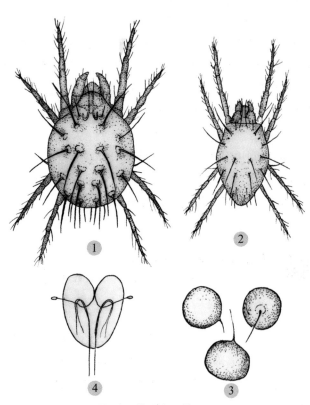

图99　苹果全爪螨
1. 雌成螨；2. 雄成螨；3. 卵；4. 气门器

4. 幼螨 体长 0.18～0.20mm，近圆形，初孵足 3 对，体毛明显。冬卵孵化为淡橘红色，取食后变为暗红色，夏卵孵化呈浅黄色，后渐变为橘红色至暗绿色。

5. 若螨 分前期若螨与后期若螨，前期若螨体长 0.20～0.25mm，后期若螨体长 0.25～0.30mm，足 4 对，橙红色，前期若螨与后期若螨的区别除个体大小外，还可依据腹刚毛数量及其分布，另外后期若螨可辨别雌、雄性征，若螨和成螨之间的区分也可据上两特征进行。

生活史及习性

苹果全爪螨在我国北方 1 年发生 6～9 代，如辽宁兴城地区 1 年发生 6～7 代，山东莱阳 1 年发生 4～8 代，河北昌黎 1 年发生 9 代，各地均以卵在 2～4 年生的侧枝分杈处、短果枝、果苔、叶痕、芽轮及粗皮等处越冬，危害严重的果树和林木，到秋季落叶后，可在上述各部位见到暗红色斑块，即为越冬卵块所在。

次年 4 月下旬至 5 月上旬，在苹果花序分离至花蕾变色阶段，越冬卵开始孵化，并且孵化比较整齐，从开始孵化后的 5 日内，孵化率即可达到 95%。其物候期为，苹果花蕾变化膨大时为孵化初期，晚熟品种盛花期为孵化盛期，终花期为孵化末期，孵化历期约为 15 天。由于孵化时间比较集中，因此，此时是选择残效期短的杀螨剂进行防治的有利时机。

苹果始花期即出现越冬代成螨，开花末期是第 1 代夏卵盛期，时间在 5 月 20 日左右，至 5 月底第 1 代夏卵已基本孵化完毕，同时出现第 1 代雌成螨，但还未产卵，所以 5 月底至 6 月初是防治苹果全爪螨的第 2 个适期，6 月和 7 月是苹果爪螨全年发生的高峰期，不仅同一世代各虫态并存，而且世代也重叠，造成的危害也是全年中最大的时候，应引起特别重视，8 月以后开始产越冬卵（或称滞育卵），产卵期可延续至 10 月初霜期为止。

苹果全爪螨越冬卵的抗寒能力很强，其致死低温在 −40～−50℃。高温干燥是苹果全爪螨猖獗发生与为害的主导因子。当夏季平均气温达到 21～24℃ 时，完成 1 代所需的时间为 14～17 天。但干旱时，会引起叶片内生理状况的改变，尽管此时叶内含氮量不变，但不能满足苹果全爪螨正常生长发育所需的各种营养，以致不利于繁殖而使其种群数量受到抑制。8 月以后由于食料恶化，北方地区的气温逐渐下降，光照也开始缩短，此时苹果全爪螨开始产越冬卵，随着时间的延长，滞育卵的数量也不断增加，据测定，光照增加到 15～16 小时以上时，全部雌螨仅产夏卵（即非越冬卵），在高温条件下（25℃），即使缩短光照，仍可产夏卵；相反，在低温（10℃）长日照条件下，就可产出滞育卵，但数量甚少。因此，低温、短日照是产滞育卵的主导因子。

苹果全爪螨的分布，基本上属随机分布。随着季节的变化，寄主植物的生长发育而逐渐扩散蔓延。越冬卵孵化后，幼螨向新叶迁移，新叶数达 7 片时，以第 2～4 片叶上的数量较多，新叶发展到 13 片时，密度中心集中在第 5、6 片叶上，这时的蔓延率为 54%～66%（即新叶上的螨数与总螨数之比），至 6 月初，第 1 代雌螨产卵才逐渐分散，密度中心移到第 6～16 片新叶，6 月下旬至 7 月上旬，果树新梢停止生长，苹果全爪螨向全树扩散，这时的蔓延率为 93%，成为二项式随机分布。到 8 月，害螨逐渐集中到营养枝前端的叶片上为害，成为负二项嵌纹分布。当每叶上的螨量较多时，雌螨常吐丝扩散，迁移到附近其他树种上扩散为害，此时螨量继续增加。而早期受害重的树种，部分害螨扩散转移，部分雌螨则开始产越冬卵，群体数量急剧下降。

幼螨、若螨和雄成螨多数在叶片的背面活动和取食，各静止期多数在叶片背面基部的主脉和侧脉两旁，不食不动，进行蜕皮。雌成螨多数在叶片正面栖息为害，但常在叶片背面产卵，一般情况下很少吐丝，但在食料恶化的条件下，往往吐丝下垂，随风力而扩散传播。苹果全爪螨既可孤雌生殖，也可两性生殖，但以后者为主要繁殖方式。雄螨可多次交尾，雌成螨羽化后就能交尾，交尾后的 3～5 天即可产卵。夏卵一般多产在叶片背面，少数也可产于叶片正面。越冬卵则主要产于寄主的枝杈或果枝等处。苹果全爪螨完成一代的历期为 9～21 天，一般为 10～14 天，以第一代历期最长。幼螨、若螨历期：夏季 3～4 天，春季和秋季为 7～8 天。静止期：夏季为 3.5 天左右，春季和秋季为 7.5 天左右。雌成螨寿命为 6～20 天，个别可达 38～40 天。卵量：第 1 代平均为 67 粒，最多 146 粒，日产卵 4.5粒；第 5 代平均为 11 粒，最多为 49 粒，日平均产卵量为 1.9 粒。

苹果全爪螨的天敌种类很多，对抑制害螨的数量增长起着很大作用，据报道，目前已知有 65 种之多，国内已记载的种类有深点食螨瓢虫（*Stethorus punctilium* Weise）、六点蓟马 [*Scolothrips sexmaculatus*（Perganda）]、异色瓢虫 [*Leis axyridis*（Pallas）]、有益钝绥螨（*Amblyseius utilis* Liang et Ke）等 30 余种。

防治方法

1. 物理防治　寄主萌动前，彻底刮除主枝、主干上的翘皮及多皱处，集中烧毁，以消灭其中的越冬卵。于雌成螨产越冬卵前束草诱集，于早春解冻前取下烧毁。

2. 化学防治　参照山楂叶螨防治法。

3. 生物防治　保护和利用天敌合理使用农药，选择对害螨杀伤作用大，而对益螨及天敌杀伤力小的农药。减少打药次数、多种蜜源植物及各种绿肥，以利天敌的生存和发展。

李始叶螨 | 学名：*Eotetranychus pruni* Oudemans

分布与为害

国内分布于甘肃、陕西、新疆等地；国外分布于日本、前苏联、美国、欧洲等地。寄主有核桃、苹果、梨、李、杏、山楂、海棠、枣、桃、葡萄、榛子等多种林木、果树。

李始叶螨早春危害花芽，发生严重时花芽不能开绽而萎缩脱落，危害叶片时，多沿叶的中脉两侧吸食汁液，使全叶片变为黄绿色，卷曲焦黄干枯，早期脱落，果实被害后瘦小皱缩，影响树势。

形态特征

1. 雌成螨 体长 0.33～0.35mm，体宽 0.14～0.16mm，椭圆形，淡黄绿色，沿体侧有细小的黑色斑点。须肢端感器柱形，长约为宽的 2 倍，背感器短于端感器。气门沟末端弯曲，呈短钩形。背毛 26 根，其长度超过背毛横列之间的距离。生殖盖及其前区的表皮纹均为横向。

2. 雄成螨 体长 0.25～0.27mm，体宽 0.12～0.14mm，须肢端感器细长，长约为宽的 4 倍，背感器约为端感器长的 1/2。其余特征同雌成螨。

3. 卵 圆形，初产时白色透明，以后逐渐变为橙黄色。

4. 幼螨 近圆形，黄白色至淡黄色。

5. 若螨 长椭圆形，黄绿色。

生活史及习性

李始叶螨在甘肃及新疆等地 1 年发生 9～11 代，以橙黄色越冬雌成螨在寄主的主干、侧枝及枝条的粗皮、老翘皮、根际周围的土缝、石块或枯枝落叶、杂草丛中群集潜伏越冬。次年当气温达到 10.4℃时，越冬雌成螨开始出蛰活动和为害。全年以 6 月下旬到 8 月中旬，即第 5 代至第 7 代螨的种群数量最大，也是造成为害最严重的时售。李始叶螨既可孤雌生殖，也可两性生殖。各代的卵期，幼螨期、若螨期，产卵前期分别为 4.5～8.5 天，5～14 天，2～3.5 天。完成一个世代最长需要 30 天左右，最短只需 9.5 天，其发育速度与温湿度有关，在一定的温、湿范围内，高温与低湿有利于李始叶螨的发育与繁殖。成螨随气温的变化，有早春向树上、晚秋向树下爬行的习性。9 月上中旬，由于食料的缺乏及气候的不适，越冬雌成螨开始寻找适当的场所，潜伏越冬。

防治方法

参照山楂叶螨防治法。

苜蓿苔螨

学名：*Bryobia praetiosa* Koch

别名：勒迪氏苔螨、苜蓿红蜘蛛、苹果褐红蜘蛛、苹果长肢红蜘蛛、扁红蜘蛛、醋栗红蜘蛛

分布与为害

国内分布于山西、山东、河南、陕西、甘肃、新疆、黑龙江、吉林、辽宁、江苏等地；国外分布于美国、法国、德国、加拿大、塞尔维亚、挪威、荷兰、瑞士、西班牙、澳大利亚、前苏联。寄主有核桃、苹果、忍冬、榅桲、梨、扁桃、沙果、杏、樱桃李、刺花梨、柳叶梨、乌荆子、欧洲甜樱桃、山樱桃、小叶杨、常春藤等多种植物。

以成螨、幼螨、若螨刺吸芽、叶、果实的汁液，被害叶片呈现灰白色失绿斑点，随后

失绿斑向全叶扩大，使全叶呈苍黄色，但不像山楂红蜘蛛，被害叶一般不致于脱落，幼果被害后不能正常发育，出现干硬。

形态特征（图100）

1. **雌成螨** 体长0.56~0.62mm，体宽0.39~0.45mm，卵圆形，腹面略隆起，背面扁平。全体褐绿色略带微红色。前半体为半圆形，缺侧突，有单眼1对；后半体上有明显的线状肤褶，额突发达，由一对外叶突和一对内叶突所组成，位于体背前缘，口器上方；在每一叶突的顶端着生一扇状刚毛，外叶突上的扇形刚毛长度要比内叶突上的刚毛长1倍；每叶突的长度明显大于其宽度；外叶突的顶部可达内叶突之间的中洼底部，叶突间的洼陷底部成圆形或尖形，背毛为扇状，共14对，依次为4+4+6+6+6+2=28。气门器端部膨大，呈筒状，短而宽。足最长平均为0.54~0.59mm，略短于体长；基节上的后刚毛变粗，其余的刚毛仍为刚毛状，腿节明显长于跗节，膝节上有刚毛8根；所有足的跗节爪为爪状，每爪生有黏毛1对；第1对足的爪间退化成为一对黏毛。

2. **雄成螨** 尚未发现。

3. **卵** 球形，平均直径0.14~0.16mm，初产卵鲜红色，有光泽，以后逐渐变为暗红色，卵壳光滑，越冬卵表面覆盖有一层薄蜡状胶质物，无卵饰，卵顶无柄，这些特征可与苹果全爪螨的越冬卵相区别。

4. **幼螨** 体背面扁平，腹面隆起，犹如倒半球形。初孵化的幼螨几乎成圆形，体长0.23~0.25mm，橘红色，足3对，取食后呈墨绿色。

5. **若螨** 足4对，前若螨体长0.30~0.32mm，后若螨体长0.41~0.43mm，其余形状和体色与成螨相似。

生活史及习性

苜蓿苔螨在山东青岛1年发生3~5代，间发7代，甘肃1年发生3~4代。各地均以暗红色滞育的卵在寄主植物2年生以上的枝条上、枝条分权处、短果枝、果苔、叶痕、剪锯口、枝干阴面皮缝等处越冬。次年春季寄主萌动露绿时开始孵化，通常在4月中旬到4月下旬，初花期为孵化盛期，其孵化期可达20天左右。越冬代雌成螨在苹果开花初盛期不久开始出现，一般在5月中下旬，此间仍有少数卵孵化，

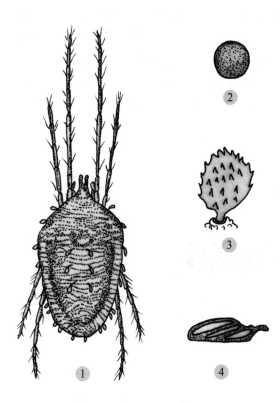

图100 苜蓿苔螨
1. 雌成螨；2. 卵；3. 扇状刚毛；4. 气门器

因此以后世代发生重叠。1年发生5代区，各代成虫盛发期大体为5月下旬，6月中下旬，7月中旬，8月间和9月间，全年以6~7月间繁殖最盛。8月以后逐渐下降。大发生年份或发生严重的树，7月以后开始陆续产越冬卵，由此可知苜蓿苔螨发生为害盛期出现较早，防治时应注意掌握。发生轻微的年份或发生轻微的树，直到9月才出现越冬卵。

刚孵化的幼螨，爬至已萌动的芽上或幼嫩枝上取食为害，幼螨在晴天较活泼，阴雨天则隐蔽在刚萌发的树芽、树缝、嫩叶背面或花柄上。幼螨后的各虫态之间有一次进行蜕皮的静止期，蜕皮前从取食处转移到附近的枝条上，蜕皮后重返到叶片上为害。成螨羽化后经3~4天开始产夏卵，这种卵通常产在叶片正面的主脉两侧，间或也有产在叶片背面或枝条分杈处。

苜蓿苔螨无吐丝习性，主要靠树苗、接穗等进行远距离传播，幼螨、若螨、成螨性均极活泼，多数在叶片表面为害。各活动虫态均具有背光性，所以在树冠上的垂直分布多数在中下部，并以树冠内膛为主。只有在食料缺乏或营养条件恶化的条件下，才向树冠外缘转移。夏季晴天有90%的虫体栖息于枝条的分杈处，间或也栖息于枝条上或叶片的背面；阴天或晴天的早晚，多数聚集于叶片表面为害。

苜蓿苔螨越冬卵具有较强的抗寒能力，在-30℃的条件下，经过一天死亡率达98.6%，经2天后才能全部死亡。日平均温度达10~13℃时，完成幼螨期需要16天，前若螨和后若螨各需7~8天。日平均湿度达23.5℃时，夏卵期需9~14天，幼螨期4~6天，前若螨期3~4天，后若螨期3~5天。雌成螨寿命为25天，每一雌成螨产卵量平均为24~25粒。

苜蓿苔螨的消长与雌成螨寿命长短除受温湿度因子制约外，还与寄主植物体的氮、磷、钾含量有关。经试验研究，同种寄主植物，含氮量中等的植物，其上的螨量要比含氮量少的多6倍。含氮量多的植物比含氮量少的多11倍。叶内非硝酸盐氮化物的减少，会影响第1代雌成螨的寿命，产卵期、产卵量，而使第2代螨量增加。叶内磷、钾含量中等的，要比这两种元素含量过低或过高的繁殖快。

防治方法

1. **化学防治**　参照山楂叶螨化学防治法。

2. **生物防治**　保护和利用天敌。据不完全统计，食螨天敌昆虫已有近90种，其中重要的有：深点食螨瓢虫，它的幼虫和成虫专门取食苜蓿苔螨、苹果全爪螨、山楂叶螨等其他一些叶螨与瘿螨。据测定，一头成虫日食量平均为21~22头，幼虫期可取食各种虫态的螨类136~830头，但食料不足时，有自相残杀及成虫自食其卵的习性；六点针蓟马，我国各地均有分布，主要取食螨卵，一头雌成虫一生可取食1 700粒螨卵，是抑制早春害螨的主要天敌；另外还有小花蝽、近花蝽、黑花蝽、各种草蛉、捕食性螨类、各种病原微生物，对控制害螨均有明显的效果。

3. **植物检疫**　严格检疫措施对林果苗木、接穗、插条要进行严格检查，防治调运带有害螨栽植材料，以杜绝其蔓延与扩散。

4. **人工防治**　参照山楂叶螨与苹果全爪螨人工防治方法。

附录 1
核桃园常用农药

敌百虫 (Trichlorphon)

敌百虫的工业品为白色块状固体，纯度为 95% 以上，是高效、低毒的杀虫剂，易溶于水，但配置好的药效不宜久放，否则容易分解失效，因此应随配随用。在碱性溶液中能转化为毒性更强的敌敌畏，但极易分解失效。剂型通常有 50% 和 80% 的可湿性粉剂、50% 和 90% 晶体、25% 油剂。

敌百虫对人畜低毒，对害虫有较强的胃毒作用，兼有触杀作用，对多种咀嚼式口器的害虫均有明显的防治效果。用 90% 敌百虫晶体加水 1 000 倍液，另外加入 0.05% 的洗衣粉喷雾，或每株成树用 25% 敌百虫油剂 30mL 左右超低量进行喷雾，可有效地防治核桃举肢蛾等食心虫类、卷叶虫类、刺蛾类、枯叶蛾类、金龟子类、蝽类、象鼻虫类等多种害虫。但对螨类、蚜类、介壳虫类等刺吸式口器的防治效果差。生产上常用的有 90% 晶体敌百虫和 25% 敌百虫油剂两种。使用浓度过高时容易发生药害，高粱对敌百虫易发生药害。可与石硫合剂、波尔多液混合使用，但应注意随配随用。

敌敌畏 (Dichlorvos)

别名为 DDVP，商品为淡黄色油状液体，挥发性很强，略带香味，长期密闭保存不容易分解，在水中可缓慢分解，在碱性条件下极易分解失效。有强烈的触杀、胃毒与熏蒸作用。害虫吸收汽化的敌敌畏后，几分钟内便中毒死亡。敌敌畏无内吸作用，持效期短，在田间的持效期仅 3～5 天，无残毒，可在果实采收前使用，适于防治发生期集中的害虫。对咀嚼式口器和刺吸式口器害虫均有效。生产上常用的剂型有 50% 和 80% 乳油。用 50% 乳油兑水 800～1 000 倍，可防治刺蛾类、蚜虫类、卷叶虫类、介壳虫类害虫，用 80% 乳油兑水 1 500 倍，有同样的效果。用棉球吸少量 50 倍液塞入树干蛀洞内防治天牛等蛀干性害虫有较好的效果。使用敌敌畏时不宜与石硫合剂、波尔多液等碱性农药混用；药液必须现配现用，以免失效；在有高粱、玉米的核桃园内要谨慎使用，以免这些作物发生药害。

久效磷 (Monocrotophos)

商品为红棕色黏稠状液体，较耐日晒、挥发性相当低，水解很慢，在碱性条件下易发生分解。久效磷是高效内吸杀虫剂，并有较强的触杀与胃毒作用，速效且残效期长。对刺吸式口器、咀嚼式口器及钻蛀性害虫均有效。对天敌昆虫、蜜蜂、鱼类、鸟类、人畜毒性高。

久效磷对防治抗性蚜、螨类害虫，药效尤为突出，持效期 7~10 天，生产上常用的是50% 或 40% 乳油、1.5%~3% 粉剂，20% 或 50% 可湿性粉剂。采用树干上涂环或孔注方法防治蚜虫、介壳虫有特效。涂药时，先将涂药部位进行轻刮皮，然后用 40% 或 50% 的久效磷乳油加水 15~20 倍，每 1.5m 长的树干涂刷 10cm 长的药环，发生轻的在 5 月中旬涂环一次，发生重的在 7 月下旬再涂一次。由于久效磷是一种广效杀虫剂，不宜用做树体喷雾。久效磷为高毒农药，使用时要严格遵守农药安全作用规定，若遇到中毒情况，应按有机磷农药中毒处理，中毒后忌食奶、蛋与油性食物。

对硫磷（Parathion）

别名 1605，商品为棕色或暗棕色液体，有大蒜臭味，在中性与微酸性溶液中比较稳定，在碱性或高温条件下极易分解失效，对硫磷是一种高效、剧毒、广谱性的杀虫剂，具有强烈的触杀、胃毒、熏蒸作用。对多种害虫的卵有较强的杀伤，在高温下熏蒸杀虫更快。对硫磷无内吸输导作用，但在植物上的渗透力较强，持效期 5 天，生产上常用的剂型为 50% 乳油。使用 50% 乳油加水 1 000~1 500 倍的对硫磷药液，可防治各种食心虫类、卷叶虫类、金龟子类、介壳虫类、叶蝉类、蟒类、象鼻虫类等。

对硫磷微胶囊为淡黄色或黄白色水悬液。它是将原液包在微小的胶囊中并悬浮于溶液里，与相同浓度的对硫磷乳油相比，它具有对人畜毒性低、杀虫效果好、持效期长的特点，这种剂型贮存后有分层现象，使用时应摇匀，常用剂型为 25%，每亩 0.5kg 加水 50kg喷于害虫活动的地面，防效好，持效期为 30 天以上。这类药对人畜剧毒，防治叶螨时切忌单一使用。

甲基对硫磷（Methylparathion）

别名甲基 1605，商品为黄色或棕色油状液体，有蒜臭味，在中性或弱酸溶液中比较稳定，遇碱时则迅速分解，其分解速度为对硫磷的 4~5 倍。甲基对硫磷性能不稳定，贮存期间容易失效。生产上常用的剂型为 50% 的乳油。

甲基对硫磷对害虫具有触杀、胃毒和一定的熏蒸作用。防治对象与使用方法和对硫磷基本相同，但用量要比对硫磷稍高些。由于遇光和热可加速分解失效，应于阴凉处保存。

杀螟松（Fenitrothion）

别名杀螟硫磷、速灭虫、苏米硫磷。商品为黄褐色油状液体，有蒜臭味，难溶于水，可溶于大多数有机溶剂，遇碱易分解失效。常温下对日光稳定。商品有 25% 的油剂和50% 乳剂、20% 的粉剂。杀螟松是一种广谱性杀虫药剂，具有高效、低毒、低残留等特点。对害虫有触杀、胃毒作用，但无内吸作用，但具有良好的渗透杀虫与杀卵的作用。用

50%乳油加水 1 000 倍，可有效地防治蚜虫、叶蝉、卷叶虫、潜叶蛾、介壳虫、食心虫、刺蛾、尺蛾、星毛虫、枯叶蛾类幼虫，并兼有一定的杀卵作用，持效期可达 7～10 天。因此，使用杀螟松可做到一次施药获得兼治多种害虫的作用。

杀螟松对人畜低毒，对鱼类也安全。高粱、玉米及十字花科蔬菜易发生药害。不能与碱性农药混用，乳油加水稀释后应立即使用，不能久放，以免失效。

辛硫磷（Phoxim）

别名倍腈松，商品为浅黄色油状液体。在中性与酸性溶液中较稳定，遇碱易分解，在光照下，辛硫磷的降解速度很快，因此辛硫磷在大田使用的持效期仅为 2～3 天。在微生物的作用下分解，不留残毒，是取代六六六、滴滴涕高残留农药的主要品种。商品剂型有乳剂、油剂、颗粒剂、粉剂和微胶囊。

辛硫磷是一种高效、低毒、低残留的广谱性杀虫剂，对昆虫和螨类有较强的胃毒与触杀作用。用 75%乳油加水 1 500 倍喷雾可有效地防治蚜虫、红蜘蛛、卷叶虫、金龟子、叶蝉、刺蛾、毒蛾类害虫。对以幼虫越冬的幼虫也有特效，可用 50%乳油 0.5kg 加水 100kg 喷施一亩的剂量，于幼虫出土始期和盛期各进行一次地面喷雾，然后耙入地表。在育苗地如发现有蝼蛄、金针虫、蛴螬等地下害虫为害时，可每亩地用 32%辛硫磷微胶囊 0.5kg，掺入 25～30kg 的细砂土，均匀地撒于地面，然后锄入地下，使用辛硫磷时，不宜与石硫合剂、波尔多液等碱性农药混用，以免影响药效。此外贮存或配备农药时应避免阳光的直接照射。

二嗪农（Diazinon）

别名地亚农，商品为棕色油状液体，具有一定的挥发性，具有有机磷的特殊臭味，在酸性介质中水解速度比对硫磷快 12 倍，遇碱极易分解失效。商品剂型有：20%、40%、50%乳油，2% 和 4%粉剂，5% 和 10%颗粒剂，25%可湿性粉剂。

二嗪农对害虫具有触杀、胃毒和熏蒸作用，也具有一定的内吸效能，并可杀死一些害虫的卵，是一种广谱性的杀虫螨剂。用 40%乳油加水 1 000～1 500 倍喷雾，可防治卷叶蛾、食心虫、红蜘蛛等害虫，对蠹蛾幼虫也有特效。试验证明，二嗪农可取代六六六进行地面处理。但应注意，二嗪农不能与石硫合剂或波尔多液等碱性农药以及含铜的农药混用外，可与多种农药混合使用；皮肤接触毒性小，但对鸡、鸭、鹅等家禽毒性大。

甲基异柳磷（Isofenphos-methyl）

甲基异柳磷是一种高效、广谱的新型土壤杀虫剂，属于高毒杀虫剂，对害虫具有较强的触杀、胃毒和内吸作用，持效期 15～20 天，性质稳定，对蝼蛄、蛴螬、金针虫等地下害虫有特效，同时也可以兼治一些地上害虫，但甲基异柳磷不能用作叶面喷雾。

甲基异柳磷商品为略带茶色的油状液体，生产上常有的剂型有 20% 和 40% 的乳油及其 3%的颗粒剂。在苗圃地或育苗地发现有蝼蛄、金针虫、蛴螬等地下害虫时，可用 20%

乳油每公顷 8kg 拌细土 300kg 于盛发期撒施，虫口减退率可达 80% 以上，或用 3% 颗粒剂每公顷 75kg，直接撒入苗床，然后锄入，效果也很好。

水胺硫磷 (Isocarbovos)

水胺硫磷是一种广谱性的高效杀虫杀螨剂，该药具有触杀、胃毒与杀卵作用，虽然没有内吸作用，但对植物组织具有较强的渗透作用。商品为茶褐色，略具黏稠的油状液体，呈酸性，在放置过程中能逐渐析出水胺硫磷晶体，在室内放置发生部分分解变质。常用剂型有 40% 的乳油。用 40% 水胺硫磷乳油加水 800~1 000 倍液，可防治苹果全爪螨、山楂叶螨等红蜘蛛类、各种介壳虫类、卷叶虫类、尺蛾类、食心虫类。防治红蜘蛛类应避免连续单用这种农药，以免抗性发生。使用水胺硫磷还应注意不宜与石硫合剂、波尔多液等碱性农药混用，以免降低药效；在核桃花期及生理落果期使用容易引起生理落果；水胺硫磷为高毒农药，使用时应注意安全。

马拉硫磷 (Malathion)

别名马拉松、4049。商品为红棕色，带有臭蒜味，对光稳定，在 pH7 以上或 pH5 以下即迅速分解，遇活性炭、锡、铜、铅、铁均能促进马拉硫磷的分解。剂型有 5% 的粉剂和 50% 乳油。

马拉硫磷具有触杀、胃毒和一定的熏蒸作用，对各种咀嚼式口器、刺吸式口器的害虫均有明显的防治效果。马拉硫磷是最低毒的有机磷制剂之一，对人畜安全。持效期较短，在高温下施药效果好，低温使用时应提高其浓度。50% 马拉硫磷乳油兑水 1 000 倍，可防治多种蚜虫、食心虫、叶蝉、介壳虫等均有较好的防治效果。马拉硫磷不宜与石硫合剂、波尔多液等碱性农药或酸性农药混用。

乐果 (Dimethoate)

乐果是一种广谱性的高效、低毒、选择性强的杀虫杀螨剂，商品为黄棕色油状液体，带有硫醇的臭味，在酸性溶液中比较稳定，在碱性溶液中极易分解失效。在常温下挥发性很小。遇高温或潮湿也能分解失效。乐果的常用剂型有 40% 或 50% 的乐果乳油，也有 60% 可湿性粉剂、1.5% 或 2% 的粉剂。

该药剂具有较强的内吸杀虫和触杀作用，能有效地防治蚜虫类、介壳虫类、蓟马类、叶蝉类、红蜘蛛类等多种刺吸式口器害虫，对鳞翅目的幼虫也有防治效果。现在常用 40% 乳油加水 1 000 倍进行喷洒。用高浓度药液涂茎、灌根或打孔注射防治各种蚜虫、介壳虫等刺吸式虫害，效果均很好。除石硫合剂与波尔多液等碱性药剂外，乐果可与多种药物混合作用，乐果不宜长期贮存，否则会分解减效，最好使用当年生产的商品，若当年使用不完，应密闭存放于阴凉处。乐果对家禽毒性大。

乐果对害虫的毒力随气温的升高而显著增强。持效期仅 5~7 天，它与内吸磷具有交互抗性，在长期使用的地区对蚜虫、螨类易产生抗性，如产生抗性，除更换与乐果不产生交互抗性的其他农药外，还可将乐果与敌敌畏按 1∶1 混用，可加水 750kg，可提高防治效果。

氧化乐果（Omethoate）

氧化乐果是乐果的氧化物，商品为淡黄色液体，无臭味，遇碱或受潮均易分解。氧化乐果对昆虫以内吸作用为主，兼有触杀与胃毒作用。预防对象与乐果相同，但效果比乐果好，用药量较少，对人畜毒性比乐果高。氧化乐果除不能与碱性农药混用外，可与多种杀菌剂、杀虫剂混合使用。另外，氧化乐果在花期和幼果期，使用容易发生药害。另外，氧化乐果与乐果对枣树、杏树、桃树、李树均有药害，使用时应慎重。

甲拌磷（Phorate）

别名三九一一、西梅特，商品为浅棕色油状液体，具有强烈的恶臭味，挥发性较大，有明显的熏蒸杀虫作用，在中性溶液中比较稳定，但遇酸或碱极易分解，在植物体内可转化为杀虫作用很强的代谢物，其持效期更长。甲拌磷具有强烈的触杀与胃毒作用，转化后的代谢物对蚜虫、红蜘蛛的效力更大，剂型有 75% 乳油、40% 拌种粉剂、50% 活性炭粉剂、2%～10% 的颗粒剂。

甲拌磷仅限于拌种处理与土壤处理，不能作喷洒使用。可有效地防治蝼蛄、金针虫、蛴螬等地下害虫，但甲拌磷及其代谢物在植物体内能保持 40～60 天，因此要特别注意残毒问题，处理过的田块的套种与复种的粮食作物，收获时应进行化验，检查无残毒时方可食用。

乐斯本（Chlorpyrifos）

别名毒死蜱，是一种广谱性有机磷杀虫剂，对害虫具有触杀、胃毒和熏蒸作用，杀螨效果也很好。在土壤中有较长的持效期，可持效 60～120 天。乐斯本在温室的条件下稳定，有硫醇臭味，在碱性溶液中极易分解失效，对铜与黄铜有腐蚀性，因此使用时应注意安全。常用的剂型有 40.7% 的浅绿色油状液体，也有 48% 的乳油。

乐斯本主要用来防治地下害虫，同时还可防治其他多种害虫。将 40.7% 的乳油兑水 1 000 倍，可有效地防治食心虫类害虫。乐斯本除不能与石硫合剂、波尔多液混用外，可与多种农药混用。

甲胺磷（Methamidovos）

别名多灭磷，商品为灰黄色黏稠状液体。甲胺磷遇碱会逐渐分解。商品剂型有 25%、50% 乳油及其 2% 粉剂。甲胺磷对害虫具有触杀、胃毒作用，兼有内吸杀虫作用，在植物内传导速度快、持效期长，对蚜虫类、螨类、飞虱等害虫的药效超过对硫磷（1605）、内吸磷、马拉硫磷等。使用 50% 乳油加水 1 000 倍液喷雾，防治效果很好。

乙酰甲胺磷（Acephate）

乙酰甲胺磷是一种内吸、胃毒和触杀的杀虫剂，对鳞翅目幼虫的胃毒作用比触杀作用更强，对蚜虫触杀作用的速度比乐果要缓慢。乙酰甲胺磷是一个低毒品种，与甲胺磷不同，常用剂型有 25% 乳油、75% 或 90% 的可湿性粉剂。用 90% 可湿性粉剂加水 1 000kg 可防治蚜虫及食心虫类、药剂中还可加入多菌灵、退菌特等杀菌剂，防治病害。

西维因（Carbaryl）

别名氨甲萘，是一种氨基甲酸酯类杀虫剂，对光、热、酸性物质均为稳定，但遇碱性物质极易分解失效。西维因对害虫具有强烈的触杀、胃毒作用，但内吸作用微弱。对鳞翅目幼虫、蚜虫、叶蝉等害虫有比较好的防治效果。西维因对那些对有机氯及内吸磷等农药有抗性的害虫有良好的防效；对不易防治的咀嚼式口器害虫也有显著效果；对植物的药害轻微或无药害，没有刺激性，无气味，无污染，性质稳定，残效期长。生产上常用的剂型有 20% 的乳油、25%、50% 的可湿性粉剂。用 50% 西维因可湿性粉剂加水 800～1 000 倍，可防治食心虫类、尺蛾类等数种核桃害虫。

敌杀死（Decamethrin）

别名溴氰菊酯，是一种高效、低毒、低残留、广谱性、持效期长的杀虫剂。常用商品剂型为 2.5% 的乳油，呈黄色或淡黄色透明液体，带有芳香性气味，常温下保存有效期为 2 年，5% 的可湿性粉剂为无气味的白色粉末，无腐蚀性。敌杀死在酸性及中性溶液中不容易分解，比较稳定，对日光也稳定，但在碱性溶液中极易分解失效。敌杀死对昆虫有触杀和胃毒作用，也具有一定的拒避作用，可用作防治刺吸式、咀嚼式口器害虫及蛀食性害虫，既可杀死幼虫，又可杀死卵。用 2.5% 乳油加水 4 000 倍喷雾，可防治刺蛾类、卷叶虫类、潜叶虫类、尺蛾类、食心虫类、叶蝉类、巢蛾类等多种害虫。用其 6 000 倍液防治蚜虫，也可收到良好的防效。

使用敌杀死要注意与其他杀虫剂交替轮换使用，以免害虫严生抗药性。敌杀死不能与波尔多液、石硫合剂等碱性农药混合作用，但可与杀螨剂混用兼治螨类。禁止在蜜源植物上使用，以免毒杀蜜蜂。

速灭杀丁（Fenvalerate）

别名杀灭菊酯、氰戊菊酯。商品为黄色油状液体，对光和热均稳定，在酸性溶液中不易分解，但在碱性溶液中易分解失效。常用剂型有 20% 乳油。

速灭杀丁是一种广谱性的、高效、低毒、低残留的杀虫剂，对害虫具有触杀、胃毒作用，击倒速度快、持效期长，在作物体内残留少，同时还有拒产卵、杀卵、杀蛹的作用。用 20% 的速灭杀丁乳油加水 4 000 倍进行喷雾，可防治蚜虫、星毛虫、食心虫、卷叶虫、潜叶虫等害虫，持效期一般在 7～10 天。

速灭杀丁不能与石硫合剂、波尔多液等碱性农药混用，以免降低药效。该药因无内吸作用，因而喷施时必须均匀周到。

二氯苯醚菊酯（Permethrin）

别名除虫精、氯菊酯。商品为黄色油状液体，该药化学性质稳定，在光和热的条件下均有较高的稳定性，因而在田间使用的持效期可达 5~7 天。在酸性溶液中稳定，遇碱极易分解失效。

二氯苯醚菊酯是一种具有高效、低毒、低残留、广谱性的杀虫剂，可防治 150 多种害虫。对害虫有很好的触杀作用，也有胃毒、拒食和杀卵作用，但没有内吸作用和熏蒸作用，温度低时使用比温度高时使用效果好。对螨类效果差。剂型有 10%乳油、20% 乳油、40% 乳油、0.04%粉剂。

二氯苯醚菊酯对鳞翅目害虫特别有效，用 10%乳油加水 2 500 倍进行喷雾，可有效地防治蚜虫类、刺蛾类、食心虫类、各种卷叶虫、潜叶蛾、夜蛾类、枯叶蛾类、叶蝉类、金龟子类等。该药不能与石硫合剂、波尔多液等碱性农药混用以免失效，菊酯类农药对皮肤及口腔黏膜有刺激作用，使用时应注意安全，此药无内吸与熏蒸作用，因而喷雾时必须周到均匀。

灭扫利（Fenpropathrin）

别名为甲氰菊酯，商品为黄色油状液体，化学性质稳定，在光和热的条件下比较稳定。在酸性溶液中较稳定，遇碱易分解失效。

灭扫利是一种高效、低毒、低残留、广谱性杀虫、杀螨剂。常用剂型为 20%乳油。用 20%乳油加水 4 000 倍进行喷雾，可有效地防治卷叶虫类、食心虫类、介壳虫类、红蜘蛛类。若用 20% 乳油加水 1 500 倍液进行喷雾，可防治各种细蛾与潜叶蛾、蚜虫等害虫。

功夫（Cyhalothrin）

别名氯氟氰菊酯，商品名称为功夫菊酯。功夫是一种具有触杀、驱赶与胃毒作用的高效、低毒低残留的广谱性杀虫剂，对鳞翅目幼虫防治效果好，药效迅速，喷施后耐雨水冲刷。常规喷雾后能有效地控制螨类的发生与为害。生产上常用的剂型有 2.5% 乳油。

用 2.5%的功夫乳油加水 6 000 倍进行常规的喷雾，可有效地防治各种蚜虫、各种鳞翅目幼虫和螨类，同时也兼有杀卵作用。由于对天敌杀伤严重而引起螨类虫口的回升，因而防治螨类时，应轮换使用。蜜源植物要慎用。功夫菊酯不宜与碱性农药如石硫合剂和波尔多液等混用；花期慎用，每年使用次数应控制在 3~4 次。

天王星（Biventhrin）

别名为联苯菊酯，是一种新型的杀虫杀螨剂，具有触杀、胃毒作用，是一种优秀的杀虫杀螨剂，最适宜于虫螨并发的核桃园内使用，由于天王星对红蜘蛛有极好的杀伤效果，一般不会造成螨害的大发生，但最好与有机磷农药轮换使用，以便减缓抗性产生。天王星对天敌昆虫、蜜蜂、鱼类为高毒。常用剂型有 10% 乳油、2.5% 乳油。实验证明，用 10% 的天王星乳油加水 5 000 倍进行喷雾，可有效地防治食心虫类、螨类、介壳虫类、蚜虫类、卷叶虫类、潜叶类害虫。天王星不能与石硫合剂、波尔多液等碱性农药混合使用。蜜源植物慎用。

氟氰菊酯 （Flucythrinate）

别名为保好鸿，是一种高效、低毒、低残留、广谱性杀虫杀螨剂。该农药对光与热均较稳定，遇碱性溶液极易分解。对人、畜有中等毒性。生产上常用的剂型有 10% 乳油和 30% 乳油。可用于防治多种害虫，对害虫有较强的触杀作用，还有一定的胃毒、拒食与杀卵作用，但无内吸与熏蒸作用。低温使用较高温度使用效果好。

氟氰菊酯对各种鳞翅目害虫有特效。将 30% 乳油加水 5 000 倍液进行喷洒，可防治蚜虫类、食心虫类、食叶卷叶虫类、刺蛾类、潜叶类、红蜘蛛类、枯叶蛾类幼虫。氟氰菊酯不能与石硫合剂、波尔多液等碱性农药混用。

杀虫脒 （Chlorodimeform）

杀虫脒是一种高效、低毒、广谱、内吸性有机氮杀虫杀螨剂，也有胃毒、触杀和杀卵作用，发挥杀虫效果不快，但持效期达 20 天左右。杀虫脒在酸性溶液中较稳定，但遇碱极易分解。生产上常用的剂型有 25% 杀虫脒盐酸盐水剂。用 25% 杀虫脒对水 800～1 000 倍进行喷雾，可防治成螨与若螨，杀卵率也高达 95% 以上，残效期长，对食螨瓢虫影响不大。另外对卷叶虫的老龄幼虫有驱避作用。与氧化乐果混用还可防治锈壁虱，同时还可降低杀虫脒的用量。杀虫脒对玉米、高粱、豆类等作物易发生药害，使用时应注意。杀虫脒不能与石硫合剂、波尔多液等碱性农药混用。

双甲脒 （Amitraz）

别名为双虫脒、胺三氮螨、螨克，是一种广谱性的杀虫螨剂。具有对人畜低毒，对天敌安全的优点，对各种虫态的叶螨均有较好的杀灭作用。生产上常用的剂型有 20% 乳油，为黄色油状液体。用 20% 双甲脒乳油加水 1 500 倍液进行喷雾，防治效果很好，双甲脒除不能与石硫合剂、波尔多液等碱性农药混用外，可与多种农药混合使用。隔 20 天喷一次，共用 2 次。为了防治成螨，也可与石硫合剂或其他对成螨有特效的农药混用，防治效果更佳。螨卵酯对人畜毒性低，但对皮肤有刺激作用；在低温、潮湿的气候条件下使用易发生药害；螨卵酯可与一般的杀虫、杀菌剂混用。

螨卵酯 （Chcorfenson）

别名为杀螨酯，商品为白色或棕色固体，具有腥味，有一定的挥发性，在碱性溶液中也较稳定。生产上常用的剂型有乳剂、粉剂和可湿性粉剂。螨卵酯对螨类的卵有特效，对幼螨若螨均有效，但对成螨作用不明显。对昆虫基本没有作用。螨卵酯的作用方式为触杀，而且对有机磷农药产生抗性的叶螨效果好，持效期可达 25 天左右。用 20% 的可湿性粉剂加水 800～1 000 倍或用 25% 乳油加水 1 500 倍进行喷雾，隔 20 天喷一次，共喷 2 次。为了防治成螨，也可与石硫合剂或其他对成螨有特效的农药混用，防治效果更佳。螨卵酯对人畜毒性低，但对皮肤有刺激作用；在低温、潮湿的气候条件下使用，易发生药害；螨卵酯可与一般的杀虫、杀菌剂混用。

螨完锡（Fenbutatin）

别名托尔克，是一种杀螨的特效药剂，对有机磷、有机氯产生抗性的螨类有同样效果。螨完锡具有作用药效长，对幼螨、若螨、成螨均有较高的防治效果，但药效比较迟缓，对螨卵的效果也差。常用剂型有 50% 可湿性粉剂，为淡色粉粒，悬浮性能好。常用剂量为 150～300mg/kg。螨完锡可与大多数杀虫、杀菌剂混合使用，但不宜与波尔多液混用。

克螨特（Propargite）

别名为丙炔螨特，是一种广谱性、长效杀螨剂，对螨类具有触杀作用和胃毒作用，但无内吸作用。生产上常用的剂型有 73% 的乳油、4% 和 30% 可湿性粉剂。用 73% 的乳油加水 2 000～3 000 倍进行喷雾，可有效地防治若螨和成螨，药效在 15 天以上。克螨特对人畜低毒，对螨类的天敌安全，使用时不宜与石硫合剂或波尔多液等碱性农药混用。因对皮肤有刺激作用，因此使用时避免与皮肤接触。

杀螨锡（Cyhexatin）

别名有三环锡、普特丹，是一种高效、低毒、广谱性有机锡杀螨剂。对螨类具有触杀、胃毒和拒食作用。而且对有机磷农药产生抗性的螨类也有明显的防治效果。并且有残效期长，对害螨天敌毒性低等特点。常用剂型有 50% 可湿性粉剂，为浅棕色粉末，化学性质也比较稳定。用 50% 可湿性粉剂加水 2 000 倍液进行喷雾，可有效地防治山楂叶螨、苹果全爪螨等螨害。

三氯杀螨醇（Kelthane）

别名为开乐散，商品为淡黄色至棕红色油状液体，具有触杀作用与胃毒作用。在酸性溶液中稳定，但遇碱易分解。对多种天敌无效。生产上常用的剂型为 20% 的乳油和 40% 的乳油，用 20% 乳油加水 1 000 倍液或 40% 乳油加水 2 000 倍液进行喷雾，可有效地防治成螨、幼螨，同时对螨卵也有较强的毒杀作用。三氯杀螨醇不宜与碱性农药混用，另外，该药是一种易燃品，因此，贮存、运输和使用时应注意安全。

溴丙螨酯（Bromopropylate）

别名为溴螨酯，是一种无内吸性的触杀杀螨剂，对螨卵、若螨、成螨均有效，持效期可达 25 天左右。在中性介质中稳定，但在碱性或酸性溶液中不稳定，生产上常用的剂型为 50% 的乳油。温度的高低对药效无影响。用 50% 的乳油加水 2 500 倍液进行喷雾，可收到很好的防治效果。溴丙螨酯除石硫合剂等碱性农药外，可与多种农药混用。果实采收前 3 周停止使用。

氯杀螨 （Chlorobenside）

氯杀螨是一种触杀、胃毒和具有渗透作用的杀螨剂，该药化学性质稳定，在酸性或碱性溶液中均不容易分解。生产上常用的剂型有 20% 可湿性粉剂。在螨卵及幼螨的盛发期使用 20% 可湿性粉剂加水 800～1 000 倍进行喷洒，可收到很好的防治效果，持效期可达 15～20 天。但氯杀螨对成螨效果差，在植物体内没有传导作用，所以喷洒农药时要均匀才能收到良好的效果。

附录 2
害虫拉丁文学名索引

参考文献

1. 吴福桢等 . 中国农业百科全书·昆虫卷 [M]. 北京：农业出版社，1990.

2. 中国科学院动物研究所 . 中国农业昆虫（上、下册）[M]. 北京：农业出版社，1986.

3. 中国农业科学研究院果树研究所 . 中国果树病虫态 [M]. 北京：农业出版社，1960.

4. 师光禄等 . 果树害虫 [M]. 北京：中国农业出版社，1994.

5. 吕佩珂等 . 中国果树病虫原色图谱 [M]. 北京：华夏出版社，1993.

6. 山西省山楂害虫研究组 . 山楂害虫 [M]. 太原：山西科学技术出版社，1991.

7. 王金友等 . 苹果病虫害防治 [M]. 北京：金盾出版社，1992.

8. 中国科学院动物研究所 . 中国蛾类图鉴 [M]. 北京：科学出版社，1982.

9. 朱弘复等 . 蛾类幼虫图册 [M]. 北京：科学出版社，1979.

10. 朱弘复等 . 蛾类图册 [M]. 北京：科学出版社，1973.

11. ［英］D.V. 奥尔福德 . 果树害虫识别与防治 [M]. 北京：科学普及出版社，1988.

12. 吴福桢等 . 宁夏农业昆虫图志（第二版）[M]. 北京：农业出版社，1978.

13. 李连昌等 . 中国枣树害树（第一版）[M]. 北京：农业出版社，1992.

14. 北京农业大学等 . 果树虫虫学（下册）[M]. 北京：农业出版社，1990.

15. 汤祊德 . 中国蚧科 [M]. 太原：山西高校联合出版社，1991.

16. 汤祊德 . 中国粉蚧科 [M]. 北京：中国农业科技出版社，1992.

17. 山西运城农业学校等 . 果树病虫害防治学 [M]. 北京：农业出版社，1980.

18. 徐明慧等 . 园林植物病虫害防治 [M]. 北京：中国林业出版社，1993.

19. 中国林业科学研究院 . 中国森林昆虫第二版（增订本）[M]. 北京：中国林业出版社，
    1992.

20. 北京农业大学 . 昆虫学通论（上、下册）[M]. 北京：农业出版社，1981.

21. 南开大学等 . 昆虫学（上、下册）[M]. 北京：人民教育出版社，1980.

22. 蔡邦华 . 昆虫分类学（上、中、下册）[M]. 北京：科学出版社 .

23. 周尧 . 中国盾蚧志（第一卷）[M]. 西安：陕西科学技术出版社，1982.

24. 王慧芙 . 中国经济昆虫志（第二十三册）[M]. 北京：科学出版社，1981.

25. 章士美等 . 中国经济昆虫志（第三十一册）[M]. 北京：科学出版社，1985.

26. 华南农业大学 . 植物化学保护（第二版）[M]. 北京：农业出版社，1992.

27. 吕赞韶等 . 核桃新品种优质高产栽培技术 [M]. 太原：山西高校联合出版社，1993.

28. 中南林学院 . 经济林昆虫学 [M]. 北京：中国林业出版社，1987.

29. 杨平澜 . 中国蚧虫分类概要 [M]. 上海：上海科学技术出版社，1982.

30. 范永华 . 果树病虫害综合防治 [M]. 北京：中国农业科技出版社，1987.

31. 唐欣甫 . 北方果树常用农药实用技术 [M]. 北京：农业出版社，1993.

32. 孙益知等 . 苹果病虫害防治 [M]. 西安：陕西科学技术出版社，1990.

33. 石万成等 . 果树害虫及其防治 [M]. 成都：四川科学技术出版社，1992.

34. 方三阳 . 森林昆虫学 [M]. 哈尔滨：东北林业大学出版社，1988.

35. 福建农学院 . 害虫生物防治 [M]. 北京：农业出版社，1991.

36. 于思勤等 . 河南农业昆虫志 [M]. 北京：中国农业科技出版社，1993.

37. 杨集昆 . 华北灯下蛾类图志（上、下册）[M]. 北京：北京农业大学 .

38. 张昌辉等 . 果树害虫预测预报 [M]. 北京：农业出版社，1984.

39. 四川省林科所 . 四川林业病虫害防治 [M]. 成都：四川人民出版社，1975.

40. 张宗炳等 . 害虫防治策略与方法 [M]. 北京：科学技术出版社，1990.

41. 刘光生等 . 四十种干果害虫治验法 [M]. 太原：山西科学教育出版社，1987.

42. 陕西省农林科学院林业研究所 . 陕西林业病虫图志（第一辑）[M]. 西安：陕西人民出版社，1977.

43. 陕西省林业科学研究所 . 陕西林业病虫图志（第二辑）[M]. 西安：陕西科学技术技术出版社，1983.

44. 胡孝敦，黄可训 . 果树害虫 [M]. 上海：上海科学技术出版社，1985.

45. 张孝义等 . 害虫测报原理和方法 [M]. 北京：农业出版社，1979.

46. 山东农林主要病虫图谱编写组 . 山东主要经济作物病虫图谱 [M]. 济南：山东人民出版社，1977.

47. 于绍夫 . 果树病虫害防治问答 [M]. 济南：山东科技出版社，1987.

48. 浙江农业大学 . 农业昆虫学（下册）[M]. 上海：上海科学技术出版社，1982.

49. 熊岳农业专科学校 . 果树病虫害防治 [M]. 沈阳：辽宁科学技术出版社 .

50. 西北农学院农业昆虫学教研组 . 农业昆虫学（上、下册）[M]. 北京：人民教育出版社，1977.

51. 华南农学院 . 农业昆虫学（下册）[M]. 北京：农业出版社，1987.

52. 黄可训等 . 果树主要害虫及防治方法 [M]. 北京：北京出版社，1964.

53. 黄可训等 . 北方果树害虫及其防治 [M]. 天津：天津人民出版社，1979.

54. 石毓亮等 . 果树病虫害防治 [M]. 济南：山东科学技术出版社，1987.

55. 山东农林主要病虫图谱编写组 . 山东主要病虫图谱 [M]. 济南：山东科学技术出版社，1978.

56. 高西宾等 . 果树病虫及其防治 [M]. 成都：四川科学技术出版社，1990.

57. 李青森等 . 山西省核桃害虫区系特征分析 [J]. 山西大学学报（自然科学版），1995，18（2）：209-212.

58. 王瑞等 . 山西省核桃害虫及防治对策 [J]. 山西大学学报（自然科学版），1993，16（1）:107-111.